测绘地理信息科技出版资金资助

自动制图综合及其过程控制的智能化研究

Study of Automated Cartographic Generalization and
Intelligentized Generalization Process Control

钱海忠　武　芳　王家耀　著

测绘出版社

·北京·

ⓒ 钱海忠 2012

所有权利(含信息网络传播权)保留,未经许可,不得以任何方式使用。

内 容 简 介

本书是作者在自动制图综合领域科学研究与工程实践的理论总结,是作者多年来在该领域研究成果的提炼。本书从自动制图综合的基本特点和理论出发,面向制图综合的智能化方向展开研究。全书共分 7 章,分别从自动综合相关学科基础、制图综合知识组织与管理、基于 Agent 的自动综合框架模型、基于知识的自动综合算法模型、自动综合算法与算法库、自动综合算法与结果评估、自动综合过程控制等角度对地图自动综合智能化展开了较为全面的研究,最后以一个自动综合系统为例,介绍了智能化自动制图综合系统的设计方法和功能实现。

本书内容紧凑,结构清晰,可作为地图制图学与地理信息工程专业的研究生辅助教材,也可供从事数字地图制图、地理信息系统、电子地图制作的科研、教学、生产单位的科技人员使用。

图书在版编目(CIP)数据

自动制图综合及其过程控制的智能化研究/钱海忠,武芳,王家耀著. —北京:测绘出版社,2012.9
ISBN 978-7-5030-2682-9

Ⅰ. ①自… Ⅱ. ①钱… ②武… ③王… Ⅲ. ①自动制图—过程控制—智能控制 Ⅳ. ①P283

中国版本图书馆 CIP 数据核字(2012)第 177038 号

责任编辑	贾晓林	封面设计	李 伟	责任校对	董玉珍	责任印制	喻 迅
出版发行	测绘出版社			电 话	010—83060872(发行部)		
地 址	北京市西城区三里河路 50 号				010—68531609(门市部)		
邮政编码	100045				010—68531160(编辑部)		
电子信箱	smp@sinomaps.com			网 址	www.chinasmp.com		
印 刷	北京世汉凌云印刷厂			经 销	新华书店		
成品规格	169mm×239mm						
印 张	14			字 数	250 千字		
版 次	2012 年 9 月第 1 版			印 次	2012 年 9 月第 1 次印刷		
印 数	0001—1500			定 价	38.00 元		
书 号	ISBN 978-7-5030-2682-9/P・602						

本书如有印装质量问题,请与我社门市部联系调换。

前　言

　　自动制图综合是地图生产自动化与地理信息系统（geographic information system，GIS）的核心技术。因其过程非常复杂，经验性很强，过去一直局限于对其部分模块的研究，虽开发了大量的算法和模型，有力地推动了其发展，但长期以来缺乏有效的从整体上解决这一问题的理论和模型，因而使得这些算法、模型的使用较为随意，缺乏有效的组织、集成与管理，使用效果不佳。本书提出了从整体上研究自动制图综合及其过程控制的理论与框架模型，亦即通过集成已有模块形成具体的过程控制实践步骤，建立循环存储与优化控制体系，实现从整体上控制与优化自动制图综合的整个流程，为数字环境下面向地图自动综合的空间信息智能处理研究提供了新理论、新方法和新途径。

　　本书分析了自动制图综合的研究背景和现状，指出了当前存在的主要问题，提出了自动制图综合过程控制的新理论和新方法。本书是作者在自动制图综合领域科学研究与工程实践的理论总结，也是对该领域进一步研究的前瞻性探索。全书共分 7 章，主要包括基于"制图综合知识属性"和"制图综合知识元数据"新概念及相应的结构化描述方式，基于自动制图综合 Agent 的新概念、新方法，多种制图综合新算法模型，一套新的几何质量评估模型，完整的"自动制图综合链"理论与技术模型，开发自动制图综合系统的准则，以及一个相应的系统开发实例。

　　本书得到信息工程大学测绘学院训练部教务办、信息工程大学测绘学院地图学与地理信息工程系的大力支持；同时本书得到国家自然科学基金（41171305，40701157）、国家 863 项目（2007AA12Z211）、"地图制图核心课程群国家级教学团队"和"河南省创新型科技人才队伍建设工程（104200510016）"等专项经费资助。

　　在本书编写过程中，陈波、张小朋、王辉连、葛磊、翟仁健、朱强、许俊奎、张强、詹陈胜、姬存伟、郭敏、黄智深、刘海龙、王骁等同志付出了辛勤的劳动，对此作者表示衷心的感谢！

　　自动制图综合是一个富有挑战性的研究领域，内容丰富，需要进一步探索的问题很多。由于作者水平有限，书中难免存在疏漏和谬误，恳请读者批评指正，以便重印或再版修订。

目　录

第1章　绪　论 ·· 1
　§1.1　研究自动制图综合的目的 ···················· 1
　§1.2　自动制图综合的研究进展及趋势分析 ················ 3
　§1.3　解决制图综合问题的新思路、新途径和新方法 ············ 12

第2章　制图综合知识及其归纳与组织 ·················· 15
　§2.1　概述 ····························· 15
　§2.2　制图综合知识在自动综合中的作用 ················· 17
　§2.3　制图综合知识归纳与表达的基本准则 ··············· 18
　§2.4　制图综合知识的分类 ······················ 19
　§2.5　制图综合知识的获取 ······················ 20
　§2.6　制图综合知识的结构化描述 ··················· 23
　§2.7　制图综合知识的属性 ······················ 25
　§2.8　制图综合知识的管理与组织 ··················· 26
　§2.9　本章小结 ···························· 30

第3章　Agent技术与自动制图综合 ···················· 31
　§3.1　Agent概述 ··························· 31
　§3.2　Agent的基本特性 ························ 33
　§3.3　面向Agent的编程体系 ······················ 34
　§3.4　Agent的优势及其在自动制图综合中的应用分析 ··········· 36
　§3.5　制图综合Agent的分类 ······················ 37
　§3.6　制图综合Agent的生存状态 ···················· 39
　§3.7　制图综合Agent之间的交流 ···················· 40
　§3.8　制图综合Agent的结构化描述 ··················· 42
　§3.9　本章小结 ···························· 43

第4章　制图综合算法及算法库构建 ···················· 45
　§4.1　制图综合算法应具有的特点 ··················· 45
　§4.2　制图综合数据的层次划分 ···················· 46

§4.3 面向空间数据层次划分的聚类方法 …… 48
§4.4 基于 ABTM 的制图综合算法模型 …… 59
§4.5 基于圆特性的制图综合算法模型 …… 74
§4.6 基于降维技术的街区自动综合算法模型 …… 84
§4.7 Stroke 与极化变换相结合的道路网选取模型 …… 91
§4.8 采用"斜拉式"弯曲划分的曲线化简模型 …… 97
§4.9 自动综合算法库的构建 …… 107
§4.10 评估综合算法的途径 …… 114
§4.11 本章小结 …… 116

第 5 章 制图综合几何质量评估 …… 117
§5.1 基于极化变换的点群目标综合几何质量评估 …… 119
§5.2 基于降维技术的建筑物综合几何质量评估 …… 127
§5.3 基于降维技术的建筑物综合操作过程的反演 …… 134
§5.4 本章小结 …… 141

第 6 章 制图综合过程控制与推理 …… 142
§6.1 已有研究成果分析 …… 142
§6.2 BDI 控制模型和 CBR 推理模型 …… 144
§6.3 自动制图综合链理论与技术模型 …… 147
§6.4 自动制图综合过程的可视化编辑与回溯 …… 174
§6.5 本章小结 …… 180

第 7 章 制图综合系统 GenerMap …… 182
§7.1 系统设计原则 …… 182
§7.2 系统实现及实验 …… 185
§7.3 本章小结 …… 206

参考文献 …… 208

Contents

Chapter 1 Introduction ·· 1
  § 1.1 Motivation of research on automated cartographic generalization ··· 1
  § 1.2 Research progress and trend of automated cartographic generalization ··· 3
  § 1.3 New approach to automated cartographic generalization ········· 12

Chapter 2 Induction and organization of cartographic generalization knowledge ··· 15
  § 2.1 Overview ·· 15
  § 2.2 Importance of cartographic generalization knowledge in automated generalization ··· 17
  § 2.3 Induction and representation guide lines of cartographic generalization knowledge ·· 18
  § 2.4 Classification of cartographic generalization knowledge ············ 19
  § 2.5 Acquisition of cartographic generalization knowledge ············· 20
  § 2.6 Structure description of cartographic generalization knowledge ······· 23
  § 2.7 Attribute of cartographic generalization knowledge ··············· 25
  § 2.8 Management and organization of cartographic generalization knowledge ··· 26
  § 2.9 Summary ··· 30

Chapter 3 Agent and automated cartographic generalization ····················· 31
  § 3.1 Overview of Agent ·· 31
  § 3.2 Characteristics of Agent ·· 33
  § 3.3 Agent-oriented programming system ··· 34
  § 3.4 Advantages of Agent and its application in automated cartographic generalization ··· 36
  § 3.5 Classification of cartographic generalization Agents ··············· 37
  § 3.6 Living state of cartographic generalization Agents ················· 39
  § 3.7 Intercommunion of cartographic generalization Agents ············ 40

§ 3.8　Structure description of cartographic generalization Agents ⋯⋯ 42
§ 3.9　Summary ⋯⋯⋯⋯⋯⋯⋯⋯⋯⋯⋯⋯⋯⋯⋯⋯⋯⋯⋯⋯⋯⋯⋯⋯ 43

Chapter 4　Cartographic generalization algorithms and establishment of cartographic generalization algorithm lib ⋯⋯⋯⋯⋯⋯⋯⋯⋯ 45
§ 4.1　Characteristics of cartographic generalization algorithms ⋯⋯⋯ 45
§ 4.2　Hiberarchy of cartographic generalization data ⋯⋯⋯⋯⋯⋯ 46
§ 4.3　Clustering method to hiberarchy of cartographic generalization data ⋯⋯⋯⋯⋯⋯⋯⋯⋯⋯⋯⋯⋯⋯⋯⋯⋯⋯⋯⋯⋯⋯⋯⋯⋯ 48
§ 4.4　Cartographic generalization algorithm based on ABTM ⋯⋯⋯⋯ 59
§ 4.5　Cartographic generalization algorithm based on Circle characteristics ⋯⋯⋯⋯⋯⋯⋯⋯⋯⋯⋯⋯⋯⋯⋯⋯⋯⋯⋯⋯⋯⋯ 74
§ 4.6　Street block generalization algorithm based on dimension-reducing technique ⋯⋯⋯⋯⋯⋯⋯⋯⋯⋯⋯⋯⋯⋯⋯⋯⋯⋯⋯⋯⋯⋯ 84
§ 4.7　Road selection model based on stroke and polarization transformation techniques ⋯⋯⋯⋯⋯⋯⋯⋯⋯⋯⋯⋯⋯⋯⋯ 91
§ 4.8　Line simplifying model with oblique dividing curve method ⋯⋯ 97
§ 4.9　Establishment of automated generalization algorithm lib ⋯⋯⋯ 107
§ 4.10　Approach to assess generalization algorithms ⋯⋯⋯⋯⋯⋯ 114
§ 4.11　Summary ⋯⋯⋯⋯⋯⋯⋯⋯⋯⋯⋯⋯⋯⋯⋯⋯⋯⋯⋯⋯⋯⋯ 116

Chapter 5　Geometry quality assessment of cartographic generalization ⋯⋯ 117
§ 5.1　Geometry quality assessment of point generalization based on polarization transformation ⋯⋯⋯⋯⋯⋯⋯⋯⋯⋯⋯⋯⋯⋯ 119
§ 5.2　Geometry quality assessment of building generalization based on dimension-reducing technique ⋯⋯⋯⋯⋯⋯⋯⋯⋯⋯⋯⋯⋯ 127
§ 5.3　Inversion of building generalization process based on dimension-reducing technique ⋯⋯⋯⋯⋯⋯⋯⋯⋯⋯⋯⋯⋯⋯⋯⋯⋯⋯⋯ 134
§ 5.4　Summary ⋯⋯⋯⋯⋯⋯⋯⋯⋯⋯⋯⋯⋯⋯⋯⋯⋯⋯⋯⋯⋯⋯⋯ 141

Chapter 6　Process control and reasoning of cartographic generalization ⋯⋯ 142
§ 6.1　Fore-researches ⋯⋯⋯⋯⋯⋯⋯⋯⋯⋯⋯⋯⋯⋯⋯⋯⋯⋯⋯⋯ 142
§ 6.2　BDI control model and CBR reasoning model ⋯⋯⋯⋯⋯⋯⋯ 144
§ 6.3　Theory and technique model of automated cartographic generalization chain ⋯⋯⋯⋯⋯⋯⋯⋯⋯⋯⋯⋯⋯⋯⋯⋯⋯⋯⋯⋯ 147

§ 6.4　Visual editing and tracing of automated cartographic
　　　　 generalization process ·· 174
§ 6.5　Summary ··· 180

Chapter 7　Automated cartographic generalization system-GenerMap ········ 182
§ 7.1　Guide lines of system design ··· 182
§ 7.2　Development and experiment of system ···························· 185
§ 7.3　Summary ··· 203

References ··· 203

第1章 绪　　论

地图制图综合历来是地图学中最富挑战性和创造性的研究领域。数字环境下空间数据的自动制图综合仍是现代地图学面临的核心问题之一。制作地图必须进行制图综合，这是不可避免的。可以说，不进行制图综合，就不可能制作地图（王家耀 等，1992a；毋河海，1997；王家耀，2008）。

传统制图综合的目的在于"获得新的地图"，人们关注的是两极状态：综合前和综合后。此时，人们往往只对综合后的结果感兴趣，而不关心制图综合的过程。数字制图环境下，人们对综合的过程和结果都产生了兴趣，对综合提出了新的需求（艾廷华，2000）。

30多年来，自动综合问题一直是对制图工作者和地理信息系统（geographic information system，GIS）开发者的一个严峻挑战，尤其是随着国家空间数据基础设施的建立、地图数据库的建成和GIS的进一步开发与应用，以及数字地球的提出和实施，这个问题变得越来越重要，显得越来越突出。但是，至今对这个问题的解决还远未达到人们所期待的程度（武芳，2003）。

综合，即概括或归纳。认知任何事物，总是要首先抓住主要特征。因此，综合是一种通用的认知手段，是普遍存在的，不是地图制图领域的"专利"。当然，地图的制图综合又有许多本质特征而区别于一般意义上的"综合"。正是因为这个原因，我们不仅可以进行自动综合新理论、新方法的创新性研究，也可以把许多其他领域关于"综合"的有关理论和方法引入到制图综合中来，用于研究和解决制图综合问题，进行再创新（钱海忠，2006）。

§1.1　研究自动制图综合的目的

"综合"一词起源于法文"generalisation"，表示概括的意思。它又是拉丁文"generalis"（共同的，主要的）一词的派生词。这是从语言来源上考究的，它表达了"综合"一词的基本含义。早在1921年，M. Eckert（艾克尔特）就提出了制图综合的概念，把概括和抽象作为制图综合的两个重要手段。从此，制图综合就成为地图学的核心理论和技术之一，始终是地图学家们所关注的焦点问题。随着地图学及相关学科的发展，数字地图自动综合的研究越来越受到重视，研究的深度和广度都有较大程度的进步。

制图综合的基本目的是以缩小的空间图形来显示客观世界。但是当机械地缩小地球表面时,地物的宽度、长度及地物间的距离等都同等比例地缩小了,相邻的离散物体不可区分,复杂的地物轮廓显得模糊不清,这增加了事物的复杂性。实地空间目标的多样性、复杂性与地图载负量的有限性构成了矛盾,且这种矛盾随着比例尺的缩小而变得更加突出。因此,为了使读者能在地图上看到既详细又清晰的图形,且这样的图形又能反映出地理现象的特征和分布规律,就要进行制图综合(祝国瑞 等,2001)。

在传统地图生产方式下,制图综合是一个周期长、速度慢、精度低的手工劳动过程。近些年来,随着计算机制图技术的发展和地图生产技术手段的改变,特别是地图数据库和国家空间数据基础设施的相继建立,使得以数字形式存储的地图数量大大增加。如何利用自动制图综合的方法由大比例尺地图数据库制作任一所需的小比例尺地图或派生任一小比例尺地图数据库,已经成为迫切需求。尽管制图综合的数学模型在某种程度上为制图综合的计算机实现创造了基本条件,但是制图综合是一个创造性的思维过程,人的经验、知识和智能起着重要的作用,而人的思维和推理是无法用数学公式完整描述的,至少今天的数学还无能为力(毋河海,2000a;钱海忠,2006)。

正是由于自动制图综合的这种特殊性和困难性,许多部门和系统不得不采用"多库一用"的方式,以满足实际需要。即建立有限的几种比例尺地图数据库,在使用时依据不同需要调用不同比例尺的数据,以达到"多尺度"表达的目的。显然,这种"多尺度"表达的方式势必造成数据冗余、数据的不一致性以及内存开销增加等问题,不能真正实现空间数据多尺度表达的目的。解决这一问题的根本出路在于制图综合自动化。

研究自动制图综合的意义在于:

(1)从大比例尺数据库派生出各种中小比例尺数据库,从而减少数据采集的工作量,实现各种比例尺数据库数据的一致性。

(2)彻底改变传统地图生产速度慢、周期长、不适应未来作战快速反应要求的状况,大幅度提高地图生产速度,缩短地图生产周期。对于实现高技术条件下的快速应急测绘保障具有重要意义。

(3)更好地适应现代社会对多尺度数据库一体化快速更新的需要,为社会建设、作战指挥等提供实时或准实时、准确的多尺度空间数据。

(4)是解决 GIS 中空间数据的多尺度表达最有效的途径。

(5)应用于导航电子地图的制作与更新。电子导航地图对空间数据的现势性要求非常高,需要广泛采用空间数据的快速提取、派生、更新等技术,而这其中如果有自动综合方法的有力支持,则可节省大量的人力、财力等,并大幅度缩短地图制作周期。

§1.2 自动制图综合的研究进展及趋势分析

对制图综合的研究,国内外从未间断过。经过近100年的发展,其间经历了几次技术变革和发展阶段,才发展到现在这个水平。主要发展阶段包括:20世纪20年代至60年代中期,开始提出制图综合概念,并建立了初步的手工制图综合理论、技术与方法体系;60年代中期至70年代,人们开始借助计算机进行制图综合;70年代至80年代中期,出现了许多卓有成效的算法;80年代末至今,大比例尺制图综合开始考虑采用人工智能和专家系统来解决制图综合中的难题。在过去很长一段时间里,人们对地图信息综合的一个共识是:它是一个具有不良定义(ill-defined)性的复杂过程,是地图学与GIS领域的一个重大难题,有的学者认为是"NP—完全"问题(即计算机解不可能设计出来)。尽管有些成果或产品已经出现,呈现出很好的势头,但离问题的完全解决还很远。总的来说,自动综合仍处于研究与试验阶段(毋河海,2000a)。

从制图综合发展的理论与技术水平而言,可以把制图综合的发展,归纳为以下几个发展阶段:

1. 由把制图综合作为"主观过程"到把制图综合作为"客观的科学制图方法"

自从M. Eckert在1921年首次论述了制图综合概念以来,就认为制图综合的实质在于对制图对象进行取舍和概括,对其起作用的主要因素是地图用途。这无疑是正确的。但是,M. Eckert同时认为制图综合是主观过程,从中找不到什么规律,只取决于制图人员的技巧。M. Eckert的这一观点在欧洲影响较大,一直持续到20世纪60年代。大约在20世纪40年代,苏联制图学家K. A. Salishev(萨里谢夫)在总结第二次世界大战期间地图制图生产经验和地图制图科学研究成果的基础上,发表了《制图原理》等著作,将制图综合作为客观的科学方法加以论述,比较系统地提出了制图综合的一般原则、基本因素和表现方法,认为制图综合的基本依据是辩证唯物主义关于自然和社会现象相互联系、相互制约和发展的概念。在这一思想指导下,苏联中央测绘科学研究所先后对地形图各要素的制图综合进行了研究,并在总结设计和编绘1:250万苏联分层设色地图、世界地图集、海图集等大型地图作品经验的基础上,将制图综合原理和方法由地形图扩展到小比例尺普通地理图的编制,编著和出版了《小比例尺普通地理图制图综合原理》(1:100万—1:400万),并开始注意到制图综合的量化问题。这些都体现了制图综合理论和制图生产实践的统一,制图综合方法与制图区域地理特点相统一的原则(王家耀等,1992)。

由M. Eckert把制图综合视为无规律可循的"主观过程"到K. A. Salishev把制图综合作为"客观的科学制图方法",这是一个很大的进步。它深刻揭示了一个道理,即制图综合作为科学的制图方法,具有认识论和方法论的特点,是有规律可循的。

2. 由制图综合的定性描述到制图综合的定量描述

在很长时间内,制图综合研究与实践总的来说是处于定性描述阶段,影响着制图综合实践的科学性。随着地图制图生产的发展和制图综合理论研究的深入,国内外不少地图制图学家致力于数理统计方法在制图综合中的应用。在国外,苏联的保查罗夫等发表了《制图作业数理统计法》(保查罗夫 M K,1957),比较系统地运用数理统计方法研究地理要素的分布规律和某些要素制图综合指标的确定;1962 年前后,德国的特普费尔(特普费尔 F)发表多篇文章,建议用资料图和新编图比例尺分母之比的开方根作为确定地物选取数量的依据,提出了地物选取规律公式,并于 1972 年出版了《制图综合》,全面介绍了开方根选取规律公式的应用(特普费尔 F,1963,1982);1983 年法国 U. Franke 发表了应用图论方法研究制图综合的成果。在我国,20 世纪 50 年代末和 60 年代初就有人着手用数理统计法和图解计算法研究地图上居民地的选取指标;20 世纪 70 年代以后不少人用相关分析和回归分析方法研究居民地选取指标的数学模型,取得了一批有理论和实际应用价值的成果;20 世纪 80 年代中期,一些学者应用模糊集合论方法和图论方法研究地物结构选取模型(王家耀,1985a,1985b)。20 世纪 90 年代初,制图综合的数学分析方法得到了较普遍的应用(祝国瑞,1990;王家耀 等,1992)。

将数学方法用于确定制图综合的数量指标,使制图综合方法从定性描述向定量化前进了一大步。其深刻意义在于,它揭示了制图综合从"主观过程"到"科学的制图方法"、由制图综合的定性到定量描述即制图综合指标的"计量化"这一历史轨迹;同时又预示了它适应地图资料的数字化和地图制图技术手段的变革,而在计量化方面必将持续深化并进一步系统化,最终导致制图技术的现代化。

3. 由地图模型到基于模型、算法和知识的自动制图综合

由制图综合的定性描述到定量描述,即制图综合指标的计量化,还未发展到计算机技术在制图综合中的应用。随着制图资料的数字化,制图综合已不再是在模拟(纸质)地图环境下的手工地图制图,数字地图环境下的制图综合有了许多新的特点(王家耀 等,1998)。在数字地图制图综合的条件下,复杂的创造性思维过程由制图员完成,而繁重的作业过程却是由计算机编程实现。即使是应用专家系统技术,计算机也只能是模仿领域专家在制图综合过程中处理问题的思维方式,解决由制图专家才能处理好的问题。综合质量则取决于模型、算法、规则的合理性和完备性及智能化程度。制图综合的决策是由制图员做出的,而决策的实现是由计算机执行的。

20 世纪 60 年代至 80 年代末,国内外学者研究了地图模型和综合模型(王家耀,2005)。英国学者 C. Board 于 1967 年在《作为模型的地图》一文中提出了地图作为模型的概念。这一见解使地图学界把地图看做一种模型的思想前进了一大

步,使地图制图特别是制图综合进入更严密的理论模型试验的研究阶段。许多学者认为地图模型是可以用数学形式来描述的,并研究了地图模型的逻辑数学描述方法,分别研究了模型元素的逻辑数学描述和物体标志的逻辑数学描述(包括概念-等级层次的描述方式、物体空间位置的逻辑数学描述、物体空间结构的逻辑数学描述和物体间拓扑相关的模型化描述)。

地图模型概念是由手工地图制图综合到计算机地图制图综合的理论先导。对地图模型元素进行逻辑数学描述,有助于构建制图综合变换模型 $M_{k1} \xrightarrow{G} M_{k2}$ (G 为模型变换算子,M_{k1} 为算子作用之前的模型,M_{k2} 为算子作用之后的模型)。对物体标志进行逻辑数学描述,其中,概念-等级层次的描述模式有助于构建制图综合的有向图,并借助这种有向图在制图数据库中实施信息搜索。物体空间位置的逻辑数学描述可把地图上的物体集合分解成子系统,并通过物体空间定位量度区分为 3 维立体(体状,如地貌)、2 维(面状,如湖泊)、1 维(线状,如河流)、0 维(点状,如控制点)。物体空间结构的逻辑数学描述,有助于将前述体状、面状、线状、点状物体分别划分为若干子集,并进一步具体描述物体空间结构特征。物体间拓扑相关的模式化描述,有助于在制图综合时有效利用物体间的拓扑结构信息解决如"合并"或"位移"之类的问题。

在数字地图环境下,自动制图综合赖以实施的基础是模型、算法和知识。因为只有易于程序化(计算机程序和人工智能程序),计算机才能执行制图综合的各项操作,而模型、算法和知识是易于编程的。所以,研究制图综合模型、算法和知识,是研究自动制图综合的一项基础性工作(王家耀 等,2000;武芳,2003;毋河海,2004)。

制图综合模型指的是描述制图综合中某些关系的数学表达式,即制图综合规律以数学方法表达的数学关系式。其任务是控制资料图到新编图的地图内容的变换(王家耀,2005)。主要有定额(总体)选取模型、结构(定位)选取模型和定额结构选取模型。定额选取模型从宏观上控制选取数量,并在不同区域之间起着选取数量上的平衡作用,包括方根模型、回归模型、方根模型的分形扩展模型。结构选取模型根据物体间的结构关系从资料图的物体中分离出更重要的一部分物体,即解决选取"哪些"的问题,主要有普通综合评判模型、模糊综合评判模型、图论模型、顾及图斑集自身结构特征和分布特征的分形选取模型、顾及目标在图上配置特征的神经元网络选取模型等。定额结构选取模型,同时控制选取数量和具体选取对象。应该指出,制图综合模型是描述制图综合中某些关系的数学表达式。但由于这些关系一般都是非确定性的依赖关系,所以是某种统计规律的数学描述,而不是用一般的函数关系来确定的。因而,用这些公式计算出的制图综合指数的可靠性程度受到许多因素的制约,如统计样本数量及其分布的合理性、公式参数确定的合理性、评判因素的完备性等。

制图综合算法指对某一类制图综合问题的有穷的机械地判定(计算)过程。它只用有穷多条指令描述,计算机便能按指令执行有穷步的计算过程,从而得出制图综合结果。基于算法的自动制图综合基本上是面向目标的。最早提出、最经典的是道格拉斯-普克(Douglas-Peucker)算法,后来有的学者对其进行了分形扩展(王桥 等,1998),使之除用于一般曲线的自动化简外,还能用于地貌等高线的自动综合。极化变换算法、遗传算法、智能体和弹性力学在自动制图综合中的应用,是近10年来研究较多、取得成果较为丰富的新领域(钱海忠,2006;邓红艳,2006;武芳 等,2008)。

钱海忠 等(2005b)首次把极化变换思想引入到空间数据制图综合中来,通过极化变换,巧妙地把二维平面上的空间目标群体转化为单根一维光谱线进行处理,在此基础上通过对光谱线的处理而达到对空间目标进行自动综合及其质量评估的目的(钱海忠 等,2005c;钱海忠 等,2005e;钱海忠,2006b;钱海忠 等,2010)。由于其实现了从二维空间向一维空间的降维处理,不但降低了制图综合的复杂性,同时对线要素自动综合的许多算法和模型也可以应用到二维空间的自动综合中来。Peters(2011)在钱海忠等人研究基础上,进一步研究了三维坐标空间中点群要素的极化变换问题。

遗传算法是一种仿生算法,抽象于生物体的进化过程。通过全面模拟自然选择和遗传机制,它以编码空间代替问题的参数空间,以适应度函数作为评价依据,以编码群体作为进化基础,建立起一个迭代过程。在这一过程中,群体的个体不断进化,最终达到求解问题的目的。主要用于点群目标的选取、线要素化简、道路网综合、河流选取和人工水网的自动综合、点注记和线注记自动配置等方面。但是,遗传算法存在效率和收敛问题。遗传算法的效率低源于它是一种全局优化算法,但鉴于遗传算法具有很好的并行性,遗传操作中每个个体之间是相互独立并且可同时计算,这完全符合分布式计算的要求,所以采用并行遗传算法来解决模型的效率问题是有效的。遗传算法的收敛问题,一直是学界关注的理论问题,如一般收敛性理论、基于马尔可夫链的模型等,都不可能从根本上解决这个问题。目前研究的做法是限制迭代次数,即最大适应度取值与平均适应度取值足够接近,或迭代次数达到指定次数时,使迭代终止,当然这并不是理想的解决方法。

智能体(Agent)技术最初来源于分布式人工智能领域。智能体是处于某个环境中的封装好的计算实体,是一种新的计算和问题求解的思路。不规则三角网(triangulated irregular network,TIN)技术的几何处理功能非常强大,但面对智能化的挑战,仍满足不了自动制图综合的需求。Agent与TIN两种技术的结合,可构建基于智能体的不规则三角形网模型(Agent based TIN model,ABTM)算法,主要用于建筑物合并、点群要素选取和线要素化简(钱海忠 等,2005a)。

弹性力学是研究弹性体受力作用产生变形的原理,即弹性体受到一定的外力作用时会产生形变,当外力撤销时又恢复原形。如果仅仅是弹性体部分受力,则形变时物体总体形状基本保持不变,只是局部变形。这个特点正是地图制图综合中所希望出现的效果,即保持目标空间关系总体不变。地图要素关系处理是自动综合的一个难点,图形符号位移操作是关系处理的一个重要方法,而位移操作的一个重要的约束条件就是要正确表达要素间的空间关系。导致位移操作复杂性的一个重要因素是位移具有传播的特性。只有解决和控制了位移的传播,才能避免位移操作后产生新的冲突并能保持正确的空间关系。早在20世纪70年代,德国汉诺威大学就有人着手研究位移操作问题,其后一直未间断过。早期的研究采用机械式方法,目前的研究采用优化方法。而基于弹性力学原理的位移操作就是迄今最为有效的优化方法(侯璇,2004)。侯璇等人深入研究了目标冲突的探测方法,并对目标受力进行了分析,在此基础上提出了平移和变形两种方法。对于变形趋势强烈的目标采用平移方法,包括基于平面空间变形的平移方法和基于平面杆件的平移方法。两者相比,前者在空间关系的确定上更为全面,同时约束条件也更突出。这是因为前者是基于平面三角网的空间变形的平移方法,相应地位移操作应限制在一个面状区域,且目标群不能少于3个且不宜呈线状分布,适用范围受到限制。后者是利用最小生成树描述目标间的空间关系,适应能力强,几乎能描述所有的空间形态。对于更多变形趋势不是很强烈的自身形状比较复杂的目标,则采用位移操作的目标变形方法。此外,基于数学形态学、人工神经元网络和Circle的自动综合算法方面的研究也取得了许多成果(王家耀 等,1999;钱海忠 等,2005b;钱海忠 等,2006b)。

并非所有制图综合问题都能模型化和算法化。所谓基于知识的自动综合,指对制图综合中处理某些问题的规范化描述。20世纪90年代初,制图综合专家系统与知识推理引起了不少学者的兴趣和关注,取得了一些探索性成果,但其后在自动制图综合中的应用却处于低谷,导致制图综合的智能化进展步履维艰(毋河海,2004)。制图综合本质上是一个高度智能化的系统,智能离不开知识,有知识才谈得上智能。制图综合就是知识重新表达与知识抽象相结合的过程,制图综合知识是制图综合过程的基础(王家耀 等,2006;钱海忠,2006)。例如:利用制图综合知识对综合前的数据进行检查,可以获得待综合区域的特点、重点综合内容、综合方法等信息;利用制图综合知识对综合后的数据进行检查,可以判别综合结果是否满足要求;制图综合知识可为制图综合算法提供参数支持和为计算结果提供约束条件;制图综合知识是制图综合过程控制的主要依据。正是基于这样的认识,王家耀等(2006)对制图综合知识的分类、制图综合知识获取和转化为XML格式的知识库构建、制图综合知识的结构化描述、制图综合知识的属性、制图综合知识的管理与组织及其在制图综合过程控制与推理中的应用等问题进行了研究。应该说这是迄今在该领域最富新意的研究成果。

由地图模型到基于模型、算法和知识的自动制图综合研究，在自动制图综合理论、方法与技术上是一个不断深化和进步的过程，近30多年特别是近10年来的自动制图综合研究都是围绕这个主题进行的，实践证明这是一条正确的途径。

4. 由追求制图综合的全自动化到人机协同

经历过长期的传统手工地图制图后，当地图资料的数字化、地图生产的计量化和计算机技术用于制图综合时，人们的认识存在着两种倾向。一种倾向认为制图综合完全是凭制图经验的个体劳动过程，由计算机完成人都尚未弄清楚的制图综合是不可能的。即使在数字地图环境下，实际的地图生产中也只是将传统的用绘图工具对模拟地图进行综合"搬到"计算机屏幕上用鼠标进行制图综合，本质上仍是手工方式。另一种倾向是夸大了计算机的作用，认为只要编写出程序，就能利用计算机具有的强运算能力和高运算速度，在很短时间内完成手工制图时需要花费许多人力和很长时间才能完成的制图综合作业，盲目追求制图综合的全自动化。这两种倾向都是不科学的，都是因为对人和计算机处理信息的能力和特点，以及人和计算机在制图综合过程中的相互关系缺乏深入分析研究，对人和计算机在制图综合过程中怎样协同工作的认识忽明忽暗。从理论上讲，都是因为缺乏对制图综合过程本质和特征的正确把握。

针对数字地图制图综合中人机协同存在的上述问题，王家耀（1999）研究了人在制图综合过程中的思维方法和计算机模拟人在制图综合中的思维能力，提出了自动综合中人机的最佳协同理论。关于人在制图综合过程中的思维方式，主要研究了制图综合的抽象思维方式（基于联系的归纳推理思维、基于过程的形象推理思维、基于规则的演绎推理思维）、视觉思维方式（视觉选择性思维、视觉注视性思维、视觉结构联想性思维）和灵感思维方式等。关于计算机模拟人在制图综合中的思维能力，研究表明，目前的计算机模拟抽象思维比较容易，特别是制图综合专家系统技术的研究，能比较有效地模拟基于规则的演绎推理思维。而对于制图综合过程中的视觉思维特别是灵感思维，计算机模拟起来就困难了，甚至不可能。同时，用计算机模拟制图综合中人的思维方式，求解制图综合问题，必须具备问题形式化、可计算性、合理的复杂度等3个前提条件。另外，实用的自动综合必须是数据库支持的，而目前已建成的数据库并不是为地图生产建立的，即使有些制图综合问题能够形式化、算法化，但没有可供计算的数据，仍然无法求解。即使有些制图综合问题可以总结成规则知识，但没有与结论相匹配的前提条件信息，基于规则的推理仍然得不出结论。所以，要求数据库中的数据能客观、正确地反映人脑思维系统，目前还不现实，这就影响计算机对制图综合过程中人的思维的有效模拟。由于计算机目前还不能有效模拟制图综合过程中人的全部思维方式，这就决定了人在制图综合中不可替代的作用，决定了自动编图系统只能是人机协同系统。关于自动制图中的人机协同的问题，应根据人和计算机处理地图信息的工作特点，实现最佳人机协同,即充分发挥人的创造能力,又充分利用计算机处理地图信息的能力,充分发挥人在自动制图综合过程中的主导作用和计算机的辅助(支持)作用。

按照协同论观点,协同式的自动综合不仅有人机协同,还应有模型、算法、知识推理等各种技术手段之间的协同。每个地区、每种地图要素都有各自的特点,每一种技术手段也都有各自的优点和不足,它们各自解决制图综合问题的能力都有限。但若将它们进行有效的结合,充分发挥各自的优点,通过优势互补来弥补各自的不足,这样就可以使整个系统解决制图综合问题的能力大大增强。显然,这样的系统应该由许多能够完成不同任务的子系统组成,应是一个开放的系统(武芳,2003)。

5. 由孤立零散的模型、算法的研究和对单要素的自动综合试验到把自动综合作为一个整体(全要素、全过程、可控制)的过程控制和保质设计

在很长一个时期内,自动制图综合研究大都关注于模型和算法,处于零乱无序状态。专家系统与知识推理在自动综合中的应用仍处于低谷。许多人认为自动综合是一个具有不良定义(ill-defined)性的复杂过程,是地图学与 GIS 领域的一个重大难题。有的学者甚至认为是"NP—完全"问题(即计算机解不可能设计出来)。尽管像 20 世纪 90 年代 Intergraph 公司推出的 DynaGEN、德国汉诺威大学的 CHANGE、法国国家地理研究所(The French National Geographic Institute, IGN)的 STRATEGE 和基于 Agent 的 Carto 2001、苏黎世大学的基于 Agent 的居民地综合系统 PolyGon、Laser Scan 公司的基于 Agent 的 Clarity 等纷纷面世,但离问题的解决还很远,很难让人们看到其整体应用和全面解决的前景。其主要原因是:没有把自动综合作为一个整体(全要素、全过程、可控制)来研究;自动综合系统中缺乏知识和智能的支持;众多的综合算法只能处理特定环境下的特定问题且相互之间缺乏整体配合;缺乏能支持自动综合操作的空间数据模型与数据结构(钱海忠,2006)。

要实现把自动综合作为一个整体(全要素、全过程、可控制)来研究,必须解决过程控制和保质设计两个问题。

对于过程控制问题,王家耀(1989)提出"综合过程是一个思维过程,这种思维过程可以模拟为某种控制模式"。时隔 17 年之后,钱海忠(2006)在分析制图综合特点的基础上,借鉴人工智能领域的研究成果,提出了一种全新的制图综合知识的分类、获取和表达方式,以及对知识的组织和管理方法,以支持模型、算法、过程控制和质量评估;借鉴人工智能领域的 Agent 思想和技术,提出了一种制图综合 Agent 新的分类方法,详细研究了该 Agent 实体的生存和交流模式及其结构化描述方法,以支持自动综合系统框架设计和开发;开发了具有较强的图形操作、探测能力、智能性强和运算速度快的基于 ABTM 的制图综合算法和基于圆特性的制图综合算法;借鉴工业领域的工作流思想和技术,提出了一种把模型、算法、知识及评估连接在一起的自动制图综合链和基于综合链的制图综合过程控制模型,以支持对整个制图综合过程的控制。在上述研究基础上,构建了一个能实际运行的自动综合系统软件。

对于学界和业界普遍关注的自动制图综合质量问题,邓红艳(2006)认为制约自动制图综合质量的原因,除了计算机处理抽象思维快捷迅速而处理制图综合中大量存在的形象思维和灵感思维十分困难的方面外,还要取决于综合过程模型、综合算法和知识(特别是规则)的合理性、完备性、智能化程度以及自动综合结果评价模型的方面;而且自动制图综合质量问题的内涵应包括自动制图综合过程的质量控制体系框架、质量评价策略和质量控制过程实施等3个方面。据此,邓红艳(2006)提出了基于保质设计(design for quality,DFQ)的制图综合模型框架、质量管理机制和数学描述。在分析制图综合约束条件的基础上,深入研究了基于数据的DFQ制图综合知识表达;在进行面向综合质量控制数据模型需求分析的基础上,提出了面向综合质量控制的数据模型——DFQR(design for quality R)树和DFQR树的综合质量控制过程;针对目前制图综合中的拓扑一致性检查与评价方面研究薄弱的情况,研究了制图综合中的拓扑一致性评价与保持的理论与方法,并以道路网综合为例研究与验证了制图综合过程中的拓扑一致性保持;由于基于保质设计的制图综合模型需要多维约束空间的支持,提出了基于多维约束空间的自动制图综合结果质量评估模型和制图综合中应用最多的线要素化简算法质量评价模型,并以等高线化简为例对线要素化简算法评价模型进行了验证和统计分析。

基于前述5个方面的论述,可以得出如下关于自动制图综合研究的趋势分析。

(1)自动制图综合的实现遵循了一个由简单到复杂、由局部到整体、由数字化到智能化的客观发展过程,而且这个过程还远未完结。

在传统地图制图时代,制图综合领域主要着重在地图生产实践基础上对原理和方法的研究、总结和提炼,实现了由制图综合作为"主观过程"到把制图综合作为客观的科学制图方法的转变。在数字化地图制图时代,主要着重制图综合的定量化和地图模型、制图综合模型、算法的研究,实现了由定性描述到定量描述的转变,并在制图综合模型和算法的研究方面引进了许多现代应用数学方法,取得了显著成效。在信息化地图制图时代,主要着重基于模型、算法和知识的自动制图综合研究及自动制图综合中的人机协同研究。特别是基于知识的全要素、全过程、可控制的自动制图综合过程控制的智能化和基于保质设计的自动制图综合质量评估的研究,实现了地图模型到制图综合模型、算法和知识的转变,即由盲目追求全自动化到人机协同的转变;实现了由孤立零散的模型、算法的研究和对单要素的自动制图综合试验到把自动综合作为一个整体的过程控制和保质设计的转变。当然,由于自动制图综合的复杂性,彻底实现这样一个转变还有许多工作要做,还有一段路要走。

(2)信息化地图制图中自动制图综合的实现过程更是一个思想观念不断更新的过程。

回顾制图综合特别是自动制图综合研究发展的历史,证明了思想观念的更新是制图综合不断取得进展的关键。正是因为树立了制图综合是反映制图对象(地理现象和事物)的数质量特征、分布及相互关系的技术方法的观念,即主观要符合客观,才实现了由把制图综合视为"主观过程"到把制图综合作为客观的科学制图方法的转变。正是因为树立了适应地图资料数字化、计算机技术用于地图制图必然导致制图综合的计量化、模型化和算法化的观念,才实现了由制图综合的定性描述到定量描述并进一步由地图模型到制图综合模型和算法的转变。正是因为树立了全要素、全过程、可控性的观念,才出现了由孤立零散的模型、算法研究和单要素自动综合试验到把自动综合作为一个整体的基于知识的过程控制和保质设计的转变。所以,要完全实现全要素、全过程的自动制图综合控制和保质设计,并最终用于地图制图生产实践,仍然要坚持更新思想观念。

(3) 制图综合的模型、算法必须不断地改进和优化。

因为人的认知有一个过程,科学技术发展也有一个过程。制图综合模型是人们对制图综合规律的数学描述,制图综合算法是人们对制图综合过程特点的有穷多条指令的描述。这种描述的完善与否,同人的认知水平和科学发展水平有关。对道格拉斯-普克算法,就是因为人们认识到在应用中发现的问题和分形数学的出现,才有了后来的道格拉斯-普克算法的分形扩展(王桥 等,1998);对 Li-Openshaw 算法,正是因为人们认识到应用中发现的局部极大值点被遗漏和圆与曲线有多个交点等问题,才有了对 Li-Openshaw 算法的改进(朱鲲鹏 等,2007);对目标位移算法,也是因为人们分析认识到了现有各种机械式算法、优化算法及遗传算法和模拟退化算法在实际位移操作中都存在一些问题以及弹性力学的应用,才有了基于弹性力学原理的自动制图综合位移模型的研究(侯璇,2004),得到了较之现有机械式算法、优化算法、遗传算法和模拟退化算法更好的应用效果,理论上也更加严密。其他类似的例子还很多,这里不一一列举。这些情况都说明,随着各种制图综合模型、算法的日益广泛应用,会反映出模型、算法的不完备和不足。随着人们认知水平的不断提高和新的数学方法的应用,制图综合模型、算法是不断改进和优化的。今后还会如此,这也是事物发展的规律。

(4) 提高自动制图综合的智能化水平,仍是制图综合研究的主要方面。

地图制图综合本质是一项高度智能化劳动的过程,是一项非常富有创造性的工作,需要制图人员的知识、经验和智慧。制图综合既是一个针对制图对象的知识简化过程,又是一个知识重新组织生成新知识的过程,知识和经验的积累具有极为重要的意义。在自动制图综合中,基于知识的推理首先需要知识的支持,人机协同需要知识来引导,自动制图综合链的生成和综合过程控制的运行需要知识来激活,制图综合过程与制图综合知识有着十分密切的关系。然而,自动制图综合中迫切需要解决的问题是如何把制图人员处理制图综合问题的知识、经验与智能总结归纳出来,如何进行适应于制图综合操作的知识分类,如何表达这些知识并进行结构化描述,如何建立制图综合知识库和构建知识推理机制,如何管理和组织制图综合知识等。在这些方面,目前的研究虽然取得了一些成果,但还有大量工作要做。应该把制图综合知识工程作为一项重要研究任务,要有更多的人参与这项研究工作,以期取得更大突破。

(5)自动制图综合过程与质量控制系统的工程化与产业化已具备基本条件,但仍任重道远。

一切科学研究最终都是为了应用,自动制图综合过程与质量控制研究也不例外。目前,全要素、全过程、可控制的自动制图综合过程与质量控制已有能运行的试验系统(王家耀,1989;王家耀,1999;王家耀 等,2006;邓红艳,2006;钱海忠,2006),其中的一些成果已用于大中比例尺地形图的生产。但离全面应用于地图制图生产实践还有一段距离,还有许多需要进一步完善、优化的地方;科研成果的工程化和产业化虽已具备基本条件,但离真正实现还任重道远。我们的最终目标是通过科研成果的工程化和产业化,开发出具有自主知识产权的全数字地图制图系统,其中的核心是自动制图综合子系统。需要进一步研究开发与现有具有自主知识产权的自动制图综合系统相适应的数据输入和分色胶片输出前的制图编辑系统。自动制图综合系统本身,则需要进一步完善自动制图综合链的生成和过程控制,使其更加智能化,并具有更加广泛的适应性。基于保质设计的自动制图综合质量(与算法)评估与控制方面,要着重自动综合算法与算子库及对算法与算子进行有效控制和制图综合评价模型的研究;不仅要研究语义知识的管理,还要研究网络表达的知识的处理,并进一步研究模拟人在进行制图综合时的思维状态。自动制图综合系统的工程化、产业化应该与地图制图生产相结合,只有在生产实际应用过程中才能发现问题,使之逐渐完善、稳定和成熟起来。

§1.3 解决制图综合问题的新思路、新途径和新方法

为了有效地、综合性地解决上述自动制图综合研究中的问题,需要研究新思路,探索新途径,寻求新方法,尤其是基于知识的方法和过程控制方法。

制图综合必须要自动化,而智能化是自动化发展的必然趋势,自动化发展到一定水平,再向前发展就是智能化(郭庆胜 等,2003)。人工智能是一项长期复杂的工程,不能一蹴而就,需要逐步地去实现。在当前条件下,人工智能还只能称为"弱人工智能",实现高度的智能化(强人工智能)是不切实际的,因为"CPU+程序"还远远没有达到"人脑+思维"的聪明程度。研发自动综合系统,要尽量提高其智能化程度,可以提出一些具体务实的实施方法和步骤(比如采用 Agent 技术等),做到能够智能化的模块智能化,需要人工参与的地方进行交互,在尽可能提高智能化

程度的前提下，确保系统的高度实用性、综合结果的高准确率(高质量)、操作的简单性、系统的集成性和可扩展性。在充分利用现有资源的条件下，把整个制图综合功能模块统一集成和管理，实现系统功能的优化配置，发挥现有资源的最大优势。而要做到这些，就需要进行制图综合过程控制的研究，这是本书开展研究的主要思路。

正是在这种思路的驱动下，本书开展了对自动制图综合及其智能化过程控制的研究，这是一个势在必行的课题。国外对制图综合过程的研究已经开始，比如Ratajski模式、Morrison模式、Nickerson与Freeman模式、McMaster与Shea模式、Brassel与Weibel模式、Mackness模式、Ruas与Plazanet模式等。Brassel等于1988年在《国际地理信息科学》(International Journal of Geographic Information Sciences, IJGIS)刊物上发表了关于自动制图综合概念框架的文章，对20世纪80年代制图综合的研究现状进行了回顾和总结，提出了面向过程的模式，该模式将综合行为分为5个步骤：结构识别、过程识别、过程建模、过程实施和数据输出，该模式在自动综合研究领域产生了深远的影响，但至今仍无大的突破(Brassel et al, 1988)。Weibel等随后提出了制图综合的过程控制模型——爬山模型(hill-climbing model)。但由于该模型是一个局部贪婪搜索模型，还存在许多不足(Galanda, 2003)(见本书第6章)。之后，也有不少学者对此进行了研究，比如采用综合规则作为约束条件，建立循环控制与优化模型(Touya et al, 2011)；采用人工智能中的Agent与多Agent (Multi-Agent)等技术，把Agent、CartACom与GAEL等三个不同层次的Agent模型集成到CartAGen平台中来，进行基于全局过程的自动制图综合(Edwardes et al, 2007; Duchêne et al, 2008; Renard et al, 2010, 2011)；采用ArcGIS 10.0平台，针对道路网和居民地综合，构建了基于约束条件的优化框架(Monnot et al, 2011)；采用制图综合过程学习机制，对城市公交线路的语义与拓扑信息进行融合与综合(Kusay et al, 2011)。上述研究，一方面仍然局限在类似"爬山模型"的局部优化框架内，没有把自动综合的所有过程模块进行有机集成；另一方面，只针对大比例尺城市居民地与道路网进行了试验。因此，无论从理论框架还是实现技术上讲，需要解决的问题还很多。

制图综合中的"综合"有归纳、概括之意，其最根本的精神实质就是提取主要的，舍去次要的。而这种认识观是普遍存在的。这就说明，其他学科中与"综合"有关的新理论和新技术，都可以尝试借鉴到制图综合中来。所以，自动综合虽然很艰难，但有许多路可以走。基于以上考虑，本书提出了一种称为"自动制图综合链"(简称制图综合链或综合链)的新理论和新技术模型(钱海忠，2006)(详见第6章)。它把人工智能领域的知识库引入到制图综合中来，形成了一套对制图综合知识的归纳和描述方法；在深刻剖析自动制图综合特性的基础上，提出了制图综合链的定义和5个特性；在此基础上，建立了基于知识的空间数据检查、基于数据检查的制图综合任务提取、基于制图综合任务的综合链生成、制图综合链的自动执行等流程;在知识库支持的基础上,对基于知识的制图综合链及其执行结果进行质量评估;构建了基于知识的自动综合监控模型,实时监控制图综合过程中每一步操作的正确性;形成了基于案例(CASE)机制的制图综合链存储技术,把每次生成的制图综合链作为 CASE 进行存储,并与 CASE 库中已有的制图综合链进行比较,找出最优的综合链作为最终的方案执行,从而得到最优的自动综合结果;最后给出了完整的制图综合链模型,实现了制图综合过程的智能控制与综合结果优化。因此,"自动制图综合链"新理论和新技术模型,是实现自动制图综合过程控制的有效途径(钱海忠 等,2006a)。

所以,自动制图综合过程控制研究需要从系统论和控制论的角度考虑问题。要解决自动制图综合过程控制的问题,至少需要研究以下新方法:

(1)加强对制图综合知识的研究。自动综合离不开人工智能,而人工智能必须要有知识的支持。因此,制图综合知识是智能控制的基础,自动综合的算法、模型、过程控制和质量评估等都离不开知识的支持。这就需要研究制图综合知识的总结、表达、组织与管理。

(2)提高自动综合算法的开发水平,开发高质量、专业化、智能化的自动综合算法和模型。因为算法是制图综合行为的承担者和执行者,综合算法的好坏直接决定了自动综合的功能和综合质量。

(3)合理使用和管理已有的算法和模型,使之产生最优的综合结果。而这就需要对算法进行评估,并对自动制图综合结果评估和过程控制优化等问题进行研究。

(4)按照系统论中整体功能大于各模块功能之和的思想,需要通过制图综合过程控制,把各个制图综合模块紧紧地联系和集成在一起,以达到节省资源、提高利用率、优化控制、提高综合质量的目的。这不仅需要研究过程控制的新理论和新方法,同时也需要研究系统集成技术。

后续章节将围绕自动综合智能化过程控制这一主题,逐步对知识及制图综合知识与知识库、算法与算法库、模型设计与构建、过程控制和质量评估以及智能化自动综合软件系统设计与开发等方面进行详细阐述。重点阐述以下新思路、新途径与新方法:

(1)采用自动制图综合过程控制理论与技术来解决制图综合问题的新思路。

(2)基于知识的空间数据检查、基于数据检查的制图综合任务提取、基于制图综合任务的综合链自动生成与自动执行、综合操作自动监控、基于知识的综合算法与结果评估、综合链的 CASE 存储的新途径。

(3)把知识、算法、评估集成起来,实现基于自动制图综合链的整个自动综合过程控制的新方法。

第2章 制图综合知识及其归纳与组织

长期以来,人们一直在努力开发高度智能化的自动综合系统。而自动综合的智能化离不开制图综合知识,有知识才谈得上智能。智能活动需要通过对知识进行搜索,寻求满意解来得以实现,它并不是简单的刺激反应过程(郭庆胜 等,2003)。自动综合要让计算机学会思考,也必须让计算机去思考,这样,计算机才能模拟制图综合专家的智能行为,因此,只有当知识和推理技术被娴熟地使用时,才可能真正达到高度智能化的自动综合目标。所以,首先需要研究制图综合知识,开发制图综合知识库。开发制图综合知识库的关键技术是知识的获取和解释、知识的表示、知识推理以及知识库的管理和维护。在知识库中,推理过程是对知识的选择和运用的过程。这种推理称为基于知识的推理(高洪深,2000)。计算机条件下的自动综合智能,其实就是在制图综合知识等的支持下,通过大量的循环和自动判断来寻求满意解,从而达到自动制图综合的目的(Burghardt et al,2005;Regnauld,2005)。

§2.1 概　　述

数据(data)是指客观事物或事件的属性、数量、位置及其相互关系等的符号描述或记录。对计算机而言,数据也指可以输入到计算机并能为计算机进行处理的一切对象(数字、文字、符号和声音等)。

信息(information)是客观事物在现实世界中的反映。从广义上讲,信息是指数据在特定场合下的具体含义。从狭义上讲,信息是指以有意义的形式加以排列和处理的、用来消除不确定性的数据。

所谓知识(knowledge),其实质就是人类在生活实践中所积累的各种认识和经验。一般认为知识是经过解释、挑选和改造了的信息。不同的人对知识会有不同的理解。有人认为,知识是经过削减、塑造、解释和转换的信息,"知识=事实+信念+启发式"等;也有人认为知识是一个或多个信息关联在一起形成的有应用价值的信息结构,它着重强调知识中信息的关联和知识的应用价值。这些定义从不同的角度反映了人们对知识本质的认识。从可发现的知识类型来看,知识一般分为以下几类(邸凯昌,2000):

——广义型知识。根据数据的微观特性发现其表征的、带有普遍性的、较高层次概念的、中观和宏观的知识。用于对数据概括、精练和抽象。

——分类型知识。反映同类事物共同性质的特征型知识和不同事物之间的差异型特征知识。用于反映数据的汇聚模式或用于根据对象的属性区分其所属类别。

——关联型知识。反映一个事件和其他事件之间的依赖或关联的知识,又称依赖关系。这类知识可用于数据库中的归一化查询、优化等。

——预测型知识。由历史和当前的时间序列数据去预测未来的情况。它实际上是一种以时间为关键的关联知识。

知识是称为模型的存储信息,被人们用于解释、预测,并对外部世界作出适当的响应。可以认为,知识是人们对现实、现象和概念进行描述的最高层次,人们用它来解释、推测和交流;它是人们对信息进行分析、综合和抽象的结果。地理知识是一切以地理空间目标的时间和空间数据为基础参考的知识,它是空间推理和空间决策的基础;而制图综合知识就是有关地理信息空间中的信息抽象、概括和特征化的知识与经验,是实现自动制图综合的源泉(应申 等,2003)。

制图综合是一个复杂的创造性过程,制图综合的某些问题是可以用数学方法解决的,但更多的问题是不宜用数学公式表达的,专家经验起着重要的作用(刘春 等,1999)。这就需要研究制图综合中的知识,并建立制图综合知识库,才能使自动综合的研究进入实用性阶段。

制图综合知识是指制图专家根据地图用途、制图区域地理特点和比例尺等条件,通过科学的抽象和概括而形成的能够完成制图综合任务,并且建立反映区域地理规律和特点的地图模型的制图方法的统称。它是序列化的共性与隐性综合规则的集合。制图综合中的知识,其主要来源是制图综合编图规范和制图综合专家的经验积累。制图综合知识的另一种称呼是制图综合约束,即把制图综合的各种规则都看做是对制图综合操作的约束。

国内学者对知识的研究与表达进行了尝试。部分学者提出了知识表达的六元素模型、基于决策树的知识表达模型、基于产生式规则的知识表达模型、谓词逻辑表示法、结构化表示法等。在有些方法中,把知识划分为叙述型知识、过程型知识和控制型知识。可以看出,某些方法已经把过程与控制作为知识表达的手段。但是,这些观点并没有涉及制图综合领域,而是从人工智能其他学科中产生的。在制图综合领域,对知识归纳和表达的研究还处于初级阶段。

国外对知识的研究较早,已经开始涉足制图综合领域中的具体问题。他们把知识和规则统称为约束条件。但从目前研究情况来看,国外系统中对约束条件的研究是具体的,而不是宏观的。他们把约束条件主要限制在长度、宽度、深度、距离、面积等几何计算范围,而没有加入经验性的制图综合知识。他们往往针对特定图层中的特定问题设置特定的约束条件,没有涉及整幅图,显然这种力度是不够的。

§2.2 制图综合知识在自动综合中的作用

关于知识的作用,有许多例子。经典的有:有一家超市连锁店发现啤酒和尿布之间的某种关联关系,使得两种不同类型产品的销售额同时得到了增加;一家化学制造厂因向其一线销售队伍开放了公司的知识库,从而提高了它的客户服务水平,并缩短了销售周期。知识及其管理在今天企业的运营中已经发挥出越来越举足轻重的作用。效果更为显著的一个例子是福特汽车公司,从 1996 年至 1997 年间实现了超过 3 亿美元的费用缩减,而其中的 2.41 亿美元可直接归功于其所采用的一套知识管理技术。更令人吃惊的是,这样巨大数目的费用节省来自于由内部网络 Web 开发者和两位经营专家在 10 天内开发出的一套系统,而其回报率却高达百分之几千。由此可见,知识在现代社会中的地位和作用越来越不可小视。

有国外学者认为,制图综合就是知识重新表达和知识抽象相结合的过程。因此,制图综合知识是自动综合过程的基础。图 2.1 是制图综合过程与知识表达之间的关系表示(Mustière et al,1999)。

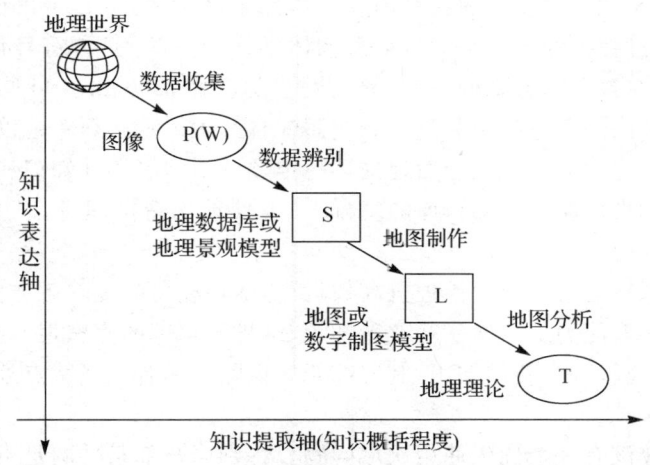

图 2.1 制图综合过程与知识表达之间的关系

地图学本身是一种集地理学、数学、图形学与美学等学科于一体的科学。制图综合本身是一种高度智能劳动的过程,是一项富有创造性的工作,是一个知识简化的过程,同时又是一个知识重新组织、生成新知识的过程,知识与经验的积累在制图综合中具有极为重要的意义。制图综合知识具有科学性、抽象性,是制图专家长期经验积累的结晶,因此毫无疑问,制图综合知识是重要的。制图综合知识的重要性体现在以下几个方面:

第一，可以依据制图综合知识对综合前的数据进行检查，从而获取待综合区域的特点、重点综合内容、综合方法等相关信息，为进行自动制图综合作准备。

第二，可以依据制图综合知识对综合后的数据进行检查，从而判别综合结果是否满足要求。

第三，制图综合知识是各类自动综合算法进行计算的依据，为算法提供参数支持，同时也是算法计算的约束依据。

第四，制图综合知识可以对自动综合过程提供支持，是进行自动综合过程控制的主要依据。

第五，制图综合知识是GIS系统或与空间数据相关的系统进行数据质量评估的有效手段。

第六，制图综合知识是建立制图综合专家系统的必要基础，目的是使计算机在自动制图综合领域发挥该领域人类专家所能发挥的作用。

§2.3 制图综合知识归纳与表达的基本准则

针对专家系统与知识推理在自动综合应用中的主要症结，走出低谷的一条途径是借助算法过程把物体本身的特征和物体之间的空间关系"符号化"，为专家系统与知识推理在自动综合中的应用提供前提(毋河海，2000a)。可见，知识的合理表达，对整个制图综合过程至关重要。制图综合知识表示必须考虑以下几点要求：

(1)表达能力。应尽可能全面地描述特定领域内的事实性知识和经验知识。

(2)推理能力。应能在知识库的基础上，方便地构造推理机，以便通过推理产生新的知识。

(3)问题求解能力。应使推理机高效运行，尽快朝着问题求解方向"收敛"。

(4)知识获取能力。应便于获取新知识、维护知识库的完整性及扩充知识库。

为了更好地管理和使用知识，制图综合知识除了具有上述特点外，还应具有以下特性：

(1)知识应该有一个优先使用次序问题。特别当全部条件满足不了时，需要考虑优先满足比较重要的知识。

(2)在综合操作完成后，如果其综合效果在目标值规定的范围，则这次综合过程被认为是成功的，综合结果被认可。

(3)当一个综合要求产生后，如果需要进行多种综合操作，则存在综合操作的先后顺序，因为制图综合的综合操作不能进行并行处理，故综合操作优先级可以明确区分综合操作的顺序。因此，知识中应带有综合操作的优先顺序信息。

(4)综合操作最终需要综合算法的支持。当一个或多个综合操作需要多个综合算法支持时，同样存在综合算法的使用先后顺序问题，故综合算法优先级可以明确区分算法被使用的顺序。因此,知识中应带有综合算法的优先顺序信息。

§2.4 制图综合知识的分类

关于知识的分类,有多种划分方法。例如,知识依据其覆盖范围可以划分为全局型知识、局部型知识和单目标知识。图面载负量属于全局型知识;普通地图上密集型居民地(编码:130000)要求每 100 平方厘米选取 110~130 个、图上局部最大容量每 4 平方厘米取 7 个等属于局部型知识;而 1:10 万地形图上对水系中的常年河(编码:160201)要求图上长度大于 10 mm 的必须选取等,属于单目标知识。

又如,知识按照其来源可以分为逻辑型知识和经验型知识。逻辑型知识指具有严格精确的数学基础,来源于客观事实的知识,如上述的地形图对水系中的"常年河要求图上长度大于 10 mm 的必须选取"等知识。经验型知识指专家在科学实验和生产实践过程中积累起来的知识,这些知识也许并不存在严谨的理论依据或精确的数学模型,但对于解决实际问题非常有效。在实际运用中,经验型知识和逻辑型知识一样具有判断和推理能力。

Weibel(1996)、Harrie(1999)和 Ruas(1999)等人认为,约束条件(知识)必须满足以下 3 个条件:

(1)包含于某一特定的空间范围之内。

(2)与某一确定部分相关,比如要么与图形外观相关,或者与潜在的拓扑关系、空间或语义结构及其综合相关等。

(3)在综合过程中扮演特定的角色。

Scherr 曾经指出,人工智能成为产业的关键是要把知识系统和数据处理融为一体,知识处理和数据处理的结合将带来新的应用。这就说明,在综合过程中需要运用知识,知识中必须包含有过程的内容。Weibel 和 Dutton 在 1998 年也提出,制图综合约束条件可以被划分为 4 个部分,即图形约束、拓扑约束、结构约束和过程约束等(Galanda,2003)。图形(几何)约束是主要针对图形几何度量值的约束。比如长度约束、距离约束等。拓扑约束是原有的拓扑关系必须保持,避免自相交、目标间相交等现象的出现。结构约束是在美学和可视等方面对数据整体性分布进行约束。过程约束与综合步骤相关,并影响综合过程的综合顺序、综合算法和参数的选择。

毋河海教授进一步提出自动综合的基本问题可归结为基础理论模型的建立和基本技术方法的实现(毋河海,2000a),基础理论问题可进一步分解为"为什么(Why)"、"是什么(What is)"、"做什么(What is to be done)";基本技术方法可进一步分解为"何时(When)"、"何处(Where)"、"怎么做(How)"等。这两个方面所包含的 6 大问题可缩写为"5W+1H"。这样,可把前三个问题归结为地图自动综合的基础理论研究(3W),后三个问题归结为地图自动综合的技术方法实现

(2W+1H)。

制图综合知识要为自动综合技术方法的实现提供支持,而技术方法中含有"何时(When)——指在什么条件下执行什么综合操作"、"何处(Where)——指在什么地方进行什么综合操作"、"怎么做(How)——采用的具体综合算子和算法等"。因此,知识中需要包含有条件、区域环境和综合操作等内容。本书认为每一条知识应该具有目标自身的特征、综合阈、相关综合环境、相关综合操作以及执行操作所需的综合算法等5种信息。据此,本书提出以下制图综合知识的分类方法:

从知识的整体上,把知识按照其针对的目标是否单一,划分为精确型知识和模糊型知识。精确型知识主要针对单一的地理目标,其所有的内容都只和单个地理目标关联,因此可以对单个目标进行精确的描述,如对水系中的常年河,要求图上长度大于10 mm的必须选取。模糊型知识往往不针对单一目标,而是对多个目标整体的描述,如图面载负量就属于模糊型知识。这两种知识类型中,精确型知识是知识库的主体(钱海忠 等,2006e)。

在精确型知识和模糊型知识中,都可以进一步划分为说明性知识、规则性知识和过程性知识。对于制图综合的影响因素,即地图用途、比例尺和制图区域特点的描述以及对于道路、居民地等制图要素的描述,就构成了说明性知识,说明性知识主要来源于制图综合的编绘规范和各种比例尺图式中的规定、标准以及地图内容各要素的定义和描述等,如用编码描述某一要素(如陆地交通(编码:140000))等;地图内容要素的选取规则、要素优先级的判断规则,以及对于化简、概括等操作条件的描述就构成了规则性知识,规则性知识主要是依据位置特征、长度、宽度和面积大小、高程等条件进行综合的原则和方法,如"必须选取"、"可以合并"等;而已有的算法模型如线状要素的化简、位移、光滑等算法模型等,则构成了过程性知识。

§2.5 制图综合知识的获取

如何有效获取知识是非常重要的。由于制图综合的复杂性,研究获取知识的技术方法很重要,如学习、观察专家的工作,阅读参考文献与地图,机器学习,人工神经元网络与交互系统等。知识化的目的不是用程序语言翻译已经存在的知识,而是让计算机系统获得高水平的知识,只有当高水平的知识能够方便获取时,自动综合系统才会高度智能化。

知识的获取可以有以下几条途径:
(1)各种比例尺地图编绘规范和相关图式标准、操作手册。
(2)制图综合专家长期积累的经验。
(3)各种制图综合教材、专著、文章等。

知识的获取过程可以归纳为图2.2(刘春 等,1999)。

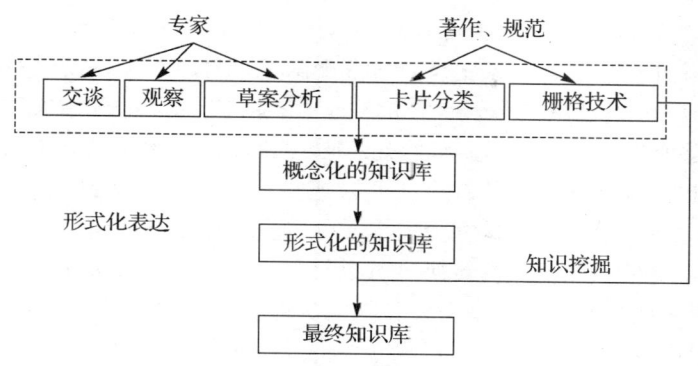

图 2.2 知识获取过程

制图综合知识获取的过程是艰难的，其主要困难在于如何恰当地把握制图综合专家所使用的概念、关系以及问题求解方法。通常专家所采用的语言与日常用语之间存在很大的差异，而且在脱离具体问题环境时，专家对问题求解过程的描述与他实际上采用的方法之间也有一定的差别，对于一个特定领域的专家系统，应该提供一些适当的辅助工具，帮助知识工程师把知识从专家大脑或书本中提取出来（王家耀，2005）。借助机器自学习的方式进行知识的自动获取是当前研究十分火热的课题，但还远未达到理想的程度。因此，比较实用的方法是采用人机交互的方法，编制交互式的制图综合知识编辑器，辅助专家进行知识的归纳与整理。图2.3是本书研发的一种知识库编辑器的主界面，该编辑器可以进行如下操作：

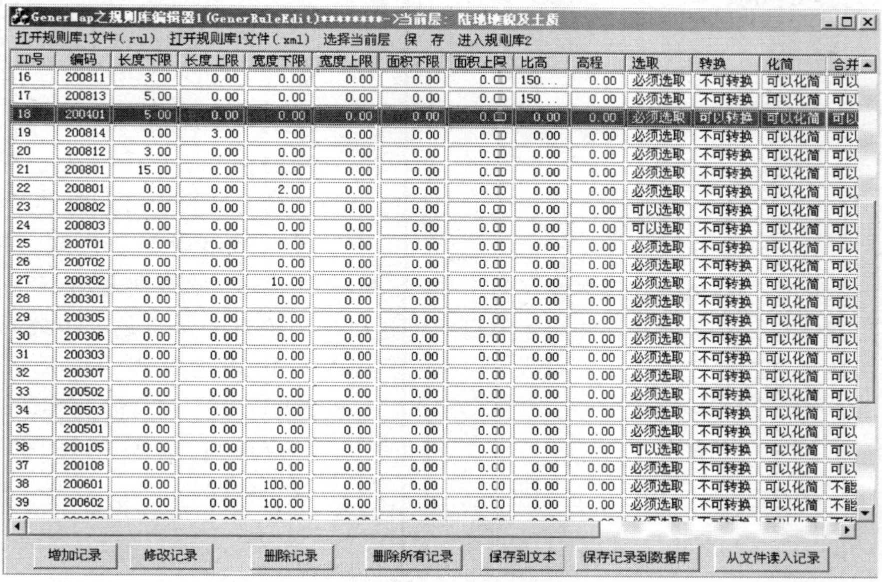

图 2.3 制图综合知识库编辑器界面

——增加知识。单击【增加记录】按钮,可以增加一条知识。
——删除知识。选择一条记录,单击【删除记录】按钮,可以删除一条知识。
——修改知识。选择一条记录,单击【修改记录】按钮,可以对选中的记录进行修改。
——删除所有记录。单击【删除所有记录】按钮,把当前激活层的知识全部删除。
——知识库到文本文件的转换。可以把归纳的知识保存到文本文件中,单击【保存到文本】按钮,并选择"保存为文本文件"选项,完成此工作。
——文本文件到知识库的转换。可以把文本文件中的知识转到知识库中,单击【从文件读入记录】按钮,选择需要转换的文件,然后单击【保存记录到数据库】按钮,完成此工作。
——知识库各层之间切换。可以在知识库中随意把某一知识层切换到当前激活状态,选择菜单【选择当前层】,列出数据库中所有的知识库层,然后选择需要的层,则选择的层被激活,并显示到活动窗口中。
——知识库到 XML 文件的转换。可以把归纳的知识保存为 XML 文件,单击【保存到文本】按钮,并选择"保存为 XML 文件"选项,完成此工作。这项功能使得知识可以在互联网上流通,使得访问远程知识非常方便。
——XML 文件到知识库的转换。可以把 XML 文件中的知识转到知识库中,单击菜单【打开规则库 1 文件】,选择需要转换的 XML 文件,然后单击【保存记录到数据库】按钮,完成此工作。

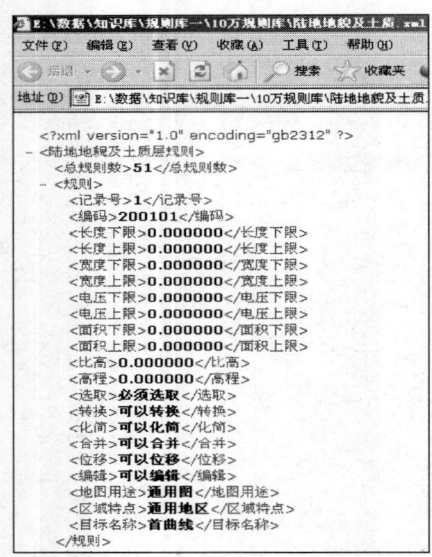

图 2.4 是转化为 XML 格式的一层知识库文件。XML 于 1998 年由 W3C(Word Wide Web Consortium)创建,是一种从 SGML(ISO8879)发展而来的简单、灵活的文本格式。最初的目的是用来应付大比例尺电子出版物的挑战。XML 还充当了在各种场合进行数据交换的重要角色。因此,采用 XML 表达知识,可以充分利用 XML 语言强大的数据管理和筛选能力,进行知识的快速查找和获取。

图 2.4 采用 XML 格式表示的制图综合知识

§2.6　制图综合知识的结构化描述

知识的获取、表示和利用是构造专家系统的三个关键技术，而其中最关键的问题就是知识的表示。只有确定了知识表示的恰当形式才有可能将客观世界的知识有效地在计算机中表示，也才有可能让获取的知识充分发挥作用。专家系统的研究者们经过多年的努力，目前已经研制出了多种行之有效的知识表示方法，其中最为常用的有过程表示法、产生式表示法、逻辑表示法、剧本表示法、框架表示法、语义网络表示法、神经网络表示法、自然语言表示法等。

以上所列的表示方法各有特点，没有绝对的优劣之分。在专家系统开发过程中，所涉及的知识是多方面、多类型的，因此，只有根据求解问题的性质和方法灵活地选用合适的知识表示法，才能使所开发的专家系统具有较强的实用性。

产生式表示法是由美国数学家 Post 在 1943 年首先提出的。他提出了一种称为 Post 机的计算模型，模型中的每一条规则称为一个"产生式"。在此之后，经修改充实，已用于多种领域。例如，用它来描述形式语言的语法，表示人类心理活动的认知过程等。目前，产生式表示法已成为人工智能中应用最多的一种知识表示模式。例如用 BNF 范式(Backus Normal Form)形式给出的制图综合产生式规则如图 2.5 所示，相应制图综合知识的结构如图 2.6 所示。

```
〈综合产生式〉::=〈综合前提〉→综合结果
〈综合前提〉::=〈综合对象〉|〈综合条件〉|〈综合环境〉
〈综合结果〉::=〈综合操作〉|〈综合算法〉
〈综合对象〉::=〈目标编号〉[〈目标编码〉……]
〈综合条件〉::=〈长度〉[〈宽度〉……]
〈综合环境〉::=〈制图区域〉[〈比例尺〉……]
```

图 2.5　制图综合知识的产生式规则

```
GenerKnowledge〈ID, Cod, GQ, GC, GO, GA〉
其中    ID——知识记录编号；      Cod——目标编码
        GQ——综合阈；            GC——综合环境
        GO——综合操作；          GA——综合算法
```

图 2.6　制图综合知识的结构描述

目标自身特征标明该目标的名称、来源等。由于国家对地理目标进行统一编码，其六位数的编码可以唯一表明该目标的特征，故可以采用国家编码进行。

综合阈反映该目标被综合所需满足的量化尺度。例如，1∶10 万地形图上常年河在干燥地区长度大于 3 mm 时必须选取,并且不能进行合并,可以进行其他操作等。

上例的干燥地区就是条件所需的综合环境,选取、合并等操作就是与该综合阈相关的综合操作。综合操作实际上指的是在特定综合阈和环境下所需采用的综合算子,而要达到最终的综合结果,还必须依靠相应的综合算法。因此,综合操作和综合算法是联系在一起的。

图 2.7 为一个知识的结构描述(a)和一条完整的记录(b)。记录号和说明两项都是知识结构化描述中的辅助项,分别用来标识知识的编号和对知识进行附加说明;编码唯一标识目标的种类和特征;而长度阈、宽度阈、电压阈、面积阈、比高、高程等项属于知识的综合阈,比如 0.8〈3/1/3〉表明满足 0.8 mm 条件时,进行合并操作〈3〉,采用 TIN 算法〈/1〉或数学形态学算法〈/3〉,可以依据这些项对目标进行条件判断;选取、转换、化简、合并、位移、编辑等项为相应的综合操作;地图用途和区域特点指明了该知识所适用的范围,故属于综合环境。

```
       (a)结构描述:记录号    编码    长度阈    宽度阈    电压阈    面积阈    比高    高程
    选取    转换    化简    合并    位移    编辑    地图用途    区域特点    说明
       (b)记录:1    130210    0.8〈3/1/3〉    0    0    0    0    0    必须选取    可以转换    可
    以化简    可以合并    可以位移    可以编辑    通用图    通用地区    街区边线/无
       其中:〈1〉选取    〈2〉化简    〈3〉合并    〈4〉位移    ……
            〈/1〉TIN 算法    〈/2〉遗传算法    〈/3〉数学形态学算法
            〈/4〉Agent 算法    ……
```

图 2.7　制图综合知识表达示例

综合阈往往有多个,如有长度阈、宽度阈等,而每个综合阈都具有其自身的综合环境、综合操作算子和算法,因此,上述知识结构具有如图 2.8 所示的对应关系。综合阈和综合环境紧密相连,一个综合阈可以适合多个综合环境,反之亦然,所以二者为多对多关系;而综合阈和综合环境两者相互不能分离,即不能脱离了综合环境谈论综合阈,它们共同构成了综合条件。目标编码与综合条件之间是一对多的关系。一个综合条件可以通过多种综合操作方式来完成,而且一种综合操作可以完成多个综合条件的需求,故两者之间是多对多的关系。一个综合操作往往需要多个综合算法才能完成,反之,一个综合算法可能会对多个综合操作都适用,故两者之间也是多对多的关系。

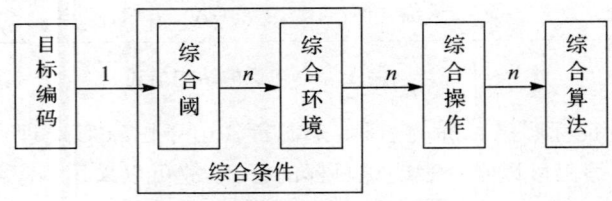

图 2.8　制图综合知识结构内部的对应关系

§2.7 制图综合知识的属性

知识除了需要包含目标本身的特征、综合阈、相关综合环境、相关综合操作以及执行操作所需的综合算法等信息外,还应该具有知识的重要性、综合目标值范围、综合强度、满意度等方面的信息,而这些信息在本书中被称为"知识的属性"。因为整个综合过程中需要用到多条知识,但不一定会对所有知识中的约束条件都同时满足,在这种情况下对知识赋予属性主要解决两个方面的问题:第一,在满足知识的各种约束条件的基础上,有一个可以接受的综合结果范围;第二,为了支持各种约束条件,需要用到许多综合操作以及综合算法,而对综合操作和综合算法也有一个优先使用的问题。本书把知识的属性定义为如表 2.1 所示几类。

表 2.1 知识的属性

序号	属　性	含　义
1	知识的记录编号	ID 唯一标识该知识
2	知识的重要性	Impt 表示该条知识的重要性
3	综合目标值范围	Side 表示综合后可以接受的效果范围
4	综合操作优先级	Op-Pric 表示该综合操作的优先使用级别
5	综合算法优先级	Al-Prio 表示该综合算法的优先使用级别
6	综合算法参数范围	Al-Par 表示该综合算法中参数的取值范围

(1) 知识的重要性。当遇到多种知识作为约束条件的综合要求时,需要考虑其优先次序问题。特别当全部条件满足不了时,需要优先考虑比较重要的知识。

(2) 综合目标值范围。在综合操作完成后,如果其综合效果满足目标值范围的规定,则这次综合过程被认为是成功的,综合结果被认可。

(3) 综合操作优先级。当一个综合要求产生后,如果需要进行多种综合操作,则存在综合操作的先后顺序,因为制图综合的综合操作不能并行处理,故综合操作优先级可以明确区分综合操作的顺序。

(4) 综合算法优先级。综合操作最终需要综合算法的支持。当一个或多个综合操作需要多个综合算法支持时,同样存在综合算法使用的先后顺序问题,故综合算法优先级可以明确区分算法被使用的顺序。

(5) 综合算法参数范围。当一个综合算法被使用时,算法会根据不同的综合环境和要求,采用不同的参数,但是参数的使用必须在一定范围内,即设参数 a,则必须要求有 $n<a<m$(其中 n 为参数允许的最小值,m 为参数允许的最大值),否则综合算法综合出来的结果可能满足不了综合要求。

因此,知识的属性是对知识本身的重要补充,是知识使用过程中的重要因素,是知识实用化的关键之一。

§2.8　制图综合知识的管理与组织

2.8.1　知识管理的概念

尽管目前对知识管理的研究已经成为一个热点,但关于知识管理的概念,理论界尚没有形成统一的认识。典型的看法有以下几种:

知识管理就是指对企业内知识资产的管理(徐锐,2000)。

知识管理就是通过对知识系统化、组织化的管理,增进企业集体的知识获取、知识再造以及自主学习意识,通过提高知识生产率来提高劳动生产率(朱晓峰 等,2000)。

知识管理是一种致力于将组织的智力资产——记录型信息和员工头脑中的智慧转化为更大的生产力、竞争力的信息管理策略和理论(陈锐,1999)。

知识管理的实质是对企业中人的经验、知识、能力等因素的管理,以实现知识共享(郭强,1999)。

D. E. Oleary 认为,知识管理是将组织可得到的各种来源的信息转化为知识,并将知识与人联系起来的过程。

J. S. David 等认为,知识管理是对知识及其创造、收集、组织、传播、利用与宣传等过程的管理。

Bass 认为,知识管理是为增强组织绩效而创造、获取和使用知识的过程。

K. E. Sverby 认为,知识管理是利用组织的无形资产创造价值的艺术。

Yogesh 博士认为,知识管理是企业面对日益增长的非连续性的环境变化时,针对组织的适应性、组织的生存和竞争能力等重要方面的一种迎合性措施。它包含了组织的发展进程,并寻求将信息技术所提供的对数据和信息的处理能力以及人的发明创造能力这两方面进行有机的结合(邱均平 等,2000)。

在上述知识管理定义中,Yogesh 博士的观点被引用最多,得到人们广泛的认同,因为它比较完整地概括了知识管理的必要性、目的、内容和手段,揭示了知识管理的实质。

由此,可以对知识管理作如下定义:知识管理是通过利用组织内外的知识资产开展一系列有利于知识创新的知识活动,以实现增强组织的生存与竞争能力为目的的一种管理活动。简言之,知识管理就是为了实现组织发展的目的,利用知识资产开展一系列知识活动的过程。在这个定义中,包含以下几方面的内涵与外延:

(1)知识管理的对象由 4 个方面构成,即知识、知识设施、知识人员和知识活动,或者说由两大方面构成,即知识资产与知识活动。

(2)知识管理的目标是知识创新,其目的是增强组织的生存与竞争能力。

（3）知识管理活动不只限于企业，严格地说，在所有的社会组织中都存在知识管理活动。

（4）知识管理的过程表现为对上述4个构成要素及其相互作用的组织管理过程。

（5）在知识管理中对隐性知识的管理特别重要，能否充分挖掘和管理好隐性知识，往往是知识管理能否成功的关键。而隐性知识的载体是人——知识人员，所以，对人的管理是知识管理的核心内容，这是知识管理以人为本的特性所在。

2.8.2 知识库

知识库与推理机相互分离，即知识库是一个相对独立的体系。这样做的好处是，既可以在系统运行时能根据具体问题的不同要求分别选取合适的知识构成不同的求解序列，实现对问题的求解；又能在一方对知识进行修改时不至于影响到另外一方，特别是对于知识库，人类的知识处于一种不断更新的状态中，知识库应该允许随时增加新的知识，并修改或删除过时的知识，这样由于其与推理机的分离，不会因为知识库的变化而修改推理机的程序（王家耀，2005）。

2.8.3 知识库的存储与调用

制图综合系统中完整的知识库包含很多内容，比如每一个地理要素都有相应的知识相对应，而每个地理要素在不同的综合环境和综合要求中又有不同的知识对应。同时，知识中包含大量的综合阈、综合操作、综合算法等信息，如何按照不同的需求有条件地快速查询知识库中的知识，直接关系到整个系统的运行效率。因此，对知识库中的内容进行合理的组织，是提高知识库使用效率的关键。依据知识的特点：

首先，对知识按精确型知识和模糊型知识进行划分。因为模糊型知识往往是从整体上对数据进行描述与控制的知识，而一般在数据检查的初始阶段会对数据进行整体性检查，故可以单独成体系。精确型知识是对单个目标的描述与概括，在具体数据检查时大量使用，是数据检查的主要依据，所以精确型知识也可以单独成体系。

其次，对精确型知识按数据层进行划分，即每个数据层具有自己的子知识库，这些子知识库组成了整个知识库。这样，具体综合时可以按照综合目标类型直接找到知识所在的子知识库，缩短在知识库中查找的时间。

第三，对每个子知识库中按知识编号建立主键索引机制，这样可以快速实现对知识的精确定位。

因此，一个完整的知识库应具有图2.9所示的结构。

显然，对知识库的调用可以按照图2.9中给出的知识库路径进行，即首先判断目标涉及的是精确型知识还是模糊型知识。如果是模糊型知识，则直接从模糊型知识库中查找；如果是精确型知识，则再判断目标所在的数据层，然后再从该层知识子库中以知识编号为主键直接定位到所要查找的知识。

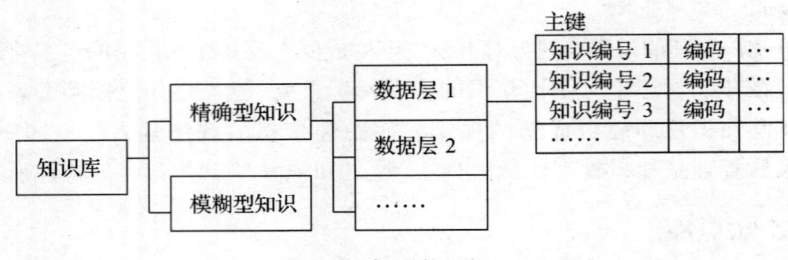

图 2.9　知识的组织

2.8.4　知识库的元数据管理

建立制图综合知识库是一项十分复杂的工程，为了方便管理知识库，本书提出了制图综合"知识库元数据"的概念。知识库元数据是关于如何使用和管理知识库中知识的数据，它是能否把各种具体的作业方法或算法、工具组合起来，共同协调工作，解决复杂问题的关键。一方面，随着各种知识库的建成，各种知识库形式多样，分布式存在，如何实现知识库的高度统一管理、共享和服务，是迫切需要解决的问题；另一方面，制图综合智能化进程中，关键是实现基于制图综合知识的智能推理，这首先需要灵活有效地管理和使用制图综合知识库，而知识库元数据的管理是基础。因此，目前存在的许多困难和问题，或多或少都是因为制图综合知识库元数据的缺乏而造成。这使得对制图综合知识库的元数据建设与管理上升到了重要位置。

本书在分析制图综合知识库的基础上，定义了如图 2.10 所示的制图综合知识库元数据结构。

- 知识标识号
- 知识所支持的地图用途
- 知识所支持的区域特点
- 知识所支持的空间数据比例尺
- 知识所支持的图层列表（图层名称列表）
- 知识所支持的空间目标列表（目标编码列表）
- 知识所支持的综合算法列表（综合算法名称列表）
- 知识所支持的综合算子列表（综合算子名称列表）
- 知识创建单位　　　　　　• 知识创建时间
- 知识的时间限制　　　　　• 知识修改时间
- 知识创建地点　　　　　　• 知识创建目的
- 知识创建者姓名　　　　　• 知识记录语言
- 知识来源　　　　　　　　• 补充说明
- 知识创建者联系方式

图 2.10　制图综合知识库元数据结构

图 2.10 所示的各元数据项的含义如表 2.2 所示。

表 2.2 制图综合知识库元数据结构说明

元数据项	元数据项说明
知识标识号	唯一标识该条知识的编号
知识所支持的地图用途	该条知识适用于何种地图用途
知识所支持的区域特点	该条知识适用于哪些区域
知识所支持的空间数据比例尺	该条知识适用于哪些比例尺
知识所支持的图层列表	该条知识适用于哪些要素层
知识所支持的空间目标列表	该条知识适用于哪些要素
知识所支持的综合算法列表	该条知识适用于哪些制图综合算法
知识所支持的综合算子列表	该条知识适用于哪些制图综合操作算子
知识创建单位	创建该条知识的单位名称
知识创建时间	创建该条知识的时间
知识的时间限制	该知识在规定时间内适用
知识修改时间	最后修改该条知识的时间
知识创建地点	创建该条知识的地点
知识创建目的	创建该条知识的目的
知识创建者姓名	创建该条知识的人的姓名
知识记录语言	记录该条知识的语言
知识来源	该条知识从何处来
补充说明	其他的一些说明
知识创建者联系方式	创建该条知识的人的联系方式

表 2.3 为制图综合元数据结构的实例。

表 2.3 制图综合知识库元数据结构举例

元数据项	元数据项内容
知识标识号	1
知识所支持的地图用途	地形图
知识所支持的区域特点	大比例尺城市图
知识所支持的空间数据比例尺	1：25 000
知识所支持的图层列表	居民地层
知识所支持的空间目标列表	130203、130204、130205
知识所支持的综合算法列表	TIN 算法、凸包演化算法
知识所支持的综合算子列表	面要素合并
知识创建单位	××××××××××××××××××
知识创建时间	2005-9-9
知识的时间限制	至 2010-9-27
知识修改时间	2005-9-9

续表

元数据项	元数据项内容
知识创建地点	×××
知识创建目的	1∶25 000 地形图自动综合规范
知识创建者姓名	×××
知识记录语言	XML
知识来源	1∶25 000 地形图编图规范
补充说明	NULL
知识创建者联系方式	地址:×××;邮编:×××;×××

从上述例子可以看出,有了知识库元数据,对知识的管理和使用就十分方便了。

§2.9 本章小结

本章主要研究了以下内容:

(1)介绍了制图综合知识的基本概念,分析了国内外研究现状,阐述了制图综合知识在制图综合过程中的重要性,并提出了对制图综合知识进行归纳和表达的基本准则。

(2)在详细阐述和综合其他学者对制图综合知识分类的基础上,提出了一种对制图综合知识进行分类的新方法,即制图综合知识应该具有目标自身的特征、综合阈、相关综合环境、相关综合操作以及执行操作所需的综合算法等5种信息,并提出把制图综合知识划分为精确型知识和模糊型知识两种类型。

(3)阐述了制图综合知识获取的途径,提出了采用自动综合知识库交互式编辑工具来获取知识的新思想,即提供归纳知识的交互式工具,使得制图综合专家、用户和其他制图人员可以借助这种工具把制图综合规则、自己的自动综合经验等输入到制图综合知识库中。

(4)在分析现有知识结构化描述的基础上,提出了一种新的制图综合知识的结构化描述方式和"制图综合知识属性"的概念,把知识的重要性、综合目标值范围、综合操作优先级、综合算法优先级和综合算法参数范围等纳入到制图综合知识中来,这较大地提升了自动综合过程中对知识运用与管理的能力。

(5)提出了"制图综合知识库元数据"的概念,并提出了基于制图综合知识库元数据的管理和组织方式,提高了对制图综合知识进行组织和管理的能力。

本章关于制图综合知识的获取、描述、组织管理和应用的研究,为后续章节中自动综合算法、用户操作监控、综合质量评估、过程控制与优化等提供了智能化的知识保障。

第3章 Agent技术与自动制图综合

在人工智能研究步履维艰的情况下,Agent技术脱颖而出,成为人工智能研究的新亮点,充分说明了Agent技术符合当前计算机软件发展的现状,具有务实、先进的特点,为人工智能的继续发展拓展了道路。自动综合系统,也曾经因为人工智能的发展缓慢,而导致其自动化水平得不到较大幅度的提高。现在,随着Agent技术被广泛地接受和运用,自动综合也应该充分利用Agent的优势,把Agent理论和技术同自动制图综合紧密结合起来,在二者的交叉与融合中进行再创新,使自动综合的智能化水平得到新的提高(钱海忠 等,2004b)。

§3.1 Agent概述

对人工智能(artificial intelligence,AI)的研究已有40多年的历史。现有的方法和技术只能处理那些较"成型"的问题,当对现实环境的变化没有现成方法可用时,专家系统将无能为力,靠无限加大知识库的CYC计划也处在探索阶段。因此,有必要引入新的方法,以促进人工智能的发展。在这种环境下,Hewitt于1977年提出了"并发演员"模型,即称"自包容的、交互的、并发执行的"对象为"演员"。这被普遍认为是Agent的雏形。1991年,Rao和Georgeff建立了第一个基于BDI(即信念Belief,愿望Desire,意图Intention三个英文单词的首字母缩写)观念的Agent逻辑框架。1994年,General Magic公司首次提出了移动Agent的概念。Agent技术的实施诞生了新的软件体系结构。当前,Agent与多Agent系统、分布式问题求解和并行人工智能一起构成了当前分布式人工智能(distributed artificial intelligence,DAI)的三大主要研究方向(黄晓斌,2002;陈卫东,2002;徐从富,2002)。

关于Agent的定义问题,一直讨论激烈(聂亚杰 等,2001)。如有些外国学者认为Agent就是一个包含并感知环境,能够在环境中活动,与其他Agent之间交流,具有行为自治能力的真实或虚拟的实体(图3.1)。

部分国外学者关于Agent的定义:
　　——广义定义。一个包含并感知环境,能够在环境中活动,与其他Agent之间交流,具有行为自治能力的真实或虚拟的实体。其遵循的是Agent的自治原则。
　　——狭义定义。一个围绕自身周围某些局部感知、交流、知识获取、推理、判断、执行或动作过程进行局部控制的真实或虚拟实体。其遵循的是Agent的代理原则,常用于个人辅助系统、移动载体、人工智能系统方面。

图3.1 部分国外学者对Agent的定义

但迄今为止,对于Agent还没有一个统一公认的定义。各个领域都针对自身特点,对Agent进行了定义,例如:

FIPA(Foundation for Intelligent Physical Agent)组织认为Agent是驻留在环境中的实体,可以感知其所处的环境,并做出反应。一个Agent可以是纯软件或者是由一些特定软件支持的硬件构成。

分布式人工智能领域的学者认为Agent是一种在异质的协同计算环境中能持续完成自治的、面向目标的软件实体。它对Agent采用了拟人化的描述,即Agent是包含了信念、承诺、义务、意图等精神状态的实体(罗英伟,1999)。

软件工程领域的学者从模型化的角度考察了Agent,认为面向Agent的软件开发方法是为了更确切地描述复杂的并发系统而采用的一种抽象描述形式,与面向对象一样,是观察世界及解决问题的一种方法(孙玉冰,2001)。

分布式计算和计算机网络领域的学者认为Agent主要是指执行特定任务的客户端或者服务器端实体(李国巨 等,2001)。

在此,我们主要讨论软件Agent。通过上述不同领域的定义,我们给出一个具有一定通用性的软件Agent定义:软件Agent是在一定环境下能够持续自主运行的实体,它既可以独立完成某一个任务,又可以与其他Agent合作完成任务。这个概念,应当说是对人工智能的一种务实态度。因为在人工智能几十年艰苦研究而步履维艰的情况下,把人工智能尤其是分布式人工智能转化为一些能够实现的计算实体,来逐步解决人工智能中的难题,是务实之举。

Agent的应用领域十分广泛,如工作流管理、网络管理、航空控制、商业过程重组、数据挖掘、信息恢复与管理、电子商务、教育、个人数字助理(personal digital assistants, PDAs)、电子邮件、电子图书馆、命令与控制、智能数据库、调度与计划管理等(钟凌燕,2003;文彬,2003)。现在对Agent的研究多集中在软件领域。Agent所倡导的思想是:在局部和全局之间的妥协,意味着一个可能不是最优但是可接受的解决方案总是能被接受的。

国外在Agent方面的研究已有多年,而且有很多已经完成的模型或系统。专门讨论和交流Agent理论、方法、技术及有关研究成果的国际会议——"智能Agent和多Agent实际应用国际会议"(International Conference on the Practical Applications of Intelligent Agent and Multi-Agent, PAAM)1996年首次在伦敦举行,此后每年举行一次。

目前,国内一些高等院校和科研院所也在开展有关研究。例如,国防科技大学在开展基于Agent的分布式集成环境、多Agent合作模型的相关理论和方法研究,南京大学在开展面向Agent的软件工程及安全性研究,中国科学院计算技术研究所、山东工业大学在开展基于Agent的信息过程建模方法及面向Agent的软件开发方法研究,清华大学、浙江大学在开展多Agent组织结构在并行工程和网络管理中的应用研究,中南工业大学在开展基于耦合问题的多 Agent 协作模型的研究,中国科技大学在开展基于多 Agent 的智能仿真系统研究等。

国内外对自动综合 Agent 的研究正在进行,但还不成熟。大多数单位对 Agent 的研究处于实验室阶段,还没有 Agent 产品推出。部分国外 GIS 公司推出了基于 Agent 的自动综合小模块,如 Laser-Scan 公司已经发行了第一个成功的基于 Agent 技术的自动综合产品——Gothic Generaliser,这是一个先进的用于普通地图自动综合的 Agent 产品,用户可以用它实现由较大比例尺地图派生较小比例尺地图。但由于 Agent 技术本身的复杂性和自动综合本身的高难度性,该模块目前主要用于道路和建筑物的综合(图 3.2)。该模块对建筑物和道路的综合具有智能性、自知性,并能根据用户的要求,给出比较合理的综合效果。国内还没有有关制图综合 Agent 产品推出。

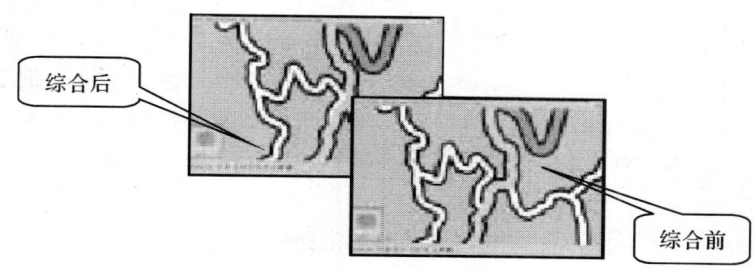

图 3.2 Laser-Scan 的 Agent 用于道路网综合

§3.2 Agent 的基本特性

依据上述定义,Agent 应该是自主的,尽管自主性很难确切定义,可以认为是"能够自己控制内部状态和行为,不需要人或者其他系统的干涉以正确地执行"。另外,Agent 还具有如下特性:

(1)自治性。它是 Agent 最基本的特性,指行动上的独立性。Agent 一旦被初始化后,无需用户直接干预就能够独立执行。Agent 控制着自己的外部行为和内部状态,它可以被授权去做某种决定,完成一些重要的事情,例如代替客户签合同、进行金融交易等。

(2)反应性。指 Agent 清醒地对待所处的环境,感知和作用其所处的环境,能对环境发生的改变及时做出响应。当 Agent 遇到例外情况时,可以及时采取措施。

(3)能动性。为达到目标,Agent 不是等着接受指令要求做什么,而是事先有计划,并做一些初始化。Agent 能探测到适合客户目标的有利场景,通知客户这个场景出现的时机。

(4) 学习性。基于历史活动的执行情况(经验)指导未来的行为,Agent 的这种对时间的适应性称为学习性。例如,Agent 学习客户的技能水平,从而提高支持客户的水平。又如在供应链中,Agent 从大量用户数据中发现用户的需求和偏好,然后逐步调整生产以适应用户需要。

(5) 通信性。指 Agent 有能力敏捷地与其他 Agent 交互。Agent 之间的接口和联系不是固定不变的,而是随任务驱动者的改变而改变。为了完成一项复杂的任务,一些 Agent 可以形成 Agent 群。Agent 之间的接口和条件可以在运行中协商。

(6) 移动性。指 Agent 有能力在一个网络上随时、随地、自主地从一台主机迁移到另一台主机。正在运行中的Agent状态可以被存储且传送到新主机上,在那里 Agent 程序被恢复且继续从暂停的地方开始执行。

图 3.3 是一个简单而典型的Agent结构。它包括一个 Agent 接口、消息处理机制、推理机以及数据库(data base,DB)和知识库(knowledge base,KB)。

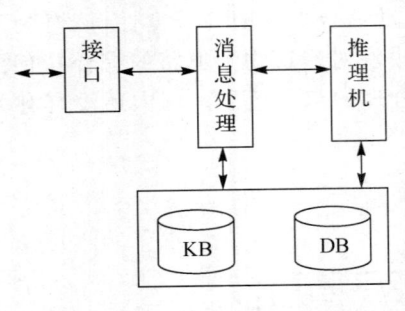

图 3.3　一个典型的 Agent 结构

§3.3　面向 Agent 的编程体系

近年来,无论是在计算机科学领域,还是在人工智能领域,一种软件设计方法已经被越来越多的研究者所关注,并成为各相关领域瞩目的热点,这就是"面向智能体的设计方法(agent oriented design,AOD)"。越来越多的研究者认为,这种方法将是今后计算机科学领域和人工智能领域相交汇的重要成果。

为了深刻认识面向智能体的程序设计方法,不妨回顾一下软件设计方法的发展轨迹(图 3.4)。

软件设计方法的演进有一个过程,大致可分为以下几个阶段:

第一代,面向过程的程序设计方法。面向软件系统的信息流程图,采用面向过程的程序设计语言(process-oriented language)或面向进程的程序设计语言(procedure-oriented language),如 FORTRAN、ALGOL、COBOL 等,实现软件设计流程图所描述的信息处理过程的功

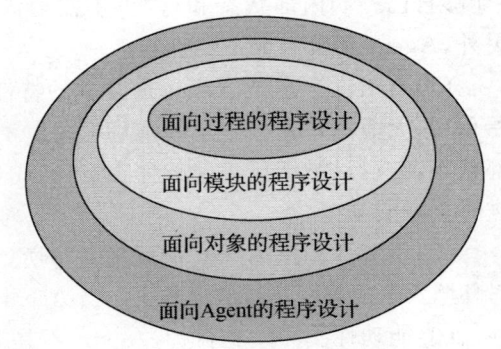

图 3.4　程序设计方法的发展轨迹

能,称为面向过程的程序设计方法(process-oriented programming)或面向"进程"的程序设计方法(procedure-oriented programming,P-O)。这种方法适用于设计小规模的专用软件包,软件的通用性、重用性和扩展性差。

第二代,面向模块的程序设计方法。结构上将软件系统划分为若干功能"模块"(module)或实体,分别采用模块化程序设计语言如 PASCAL 编程实现,再由各模块联结、组合成相应结构的软件系统,称为面向模块的程序设计方法(module-oriented programming,M-O)或模块化程序设计方法(module programming),也称为面向"实体"的程序设计方法(entity-oriented programming,E-O)。这种方法适用于设计模块化、结构化程序,可提高软件系统的模块化、结构化水平,可用来设计和组装较大规模的软件系统,有助于提高软件的通用性、重用性和扩展性。

第三代,面向对象的程序设计方法。所谓"对象"是指具有一定结构、属性和功能的"实体",采用"对象"和"对象类",以及对象之间相互通信的"消息",描述客观世界中的各种事物及其相互关系,建立面向"对象"和"消息"的具有层次结构的"世界模型"。面向对象的程序设计方法(object-oriented programming,O-O)是基于上述面向对象世界模型,采用面向对象的程序设计语言(object-oriented language)设计实现,如 C++、SMALLTALK 等。这种方法具有通用性,适用于广泛应用领域的大规模软件系统设计,有助于提高软件的重用性、扩展性、移植性,提高编程效率和程序自动化水平。

第四代,面向 Agent 的程序设计方法。新一代的程序设计方法即面向智能体(Agent)的程序设计方法(agent-oriented programming,A-O),是面向对象程序设计方法的发展。由于"智能体"是"对象"的升华,是具有自主性、主动性的智能化、拟人化的"对象",是具有拟人智能特性的"实体"。因而,A-O 方法不仅继承了 O-O 和 M-O 方法的优点,具有通用性、模块性、重用性、扩展性和移植性,而且进一步发展了面向"对象"和面向"模块"的方法,提高了软件系统的智能性、互操作性、灵活性、编程效率和程序的自动化、智能化水平。这些,都是前三代程序设计方法所不及的。

面向 Agent 的程序设计方法,完全有可能成为继面向对象之后的另一个软件设计规范。事实上,Java、微软组件对象模型(以及 Windows 的 DNA 结构)、CORBA 等技术正在努力向这一方向发展,并取得了一定的成绩。因此,可以采用上述技术来开发基于 Agent 的体系结构。

在计算机软件条件下,智能体的含义为(姜哲 等,2004)

智能体=体系结构+程序

由此可见,一个 Agent 是其体系结构和程序之和。显然,程序必须要适合体系结构,例如程序要能够进行诸如行走这样的行动,那么体系结构最好要有腿。因此,智能体中的体系结构非常关键,这种体系结构就是程序设计的思想和依据。

Agent 与对象之间是有很多区别的,应当指出,对象是对现实目标高度的抽象,是具有明确边界和意义的事物;Agent 在弱定义上可认为是对象在功能上的延伸。从面向对象的方法提升为面向 Agent 的方法,即将现实世界看成一系列自主 Agent 按一定方式组成的社会,Agent 彼此之间进行各种交互通信,完成各种复杂的任务。这种抽象机制是把分布式、动态、开放、复杂的现实世界在计算机中自然、直观地模拟,其抽象层次更高,更易为一般人所理解和接受。Agent 和对象的通信都是基于消息的,但是对象有一个共同的目标,而 Agent 却未必,它们之间的通信和谈判都是为了实现各自的目标。Agent 还可能具有其他性质,例如移动性(Agent可以带着指令和数据在网络中迁移,到远端执行)、适应性(不断适应环境)、学习性等。面向 Agent 的软件开发方法主要包括面向 Agent 的分析与设计、规范、实现、验证等。

§3.4　Agent 的优势及其在自动制图综合中的应用分析

仅仅依靠专家系统已经被证明不能解决自动综合问题(Lamy et al,1999;Galanda,2003)。因此,必须借助其他理论和技术进行自动综合的研究与开发。

显然,与传统面向对象的软件系统相比,Agent 技术具有以下不可比拟的优点:

(1)Agent 的主动性和自学习性。一般程序没有自学习功能,它们被动地被别的对象调用或者只是简单地响应消息和事件并执行相应的方法,属于面向对象的方式。当外界环境发生变化时,不能灵活进行相应的调整。Agent 是行为主体,可以采取主动和自发的行为,它能对外界的某些事件作出响应,能够从事某些活动,进行状态转换或者产生新的事件。

(2)Agent 的协同工作能力。在 Agent 引入分布式应用之前,系统的多线程分布式并行处理总是显得比较笨拙。Agent 是独立的但不是孤立的实体,当它不能完全独立地完成某个任务时,能借助通信机制与其他 Agent 或用户协作,根据自身需要,组织并发送消息给其他 Agent,也能理解和处理其他 Agent 发送的消息,还能通过协商方式解决冲突。

(3)Agent 之间统一的通信模式。传统计算模式中,各个程序模块是通过各种各样的消息来进行通信的,这些消息没有一种结构化的形式,而 Agent 之间的通信则是采用统一的 Agent 通信语言,如 KQML、ACL 等,且具有结构化的形式和丰富的语义信息。

(4)Agent 的移动性。传统的程序模块或信息资源固定地分布在网络中的某台服务器上,用户对某个程序模块或信息资源的请求需要耗费大量的网络资源和服务器资源。而在 Agent 环境中,可将用户调用的程序编制成移动 Agent 移动到客户端执行,或是将具有移动功能的 Agent 移动到所要访问的网络节点上执行,这样可以充分利用客户机的硬件资源,并有效地减轻了服务器和网络计算的负担,特别是减轻并发操作对网络带宽的要求和减少网络延时,提高了系统性能。

正是因为 Agent 具有自治性、反应性、能动性、学习性、通信性和移动性等特性,所以有人称 Agent 为"智能体",说明 Agent 具有一定的自我工作和思维能力,能够模仿人的一些思维过程,并通过其反应性特征表现出来,而这正是实现自动制图综合中所追求的"提高计算机自动综合水平,模仿制图专家思维过程"目标的一条途径。

同时,有人把 Agent 称为"代理",是由于 Agent 有能力代替人类做一些简单的工作,其实这也是在 Agent 具有了"智慧"以后所必然产生的结果。在计算机制图综合过程中,人们千方百计把人工智能技术运用到制图综合中来,以提高综合的质量和自动化程度。而随着 Agent 技术的出现,由于其可以代替制图专家完成相当一部分工作,从而可以大大提高综合的自动化程度。因为 Agent 技术是从人工智能技术发展而来,所以 Agent 技术在制图综合中的应用非常符合现实的需求,是制图综合自动化、模块化、协同式发展的一个崭新方向。可以预测,Agent 技术将在制图综合中的用户行为控制、综合算子库的组织与使用、多机协同综合、综合质量监控与评估、综合专家知识库的组建与管理、地图数据的组织与管理等方面得到较为实际和广泛的应用(Watson et al, 2004)。

然而,由于人工智能技术本身的复杂性,从而使得 Agent 本身的开发难度很大。Agent 思想虽然可以称得上是一种全新的编程思想,但由于其本身一旦运行起来需要大量信息(知识)的支持,而计算机中所谓的信息只不过是一些由 0 和 1 的数字组成的,同人类大脑中具有复杂关联的智能信息根本无法相提并论。因此,将 Agent 的作用集中在从用户得到一定的权限委托以后,它能能动地代理用户处理工作。而至于 Agent 的智能化程度,则需要日积月累的经验和规则的支持。就目前的技术而言,把 Agent 运用到制图综合中来,可以认为是一个不一定最好但能够一直优化的自动综合实现方案。

§3.5 制图综合 Agent 的分类

从总体上来看,Agent 系统可以分为单 Agent 系统和多 Agent 系统。单 Agent 系统主要用于实现本地任务,也可以用于在网上进行信息搜索。多 Agent 系统由一组独立,但又协同工作的 Agent 构成,是一个较为松散的多 Agent 联邦,Agent 是其基本的组成单元,又是独立运行的实体。在多 Agent 系统中,各 Agent 相互协商和协作,以完成某一共同任务,其中每个 Agent 都可以根据负载变化和其他 Agent 的情况,通过竞争或磋商等手段协调自身和其他 Agent 的行为,对实现目标和资源的使用做合理的安排和调整,以避免冲突和实现负载平衡。

自动制图综合系统是一个复杂的体系,需要不同角色的软件计算实体来合作完成。因此，制图综合 Agent 系统是一个多 Agent 系统。本书把制图综合中的 Agent 划分为以下几类：

(1) 客户 Agent。制图综合软件的使用者（即用户）是一个 Agent，因为用户具备了 Agent 的一切特性，是 Agent 中的最优秀者。

(2) 知识库 Agent。由第 2 章可知，知识库是制图综合系统的重要组成部分，对知识库的管理和使用也是必需的。知识库 Agent 主要负责对知识库的管理，监听外部的需求信息，对外提供知识服务，更新知识库中的知识等。

(3) 算法 Agent。如果制图综合算法采用 Agent 思想和技术进行开发，则算法会具有 Agent 的特性。例如，算法具有自主运行的特性，具有感知外部要求的特性，能够在运算过程中不断自学习等。

(4) 监控 Agent。在制图综合过程中，不论是自动综合，还是交互式综合，都存在综合操作的正确性问题。制图综合监控 Agent 在知识库支撑的基础上，负责对综合过程中的各种操作进行实时监控，并具有否决权，即监控 Agent 将利用知识库中的知识，来判断综合操作的合法性，如果综合操作非法，则将强行取消该次综合操作。例如，综合知识库中明确规定：在地形图上，独立庄院必须选取，因此，如果制图综合系统在自动综合过程中或者在交互式综合过程中意外地对该目标进行删除操作，则监控 Agent 会强行终止该操作。因此，监控 Agent 对制图综合质量的提高具有重要意义。

(5) 任务分解器 Agent。给定一定范围的数据，提出综合要求就形成了一次综合任务。如果给定的数据只包含单个目标，则属于简单的综合任务，直接采用某一算法即可完成此任务，但这种情况很少，一般综合都是针对局部范围或整幅图进行的，对单个目标的综合较少。如果给定的数据包含多个目标，则属于复杂综合任务，因为中间涉及多个综合目标之间的关系处理问题，综合过程不能简单地认为是单个综合目标过程的简单叠加。制图综合任务分解器 Agent 的任务，是把受理的制图综合任务分解为一系列较为简单的执行操作步骤，并形成自动制图综合链（详见第 6 章）。

(6) 质量评估 Agent。一次制图综合任务完成后，需要实时地对综合结果进行评价，以判断综合结果是否符合综合要求。质量评估 Agent 负责对综合结果进行实时评价，评价的标准是综合结果是否满足综合知识库的要求，如果没有满足，则提交制图综合过程控制 Agent 重新进行综合。

(7) 综合日志 Agent。指制图综合系统在综合过程中对所有综合行为的记录，包括对知识调用、综合算子使用、算法调用、综合链、综合区域、目标被综合的时间和方式等的记录。

(8) 过程控制 Agent。这是整个制图综合的中枢神经，在所有 Agent 中具有最高的级别，其他所有 Agent 都接受过程控制 Agent 调遣。过程控制 Agent 通过调用上述各个 Agent,进行如下工作:依据综合环境、要求等对制图综合过程中涉及的各种知识、操作、算法、参数等进行合理调用;执行制图综合链,完成综合过程;依据制图综合质量评估 Agent 提供的综合质量评估信息,决定是否修改综合操作和参数,重新进行综合。

上述所有 Agent 构成了一个自动综合 Agent 系统,图 3.5 描述了上述各 Agent 之间的关系。

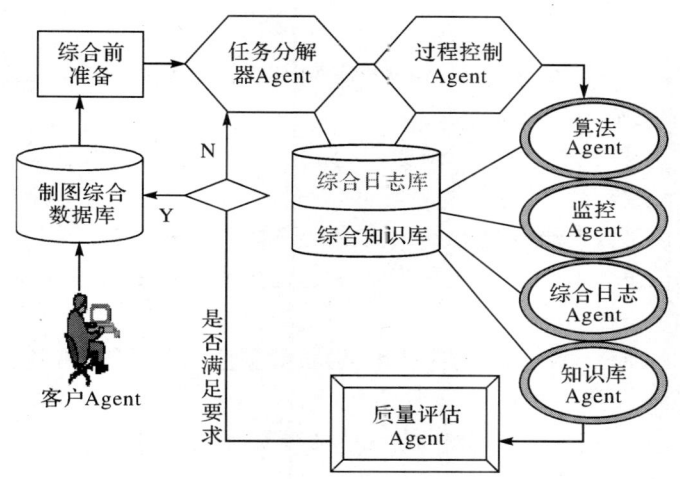

图 3.5 制图综合各 Agent 之间的关系

在研究制图综合 Agent 分类的基础上,本书特别指出综合过程 CASE 库的概念。若给定综合环境和综合要求,一个成功的制图综合过程则被称为一个综合过程 CASE,这个制图综合过程 CASE 中包含有综合环境、综合要求和综合链等信息。日积月累,综合过程 CASE 越来越多,可以形成综合过程 CASE 库,统一管理和调用,供以后借鉴。

综合过程 CASE 库的功能包括存储综合过程中的所有综合行为信息。尤其值得注意的是,在遇到相似的综合任务时,可以直接从综合过程 CASE 库中提供最优的综合链,由相应的综合系统执行,从而缩短了对综合数据的检查、判别和反复执行直至最优的过程。

§3.6 制图综合 Agent 的生存状态

每个 Agent 都具有一定的生命周期。在制图综合 Agent 的生命周期中,Agent 可以分为多种状态。本书参考 IBM 公司开发 Agent 原型的经验,将 Agent 状态分为 7 种,如图 3.6 所示。

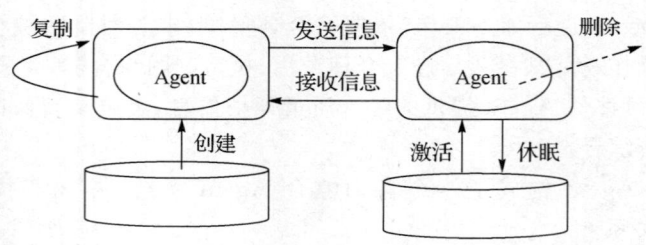

图 3.6 Agent 状态

(1) 创建。生成一个全新的 Agent 对象，初始化它的状态，开始主线程。它在整个 Agent 的生命中只执行一次。

(2) 复制。复制一个 Agent 对象，并保存原来 Agent 的所有属性信息。它通常在制图综合系统并行计算时调用。

(3) 发送信息。发送一个 Agent，在它迁移到别的机器之前调用。

(4) 接收信息。收回一个先前发送到远处主机的 Agent，返回时带回搜索的信息。

(5) 休眠。使一个 Agent 对象休眠，通过对象序列化技术，将整个 Agent 的所有状态变量存储下来。

(6) 激活。重新激活一个休眠的 Agent 对象，将它重新恢复，并且使其运行。

(7) 删除。杀死一个 Agent 对象，永久丢弃它。

§3.7 制图综合 Agent 之间的交流

制图综合 Agent 之间的交流主要通过各自的"发送信息"和"接收信息"来完成。但在具体程序实现过程中需要用到两个方面的技术，即 Agent 语言和服务模式。

3.7.1 面向 Agent 的语言

Agent 之间的通信是 Agent 相互交互、协同工作的基础。目前，国际上比较流行的 Agent 通信语言是 KQML(knowledge query and manipulation language) 和 KIF(knowledge interchange format)。KQML 提供 Agent 消息的语法，以及 Agent 执行命令，如 tell, perform, reply 等，这些消息类型来自讲话动作理论。KIF 提供消息内容的语法，其本质是 first-order 谓词运算，是对 lisp 语法的改造。

一条 KQML 消息也称为一个 performative，表示发送这条消息是为了让接收方执行某些动作，而信息本身的具体格式与 KQML 无关，KQML 表达中通常含有"内容语言"的子表达，即信息内容可以用另外一种完全不同的语言来描述。根据

KQML 的语法，一条 KQML 消息的基本格式是：第一个元素是消息名，即 performative 的名字，随后的元素是一系列属性名及其属性值，属性名前有一个冒号，属性在消息中的排列位置无关紧要。

KQML 仅仅为 Agent 之间的通信规定语法结构，为了使 Agent 能相互理解彼此信息的内容，他们必须共享一个知识框架，也即本体。本体用来描述某一领域中的类、关系、方程等对象，它是一种概念性的规定。例如，一个对制图综合知识库查询的 KQML 语言格式为：

HEAD：Knowledge Query
CONNECT：KnowledgeLib/Scale
QUERY：ID/Length
RECEIVER：TIN Agent
LANGUAGE：XML

在这条消息里，KQML 中的 performative 是 Knowledge Query，连接对象为知识库 KnowledgeLib 中的对象 Scale，要查询的内容是 ID 编号的长度（Length），消息的接收者是 TIN Agent，而查询语言是用 XML 来写的。

3.7.2 Agent 服务模式

多 Agent 研究的核心问题是多 Agent 之间如何进行组织协调与协作。多 Agent 协调是指具有不同目标的多个 Agent 对其目标、资源等进行合理安排，以协调各自行为，最大限度地实现各自目标。多 Agent 协作是指多个 Agent 通过协调各自行为，合作完成共同目标。

所有 Agent 的功能都可以看成是对制图综合系统的服务，即制图综合系统需要各个 Agent 提供相应的服务，才能完成整个制图综合过程。而制图综合 Agent 个体并不能完成所有的服务，也必须与其他 Agent 之间相互合作和相互交流才能完成。

(1)单个制图综合 Agent 没有能力完成交给的任务，该 Agent 向相关领域的其他 Agent 发出请求，在这个合作中，Agent 共享问题求解能力和结果，这种合作属于结果共享。这种情况主要出现在综合算法 Agent 与其他 Agent 之间。

(2)单个制图综合 Agent 缺少完成某一任务的信息，它应向拥有这类信息的 Agent 提出帮助请求，这种帮助称为信息共享。这种情况主要出现在综合知识库 Agent 与其他 Agent 之间。

(3)单个制图综合 Agent 只具有完成部分任务的能力，几个 Agent 共同完成任务，这种合作称为任务共享，Agent 合作称为联合行动。这种情况出现在多个算法 Agent 之间。

Agent 之间的服务模式通过两种途径进行，如图 3.7 所示，一种途径是 Broker

提出的工作方式,另一种途径是 Matchmaker 提出的工作方式(陈卫 等,2003)。

Broker 工作方式强调 Agent 管理的重要性和桥梁作用,Agent 之间的合作和交流都通过服务管理器来完成。其工作过程为:Agent-A 向服务管理器发出服务请求,服务管理器再向 Agent-B 发出服务请求,Agent-B 向服务管理器返回服务并在服务管理器中进行登记,最后由服务管理器将 Agent-B 的服务返回给 Agent-A。

Matchmaker 工作方式则强调服务的重要性,Agent 管理仅仅起桥梁沟通作用。其工作过程为:Agent-A 向服务管理器发出服务请求,管理服务器从其 Agent 管理元数据中查寻 Agent-A 所需服务的地址,并返回给 Agent-A。Agent-A 服务器根据服务管理器返回的服务地址,向该地址所在的服务器 Agent-B 发送服务请求,Agent-B 收到服务请求后直接向 Agent-A 提供所需服务。

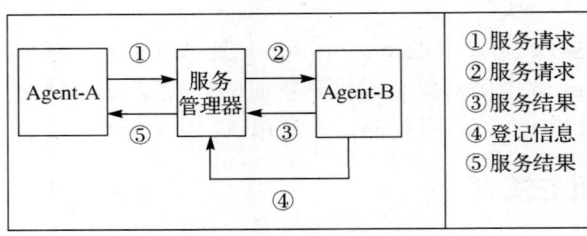

(a) Broker 提出的工作方式

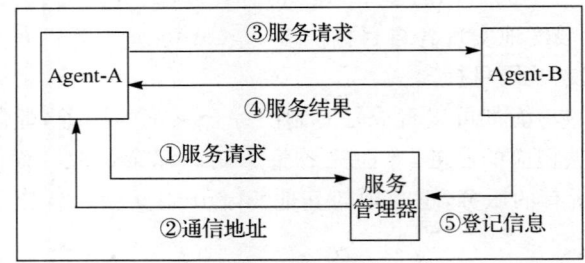

(b) Matchmaker 提出的工作方式

图 3.7 两种 Agent 服务模式

§3.8 制图综合 Agent 的结构化描述

一个 Agent 的典型结构可描述为图 3.8。图中:Private 定义 Agent 的局部数据,Knowledge 定义 Agent 的知识库,Process 定义 Agent 的处理过程,Action 定义每个处理过程的具体处理流程,Processor 标识处理机的地址。

```
Agent〈Agent 名〉
    Private data1, data2……
    Knowledge-base rule1, rule2……
    Process〈process-name1〉
        On〈event1〉Do〈action1〉at Priority〈prior1〉
    Process〈process-name2〉
        On〈event2〉Do〈action2〉at Priority〈prior2〉
    ……
    Action〈action1〉
    Action〈action2〉
    ……
    Processor〈processor-address〉
End
```

图 3.8 通用 Agent 结构化描述

Agent 在其生命周期内的行为模式如图 3.9 所示。

```
While alive Do
    Begin
        扫描所有处理过程 Process i
        If Exist〈event i〉Then
        Begin
            创建一个与 Process i 相应的进程,并排入进程队列
        End
    End
```

图 3.9 Agent 的行为模式

§3.9 本章小结

Agent 技术是从人工智能发展而来的一项新技术,在制图综合领域的应用,是近几年才发展起来的一个新方向。本章的主要研究内容体现在以下三个方面:

(1)介绍了 Agent 的概念、基本特征和面向 Agent 的编程思想体系,认为面向 Agent 的编程思想已经成为继面向对象的编程思想后的第四代编程思想,分析比较了面向 Agent 的编程思想和面向对象的编程思想之间的异同,并指出这种面向 Agent 的编程思想适用于自动制图综合系统的设计与实现。

(2)分析了 Agent 应用到自动制图综合中来的优势,提出了一种新的自动制

图综合 Agent 分类体系,把制图综合 Agent 划分为客户 Agent、知识库 Agent、算法 Agent、监控 Agent、任务分解器 Agent、质量评估 Agent、综合日志 Agent 和过程控制 Agent 八类,并分析了各 Agent 之间的关系。

(3)详细分析了制图综合 Agent 之间的生存和交流模式,提出了制图综合 Agent 的结构化描述方式。

本章关于自动综合 Agent 相关理论和技术的提出,为后续的自动制图综合算法、模型和系统框架的开发,提供了理论基础和技术保证。

第4章　制图综合算法及算法库构建

制图综合算法的类型主要有两种：一种面向地图生产自动化，另一种面向GIS中的空间数据多尺度快速表达。

面向地图生产自动化的综合算法，一般结构复杂，功能较强，需要具有较高的智能化水平和空间数据处理能力，同时要有较完善的综合质量保障体系，但这些都是以大量耗时的计算、推理等过程为代价的。计算机技术的飞速发展，虽仍然跟不上人类科技发展的需求，但已经具有了相当的计算能力，因此，目前地图生产自动化过程中的综合算法，即使耗时多，也在用户接受范围之内，基本上满足生产自动化的时间需求。面向生产的综合算法一般要求具有自动综合与交互式综合双重功能，即对能够实行全自动综合的要素和区域进行自动综合，而对不能完成全自动综合的对象进行交互式综合。因此，面向地图生产的综合算法要求提供自动综合和交互式综合的双重接口，以满足实际需要。

面向GIS的空间数据多尺度表达由于受GIS快速显示的需求和限制，一般要求综合算法在3 s时间内作出反应，才能满足多尺度"平滑过渡"的要求。这就对制图综合算法提出了速度上的苛刻要求，即在保证整体性正确的前提下，速度是第一位的，要求在屏幕上进行实时的可视化显示，并支持无级缩放功能。此时，可以基于一种或少数几种较大比例尺数据库，并结合合适的数据模型和必要的数据预处理，调用自动综合算法，进行实时的综合计算，得到不同详细程度的可视化结果。由此可见，GIS中空间数据的多尺度表达需要快速的自动综合算法。

本章分别介绍几种面向地图生产和空间数据多尺度表达的制图综合算法与模型。

§4.1　制图综合算法应具有的特点

一种制图综合算法，不管应用于哪种类型的制图综合，都应该具有制图综合算法应该具备的结构特征。鉴于制图综合系统的复杂性和智能性要求，本书认为，制图综合算法应该具有以下特征：

(1)强适应性。制图综合算法对外界的强适应性主要体现为对不同比例尺、不同综合环境、不同数量综合目标的适应性。其中，对比例尺的适应性具有最高级别，对不同综合环境、不同数量的目标进行综合必须随着不同比例尺的变化而变化。如军事上小比例尺图通常作为战略图使用，中比例尺图主要作为战役图使用，而大比例尺图主要作为小区域战术图使用。

(2)相对独立性。制图综合算法相对独立,指在逻辑上能够自治,不依赖外部非正常因素的影响。从面向对象程序设计思想角度而言,制图综合算法的独立性体现在,尽量少的对外部暴露其关键接口和属性,而封装其他函数。实现制图综合算法的独立是必须的,这无论是从面向对象程序设计思想的角度还是从 Agent 思想的角度而言,都是实现制图综合系统结构化的基础,是保证算法可重用的基础,也是提高系统稳健性的关键。这样做可以把问题局限在较小的范围内,从而达到"局部问题影响局部、局部错误可以接受"的目的。

(3)面向智能性。以前的综合算法一般都比较简单,比如经典的道格拉斯-普克算法,至今都是单要素线划化简的常用算法。但是,这些算法的使用,已经不能再次提升制图综合的自动化程度。为了实现制图综合自动化的跨越式发展,必须开发高质量的面向智能的算法和模型。算法的智能性主要体现为对不同综合环境、综合数据和综合条件的自适应性,即能够从不同的综合问题中自动归纳、总结出其特性,从而依据自身的总结进行不同的计算和推理,以达到用户满意的目的。实现综合算法的智能化是提高综合质量和综合自动化程度的关键。

(4)综合结果合理性。一个综合算法模型不管其结构多么合理,设计多么先进,思路有多创新,如果其综合结果不尽如人意,仍然不会是一个好的综合算法。综合算法结果的合理性,尤其是对多目标综合结果的合理性,是体现综合算法能力最有力的证明。综合结果的合理性需要大量制图综合知识及其推理的支持。

§4.2 制图综合数据的层次划分

4.2.1 空间数据的层次结构

制图综合算法的层次结构对不同比例尺和不同综合环境的适应性都属于综合前的设置和要求,不具有动态复杂的特点,唯独对不同数量综合目标的适应性具有动态特性。而对不同数量综合目标的综合主要指制图综合目标在数据量大小这一层次上的综合,并且,制图综合数据层次不一样,其综合要求、综合算法也跟着变化。因此,制图综合数据层次结构的动态划分具有重要意义。

制图综合数据的层次结构主要依据区域来划分,并受主要线状、面状要素的约束。比如一个居民地区域被一条道路划分为两个相对独立的部分,而每个独立部分又有若干独立房屋构成。这样一个居民地区域的典型层次结构如图 4.1 所示。

由图 4.1 可知,对制图综合数据的层次划分过程是不同详细程度连续聚类的过程,而制图综合数据具有空间位置特征,因此对制图综合数据按照目标间的距离和主要线、面要素作为约束,进行不同详细程度(聚类粒度)的聚类,可以达到层次结构划分的目的。

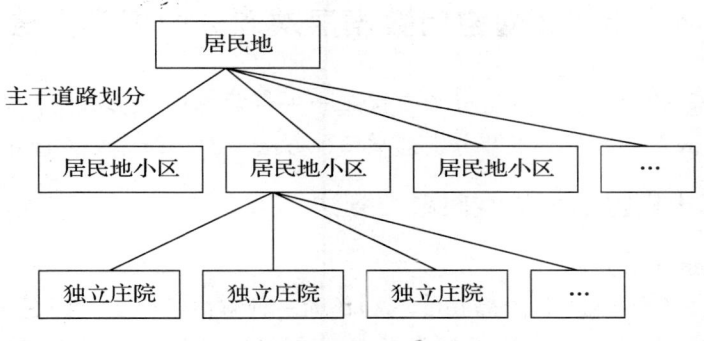

图 4.1 居民地区域的层次结构划分

4.2.2 空间数据的层次划分

聚类,是将地理空间实体依照某种相似性度量原则划分为若干个类似地理空间实体或地理单元组成的多个类或簇的过程(杨春成,2004)。在对空间数据的聚类过程中,需要进行两个层次的聚类(以大比例尺城市图为例)。第一个层次的聚类是采用道路网、河流等对地图目标进行划分,即一个类不能跨越道路和河流,以防止综合后的建筑物出现跨越道路或河流的错误结果,因此需要利用道路网和河流对待综合的区域进行分割,把建筑物划分为相互独立的集合。该步骤是对目标进行的第一次聚类,被称为区域意义上的聚类。第一次聚类结束后,可以从宏观上对待综合的区域目标进行约束和控制。

第二个层次的聚类是对第一个层次聚类得到的结果再进行几何意义上的聚类,即按照几何条件进行聚类。普通地形图比例尺为系列比例尺,如1:1万、1:2.5万、1:5万、1:10万、1:25万、1:50万、1:100万等。不同比例尺对目标间的最小距离有不同的要求,表4.1是不同比例尺地形图对集镇及街区的距离要求参数(可以从知识库中获取这些信息)。

表 4.1 知识库中各比例尺地图对目标间距离的要求

比例尺	最小距离要求/mm
1:25 000	0.3
1:50 000	0.3
1:100 000	0.3
1:250 000	0.3
1:500 000	0.5
1:1 000 000	0.6

§4.3 面向空间数据层次划分的聚类方法

空间矢量数据聚类方法可分为直接基于矢量数据的聚类方法,以及基于矢量数据栅格化的聚类方法。下节分别列举每种方法中的一种算法进行介绍。

4.3.1 基于模拟退火的空间聚类算法

1. 模拟退火思想的引入

模拟退火(simulated annealing,SA)作为一种解决组合优化问题的方法,其思想有着较好的渐进行为。该思想最早是由 N. Metropolis 等人于 1953 年提出,1983 年 Kirpatrick 等将其成功引入组合优化领域。模拟退火的基本思想来源于高温物理退火原理,而且尤其类似于液体结晶的冷却方式。模拟退火过程可以用 Metropolis 准则来模拟,在临界温度 T 时,由当前状态 i 产生新状态 j,且两者的能量分别为 E_i 和 E_j。从算法的角度看,E_i 和 E_j 是两种不同状态的可行解 X 分别对应的能量状态,也即为目标函数 $f(X)$ 的两个取值。若 $E_j<E_i$,则接受新状态 j 为当前状态;否则,若概率 $P=\exp[-(E_j-E_i)/kT]$ 大于 $[0,1]$ 区间内的随机数,则仍旧接受新状态 j 为当前状态,若不成立,则保留状态 i 为当前状态,其中 k 为玻尔兹曼(Boltzmann)常数。当这种过程多次重复,即能量状态经过渐进变化后,系统将趋于能量较低的平衡态,各状态的概率分布将趋于某种正态分布。只要温度足够高,退火过程足够慢,达到能量最低状态的可能性就越大。从组合优化的角度来看,也就越容易收敛到全局的最优解。模拟退火的核心是"产生新解—判断—接收或舍弃"的过程,具有并行性和渐进收敛性,在理论上已证明它以概率 1 收敛于全局最优解。

与模拟退火寻求全局最优解问题类似,空间聚类也是一个求取最优解的过程。因此,可以用模拟退火的思想来模拟空间聚类,从中找出对空间聚类的优化方法(张小朋 等,2010)。

从表 4.2 中可以看出模拟退火与空间聚类的相似性,模拟退火与空间聚类每一个步骤都相互对应(宋彩云,2005)。因此,根据模拟退火思想,用其模拟空间聚类过程,将温度 T 的变化模拟为聚类中心的确定,各聚类中心作为控制参数控制着退火的过程,控制参数不断变化标明了各聚类中心的变化。在温度确定的基础上,根据各空间数据点与聚类中心的距离远近,即可产生一组对空间数据点的划分,这一组划分可模拟为退火算法中的可行解 X。每一组可行解 X 不能用简单的数值来表示,它只代表空间数据的一组划分。将聚类准则函数 E 模拟为退火中的目标函数 $f(X)$,也就是物理退火中的能量。

表 4.2　模拟退火与空间聚类的相似性

模拟退火	空间聚类
粒子状态	空间实体的一组划分
能量	聚类准则函数
熔解过程	设定初始值
等温过程	中心点确定的情况下,划分的过程
冷却	中心点的变动
能量最低的状态	全局最优解

2. 利用模拟退火思想对空间聚类算法进行优化

根据模拟退火思想与空间聚类过程的相似性可知,模拟退火可以指导空间聚类,并使其最终结果达到全局最优解。本书主要利用模拟退火思想,对空间聚类方法中的 K-means 算法进行优化,使优化后的算法能够克服传统 K-means 算法中存在的局限性,其过程和结果也更加合理。

为了减少算法的迭代次数,降低初始解的影响程度,在这里,引入点密度的思想对算法进行改进,先介绍点的邻域和点密度两个概念:

——点的邻域。给定点半径为 r 内的区域称为该点的 r-邻域。

——点密度。一个点的 r-邻域内所包含的研究对象的个数叫做该点的点密度。

K-means 算法执行的过程其实就是由 K 个随机点到 K 个最终点的迭代逼近过程,如果初始选取的点就很接近最终的中心点,那算法的迭代次数一定会大大降低,同时减小了算法执行的复杂度。同时,按照基于点密度的思想,聚类出来各类的中心点都是密度很大的点,如果初始选取的 K 个点就是密度很大的点,并且那几个点彼此之间距离相隔比较远,那么这 K 个点就比较接近最终的结果。这种方式会降低算法的复杂度,另外,以这些密度很大的点作为初始解也可以避免因初始解选取不利而对全局造成影响。

模拟退火思想优化的 K-meas 算法的具体步骤如下:

输入　聚类的数目 K 和包含 n 个空间点的空间数据。

输出　K 个聚类后的类,使聚类准则函数 E 最小。

(1)根据输入的空间数据,指定一个合适的半径 r。

(2)根据半径 r,计算出每个空间数据点的点密度,按照这 n 个点点密度的大小对这 n 个点进行排序。

(3)初始化迭代次数 $m=1$。

(4)从排序后的前 $n/2$ 个数据对象中任意选择 K 个空间点作为初始聚类中心,并且每个初始类包含的点数均赋值为 0。

(5)定义一个数组 N,使得数组 N 中存储的每一个元素为某一温度 T 条件下各聚类中心的值。

(6)计算每个空间点到各个类质心的平方距离,并根据平方距离将其分到距离最近的类,更新变化后类的样本中心,修改旧的聚类中心。

(7)计算每一个空间点到聚类中心的距离,并根据计算的距离将空间点分到距离最近的类,计算每个类包含的空间点的点数。

(8)计算聚类准则函数值 E;迭代次数加1,即 $m=m+1$。

(9)开始在步骤(10)至步骤(12)之间循环。

(10)将不相同的两个类中的空间点进行交换(每个类中空间点的个数不为1),更新每个类的平均值,重新修改各类中心,计算新的准则函数值 E_{temp},更新每个类所包含的空间点数。

(11)如果 $E_{temp}-E<0$,将 E_{temp} 值赋给 E,形成新的 K 个中心点集合;如果 $E_{temp}-E \geqslant 0$,计算概率 $\exp(-(E_{temp}-E)/\lambda T_k)$,其中 λ 为 $[0,1]$ 区间内的随机数,T_k 取值为 E_{temp},当 $\exp(-(E_{temp}-E)/\lambda T_k)>\lambda$ 时,接受 E_{temp},将 E 时的各聚类中心点存入数组 N 的元素中,并把 E_{temp} 值赋给 E,$m=m+1$。

(12)直到聚类中心不再发生变化,或者准则函数 E 不再发生变化为止。此时,将最终的聚类中心点存入数组 N,循环结束。

(13)将数组 N 中存储的每组聚类中心点,进行准则函数 E 的计算,取准则函数 E 最小值所对应的聚类中心点为全局最优聚类中心点。得到最优的聚类中心点后,即可对所有空间点进行归类,得到全局最优的聚类结果。

为了防止出现最终的聚类结果不是全局最小值的问题,步骤(5)中定义了一个存储聚类中心的数组 N,数组中每一个元素存储某一温度 t 下各聚类中心的值。步骤(10)、(11)中,当温度 t 发生变化,生成新的解序列时,此时除了根据概率判别式是否成立判别是否接受 E_{temp},还要将代表 E 状态的各聚类中心点存入数组 N 中。不断重复这一过程,当最后的聚类中心点不再发生变化时,在步骤(13)中,要将数组 N 中存储的这些解序列分别用准则函数 E 进行计算,当 E 最小时,数组 N 所记录的中心点即为全局最优的聚类中心点。根据最优中心点,对全局的空间数据点进行归类,即可得到全局最优的聚类结果。定义存储聚类中心的数组就在产生的解序列中,保存各个局部极小值所对应聚类中心点,当聚类结束时,选取一个令目标函数 E 最小的解,这样就可以防止最终聚类结果比某些中间状态所产生的效果还要差的可能,同时也便会有更多的可能来寻找聚类过程的全局最优解。

以上就是利用模拟退火思想优化的 K-means 算法。在第(11)步中,用计算所得的概率 $\exp(-(E_{temp}-E)/\lambda T_k)$ 是否大于某一随机值 λ 的方法能够使得聚类有跳出局部极小值的可能,这样能够使聚类在更广阔的范围内寻求全局最优解。算法在更新聚类中心时,采用交换两个不同类中元素的方法,可以使得温度的变化缓慢,防止在更新聚类中心点的过程中因更新的幅度过大而跳过最优解的现象。

优化后的算法总体上既能向着准则函数降低的方向进行迭代,又能以一定的概率跳出局部极小值以适应准则函数升高的情况,最终在一定条件下以概率为1收敛到全局最优解。算法终止的条件是所有的聚类中心不再发生变化或聚类中心的变化值小于某一设定的极限值,修改聚类中心是在原始类中心的基础上作较小的修正。利用点密度的方法,可以在一开始时,就选取很接近最终中心点的点,算法的迭代次数会更进一步的降低,减少了算法的执行与计算复杂度。相对于传统的K-means算法,优化算法执行速度加快。优化算法的聚类结果受初始值的影响程度降低,另外,聚类的结果稳定,只要聚类的数目确定好,聚类的结果也基本不发生变化。

3. 实验与分析

为验证优化后算法的有效性,现对优化后的K-means算法进行实验分析。以地形图中部分点状居民地为研究对象,执行传统的K-means算法和利用模拟退火思想优化后的K-means算法。通过实验,可得到每种算法所对应的聚类结果。结果包含所划分的类和每一类所包含的数据点,并且以文档的形式予以记录。

实验结果如图4.2至图4.6所示。图4.2表示聚类之前的空间居民地点的分布情况,图中的点表示居民地点。根据研究对象的坐标值,指定合适的半径r为1000,用传统的K-means算法和优化的K-means算法分别对这些空间点进行聚类。图4.3、图4.4、图4.5、图4.6表示聚类后的结果,黑线内所包含的点属于一类,"+"号表示该类的聚类中心。由实验结果可知,当用传统的K-means算法进行聚类时,聚类结果容易受初始值影响,当初始值选取得当时,聚类结果可能是最优解;否则聚类结果的质量则无法保证。如图4.3、图4.4所示,有一些在直观上看应该属于一类的点却被划分在不同的类中;另外,从全局效果上看,不同类中的空间点的数目也相差很大,有的类中点多,而有的类中点少,这样的划分给人一种分布不均的感觉,在实际应用时意义不大。例如,当对居民地区域进行银行选址时,在极端的情况下某些类中可能只含有一个点,如果只为包含这一个点的类设置一个银行,显然,这对于实际决策而言是一种浪费,因此用模拟退火思想优化后的K-means算法进行聚类,克服了初始值对聚类结果的影响,使聚类结果能够实现全局最优化,同时也克服了分配不均的现象,改进了传统聚类方法的缺点。

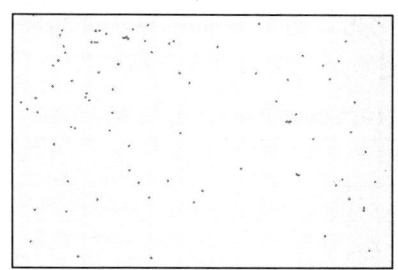

图4.2 聚类之前的数据点

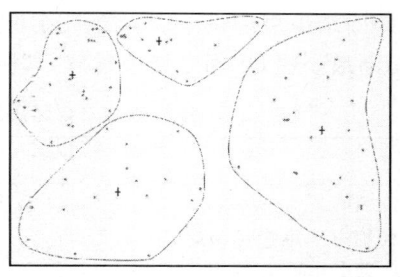

图4.3 当$K=4$时,用传统K-means算法进行聚类的结果

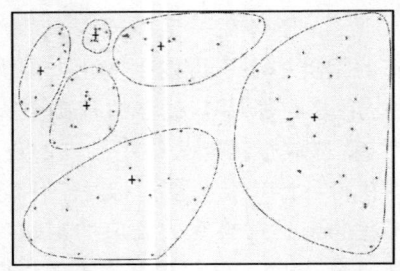 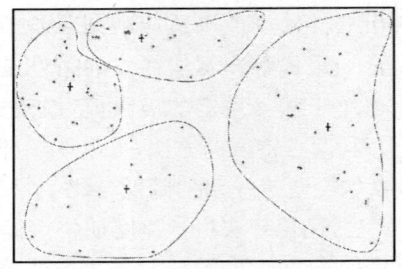

图 4.4 当 $K=6$ 时,用传统 K-means 算法进行聚类的结果

图 4.5 当 $K=4$ 时,用优化后的 K-means 算法进行聚类的结果

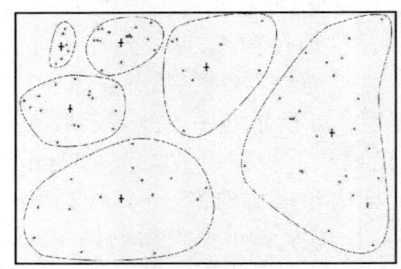

图 4.6 当 $K=6$ 时,用优化后的 K-means 算法进行聚类的结果

除了通过聚类结果的显示图可以直观地看出优化后 K-means 算法的优越性。另外,对 K-means 算法的准则函数进行追踪分析也能够在理论上得出优化后算法的优越性。由于聚类准则函数表示为空间点到各自所属聚类中心的距离平方之和,所以当聚类结果为全局最优解时,所对应的聚类准则函数应为最小,因此,准则函数值最小,其所对应聚类结果的质量也就最高。如表 4.3 所示,当聚类数目 K 确定的条件下,利用优化后的算法所得结果的准则函数值要比传统 K-means 算法的准则函数值要小,这表明优化算法聚类结果的质量要强于传统算法。由此可以进一步作出判断,传统的 K-means 算法在聚类过程中可能停留在局部最小值附近,最终的结果可能是某一局部极小值,而优化后的 K-means 算法则能够有机会跳出局部最小值,达到全局最优解,其所对应的聚类结果应为全局最佳。

表 4.3 传统算法与优化后算法聚类结果准则函数值的比较

	$K=4$	$K=6$
传统的 K-means 算法	997 309 859.687 5	861 054 310.341 1
模拟退火思想优化后的 K-means 算法	982 369 117.326 0	816 098 013.457 0

当 $K=6$ 时,在利用优化算法和传统算法进行聚类的过程中,对聚类准则函数进行跟踪分析的曲线如图 4.7 所示。由图可知,传统 K-means 算法的准则函数曲

线是单调递减的,最后停留在某一极小值附近;而优化算法的准则函数值在迭代次数 $m=6$ 时发生了回升,这表明此时的准则函数 E_{temp} 要大于迭代次数 $m=5$ 时的准则函数值,然后通过计算概率 $\exp(-(E_{temp}-E)/\lambda T_k)$($\lambda$ 为 $[0,1]$ 区间内的随机数),判断概率值是否大于某一随机值 λ。通过这种方式使得整个聚类过程跳出局部极小值,进而在全局范围内进行搜索,最终达到全局最小值。因此,最终得出结果应该即为最佳的聚类结果。另外,通过此图还可以看出,优化算法的结果不容易受初始值的影响,而传统方法却在执行过程中受到初始值影响,当初始值选择不当时,准则函数曲线会出现很大的跳动。

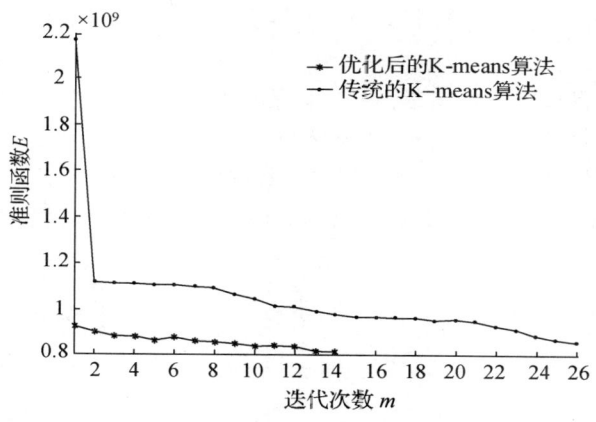

图 4.7 算法准则函数曲线图

除了在聚类结果的质量方面,优化后的算法比传统算法有了一定的优越性。在算法的执行效率方面,由于优化算法在聚类过程中应用了点密度的思想,因此,其执行效率也比传统算法有所提高。由表 4.4 和图 4.7 可以看出,优化后算法的迭代次数几乎是传统算法的一半。

表 4.4 传统算法与优化后算法迭代次数的比较

	$K=4$	$K=6$
传统的 K-means 算法	22	26
模拟退火思想优化后的 K-means 算法	13	14

4.3.2 基于蚂蚁增强算法的快速栅格聚类方法

群蚂蚁算法不依赖于具体问题的数学描述,具有全局优化能力和执行时的并行性,同时比遗传算法、模拟退火算法等早期进化算法具备更强的鲁棒性、求解时间短、易于计算机实现等优点,能够更好地适应空间数据的复杂特点(高坚,2003)。

因此,本节重新定义了蚂蚁的思维和工作机理,提出了更具智能化的多种群蚂蚁算法。该算法在聚类过程中引入了线状要素和面状要素的约束条件,能够保证聚类结果在空间关系上的相对独立性,同时,为了加快聚类算法,引入了运算简单,速度很快的栅格技术(钱海忠 等,2006c)。

1. 空间数据的栅格处理

首先对空间数据进行一定密集度的格网划分,初始时每个格网的赋值均为0,即如果把空间数据分为 m 行 n 列,则共有 $m \times n$ 个格网,记每个格网初始值为 $G_{ij}=0(0<i \leqslant m, 0<j \leqslant n, i, j \in \mathbf{N})$。然后依次判断每个空间目标落在哪些格网中,并把该目标所在的所有格网的值修改为

$$G_{ij}=G_{ij}+w \quad (0 \leqslant w \leqslant 1) \tag{4.1}$$

式(4.1)中,w 为目标重要性参数,跟具体目标的重要性有关。如果该目标非常重要,则其所覆盖的格网增加值(w)就会接近于1或等于1,反之,w 就会接近于0,甚至等于0。而目标的重要性主要根据空间数据的属性来判断。空间数据的属性可以由其编码唯一标识。图4.8是两个目标栅格化后再叠加的过程,其中 w 取值为1。

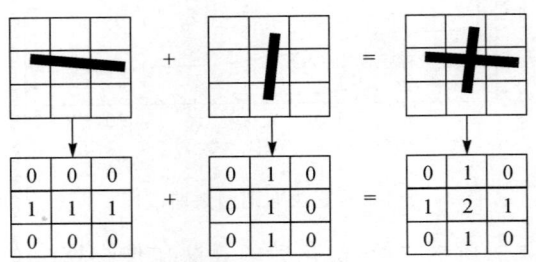

图4.8 空间目标的栅格处理示意图

2. 多种群蚂蚁的定义与工作机理

空间数据具有位置特性和空间关系特性,因此蚂蚁也具有位置特征和空间探测能力;同时,空间数据具有复杂的空间特征,目标大小、形状等千差万别,因此蚂蚁之间也应该有所区别。据此,把蚂蚁分为以下几种类型:

——Ⅰ类蚂蚁。是最基本的蚂蚁,仅具有任意爬行和散发信息素的功能。

——Ⅱ类蚂蚁。除了具有Ⅰ类蚂蚁的功能外,还具有触须,以便探测近距离范围内的目标物,并且能依据感觉进行有方向感的爬行。对格网而言,Ⅱ类蚂蚁能探测与其所在格网相邻的其他格网信息的能力。

——Ⅲ类蚂蚁。除了具有Ⅱ类蚂蚁的功能外,还具有发送和接收探测波的功能,能够发射较远距离的探测波,以探测较远地方的目标物。

此外,考虑到蚂蚁的遗传特性和群体特性,有如下定义。

定义1 不同类别之间的蚂蚁在一定条件下可以进行转换。即Ⅰ类蚂蚁在一

定条件下可以转换为Ⅱ类蚂蚁,依次类推,反之亦然。

具体而言,蚂蚁之间的转换依据以下条件进行:

(1) Ⅰ类蚂蚁为所有蚂蚁的初始状态(算法初始值)。

(2) Ⅰ类蚂蚁在激发状态下(算法开始运行时),变为Ⅱ类蚂蚁。

(3) Ⅱ类蚂蚁如果用触须探测不到周围的目标(周围格网值为0),则变为Ⅲ类蚂蚁。

反之:

(4) Ⅲ类蚂蚁如果探测到周围的目标,则变为Ⅱ类蚂蚁,重新执行步骤(3)。

(5) Ⅱ类蚂蚁如果到达终点,则变为Ⅰ类蚂蚁。

(6)算法结束,所有蚂蚁变为Ⅰ类蚂蚁。

定义 2 蚂蚁遇到线状目标时,不能穿越线状目标,但可沿着线状目标爬行。蚂蚁如果在面目标内,则最多只能爬行到面目标的边界处,不能跨越边界,但外部的蚂蚁可以进入面目标内。

本书把蚂蚁的上述特性称为多种群特性。上述定义为线要素作为约束条件,并为面状目标聚类打下了基础。

3.算法过程

对空间数据进行栅格处理,并定义了蚂蚁的基本概念和能力后,本算法具有了启动的基本条件。算法将定义2作为蚂蚁爬行的约束条件,具体执行五个步骤。

爬行约束 依据定义2,对任意一只蚂蚁$\forall Ant_{ij}$,如果其爬行前方所在格网中的目标为线状目标时,或者蚂蚁本身位于面状目标内,而爬行前方所在格网中包含有面状目标的边界,则该蚂蚁必须改变爬行方向;如果各个爬行方向均有此情况,则该蚂蚁停止爬行。

算法执行步骤如下。

(1)对格网进行m行n列的栅格划分,则形成$m \times n$个格网。

(2)在每个格网中安置一只蚂蚁Ant_{ij}($0 < i \leqslant m, 0 < j \leqslant n, i \in \mathbf{N}, j \in \mathbf{N}$),并设初始值为$Ant_{ij}=1$($Ant_{ij}=1$说明为Ⅰ类蚂蚁,$Ant_{ij}=2$说明为Ⅱ类蚂蚁,$Ant_{ij}=3$说明为Ⅲ类蚂蚁)。

(3)依据定义1,令$\forall Ant_{ij}=2$。并使所有蚂蚁同时在格网上开始爬行,将会出现以下情况:

——情况1。对$\forall Ant_{ij}$,如果其八个方向上只有一个方向上存在格网值$G_{ij}>0$(存在诱物)的情况,则会向该方向爬行(图4.9(a),箭头指向蚂蚁爬行方向)。

——情况2。如果多个方向存在格网值$G_{ij}>0$的情况,并且各个方向上的格网值不相等,则向格网值G_{ij}最高的方向爬行(图4.9(b),箭头指向蚂蚁爬行方向)。

——情况3。如果有多个方向上的格网值G_{ij}相等(图4.9(c)),或者周围八个方向上的G_{ij}值都为0(图4.9(d)),则该蚂蚁将变为Ⅲ类蚂蚁,即$Ant_{ij}=3$。此时,该蚂蚁向各个方向发送探测波,并等待探测波返回,然后向接收到的探测波最强的方向爬行,并重新演变为Ⅱ类蚂蚁,即 $Ant_{ij}=2$。

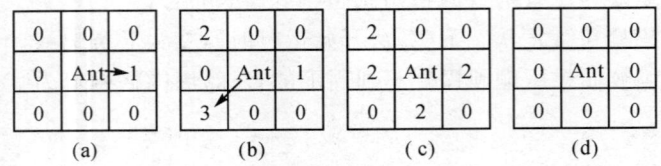

图 4.9　蚂蚁爬行时遇到的各种情况

从以上看出,当出现情况 1 和情况 2 时,蚂蚁爬行都有依据可行。但情况 3 略有不同。情况 3 中出现了蚂蚁依靠接收最强探测波爬行的问题。如果探测波的计算方式确定了,则情况 3 中蚂蚁的爬行依据也就确定了,蚂蚁爬行方向也就确定了。因此,计算探测波强度就成了解决情况 3 中问题的关键。记Ⅲ类蚂蚁 Ant_{ij} 在某一方向上接收到的探测波强度为 $W_{S_a}(Ant_{ij})(0°\leqslant a\leqslant 360°)$,则有

$$W_{S_a}(Ant_{ij})=\max_p\{G_{ap}/l_{ap}\} \quad (4.2)$$

式中,G_{ap} 为蚂蚁 Ant_{ij} 在方向 a 上的第 p 个格网的值,l_{ap} 为格网 G_{ap} 与蚂蚁 Ant_{ij} 所在的格网 G_{ij} 之间的距离。如果格网 G_{ap} 的下标为 r 和 t,则格网 G_{ap} 与蚂蚁 Ant_{ij} 之间的距离计算公式为

$$l_{ap}=\sqrt{(r-i)^2+(t-j)^2} \quad (4.3)$$

式(4.2)表示蚂蚁 Ant_{ij} 在方向 a 上接收到的探测波强度。在该方向上对每个格网接收探测波,取其中最强的探测波,用 $W_{p_{\max}}$ 表示。而蚂蚁 Ant_{ij} 接收到的探测波 $W_S(Ant_{ij})$ 被定义为:蚂蚁 Ant_{ij} 在各个方向上所接收到的探测波中的最强探测波,用 $W_{a_{\max}}$ 表示。因此,蚂蚁 Ant_{ij} 接收到的探测波 $W_S(Ant_{ij})$ 的计算公式为

$$W_S(Ant_{ij})=W_{a_{\max}}\{W_{p_{\max}}\{G_{ap}/\sqrt{(r-i)^2+(t-j)^2}\}\} \quad (4.4)$$

(4)当蚂蚁 Ant_{ij} 所处位置的格网值 G_{ij} 达到局部最大时,即同时满足 $G_{ij}\geqslant G_{i,j-1}$,$G_{ij}\geqslant G_{i,j+1}$,$G_{ij}\geqslant G_{i-1,j-1}$,$G_{ij}\geqslant G_{i-1,j}$,$G_{ij}\geqslant G_{i-1,j+1}$,$G_{ij}\geqslant G_{i+1,j-1}$,$G_{ij}\geqslant G_{i+1,j}$,$G_{ij}\geqslant G_{i+1,j+1}$ 八个条件,则该蚂蚁停止爬行。

(5)所有蚂蚁停止爬行后,则形成众多蚂蚁群。蚂蚁群指聚集在同一格网中或相临格网中所有蚂蚁的集合。设生成 k 个蚁群,则形成 k 个聚类。对蚁群进行如下处理:

对任意一个蚁群,记为 Ant_{Group_n},其中 $0<n\leqslant k$,$n\in \mathbf{N}$,设其共有 1 个蚂蚁组成,即 $N(Ant_{Group_n})=1$。由于每个蚂蚁爬行都留下了信息素,把 1 个蚂蚁留下信息素的格网合并到一起,成为一个大区域,这个大区域即为一个独立的聚类,记为 Ant_{Clust_n}。以下两个条件保证所形成的大区域是连通的:每只蚂蚁爬行痕迹是连通的,一个蚁群留下的爬行痕迹是一个连通的区域。

所以,蚂蚁群形成的聚类是连通的,满足聚类要求。对 k 个蚁群处理完成后,则得到了对所给空间数据的 k 个聚类划分。

4. 算法运行

实验采用一幅 1∶1 万城市局部空间数据进行如图 4.10 所示,该局部空间面积为 0.249 km²。本书聚类的附加条件(定义 2)是在基于主要线要素的基础上进行的,即聚类过程中需要考虑线要素的影响。数据中包含两类要素,即道路和居民地。

图 4.11 是对空间数据进行栅格化处理的结果,本例中采用 39 行×41 列进行栅格化处理。然后启动算法,使得各种蚂蚁按照算法规定进行爬行。爬行结束后,形成了多个蚂蚁群。同一个蚁群中所有蚂蚁的爬行痕迹的集合就组成了该蚁群所在的区域范围。由于每个蚁群被认为是一个聚类,故这个区域范围就是该聚类的范围。蚂蚁遗留下来的信息素如图 4.12 所示。把同一蚁群中的蚂蚁所留下的信息素用同一颜色表示。不同颜色的信息素的交界处就是聚类的边界。把这些边界提取出来,如图 4.13 所示。由于有定义 2 中线状要素对蚂蚁爬行的约束规定,线状要素同时成为了蚂蚁爬行的区域边界。图 4.14 就是对该空间数据进行聚类的最终结果。

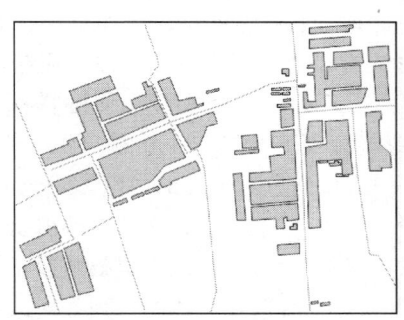
图 4.10 1∶1 万城市空间数据局部区域

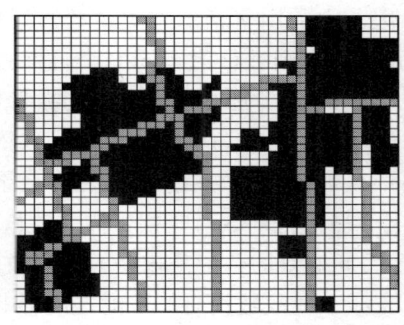
图 4.11 对空间数据栅格化(39 行×41 列)

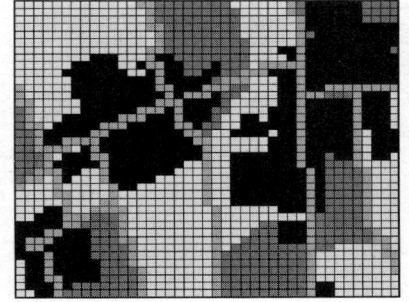
图 4.12 本算法运行后蚂蚁留下的信息素

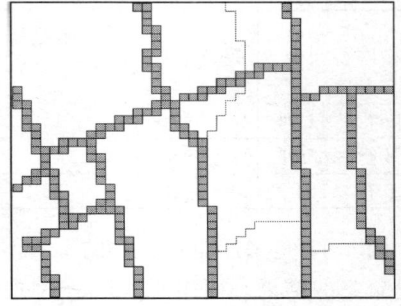
图 4.13 按照蚂蚁遗留的信息素获取聚类轮廓

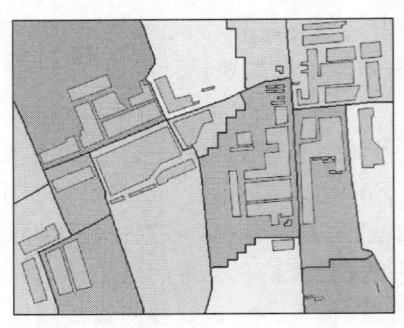

图 4.14 聚类结果(39 行×41 列)

从上述算法运行情况来看,本算法有两个方面需要外界信息的支持,第一个方面是目标的重要性参数 w(式(4.1))。该参数需要外部提供,但一旦这些参数具备,算法可以自动调用,算法过程中不需要人工参与。第二个方面是算法在栅格化过程中需要设定栅格的行列数,例如上述例子中栅格行列数为 39 行×41 列。但是,栅格化过程中不同详细程度的行列数对整个算法影响很大,主要体现在以下两个方面:

(1)栅格行列数直接决定了栅格单元的大小,而栅格单元大小决定了聚类的数量。因为本书中目标的聚类主要通过距离来进行,目标之间的距离如果小于栅格单元的边长,则被认为是同一个目标,否则被认为是不同的目标。因此,栅格单元边长对矢量数据栅格化后图斑的数量影响很大。而每个蚂蚁在探测周围目标时也受目标距离的影响,(式(4.2)、(4.4)),依据蚂蚁将分别聚集到每一个栅格图斑中去,最终依靠蚂蚁遗留的信息素区域形成聚类。因此,行列数对聚类的数量影响较大。

(2)栅格行列数对蚂蚁群体的数量影响较大。由于每个栅格单元中都需要一只蚂蚁,因此蚂蚁的数量是栅格的行列数的乘积。随着行列数的改变,蚂蚁数量呈乘积倍数增减。蚂蚁数量对算法的速度影响是很大的,因此,选择合适的行列数对改善算法的速度效果明显。但是,算法的整体速度基本在接受范围之内,见表 4.5。

表 4.5 不同栅格行列数对蚂蚁个数、聚类数、算法时间以及聚类大小等方面的影响

格网行列数	蚂蚁个数	聚类结果 (个数)	时间 /ms	聚类最小 面积/mm²	最大面积 /mm²	平均面积 /mm²
39 行×41 列	1 599	15	16	2 754	35 496	16 600
78 行×82 列	6 396	18	74	2 754	35 496	13 833
156 行×164 列	25 584	26	323	1292	25 279	9 577

图 4.15 是采用更加密集的 78 行×82 列对同一区域进行栅格化处理,而图 4.16 则是聚类的结果。而表 4.5 则是不同栅格行列数对蚂蚁个数、聚类数、算法时间以及聚类大小等方面的影响(算法运行在 P4 3.0 G CPU,256 MB 内存的台式机上)。从表 4.5 中看出,随着栅格行列数的增加,蚂蚁数量、算法时间均增长迅速,而聚类数、

聚类面积等也随之变化,但相对变化缓慢,说明算法对聚类结果的鲁棒性。

图 4.15 对空间数据栅格化(78 行×82 列)

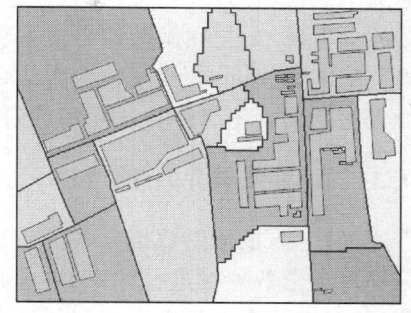
图 4.16 聚类结果(78 行×82 列)

从表 4.5 还可以看出,栅格行列数和聚类数量、聚类面积大小等相互关联。虽然栅格数量影响并决定着聚类的数量和面积大小等,但是反过来,对于预定的聚类数量要求或者聚类面积要求,也可以反过来决定栅格的行列数。因此,对于给定的聚类预期结果,采用一定的算法循环控制方法,可以获得最佳的格网行列数。因此,格网行列数的设置也可以通过算法自动设定,具有自适应性,从而提高算法的智能化程度。

§4.4 基于 ABTM 的制图综合算法模型

在数字环境下,由于街道、街区等地理实体的位置及其相互关系的识别要靠相应的数据结构来支持,而当前的 GIS 中尚缺少上述所需的完备数据结构(Cecconi, 2003)。由于空间数据的复杂性,数据结构的完备性主要体现在制图综合算法应具有灵活处理复杂地理数据的能力。但简单的数据模型对于多用途的综合任务其功能是很有限的(武芳,2003)。

TIN 的出现,对实现灵活而复杂的制图综合数据模型具有重要作用(Poorten et al, 1999;武晓波 等,1999;Qian Haizhong et al, 2003a)。Delaunay 三角剖分算法是计算几何中十分重要的研究领域,因其强大的空间探测与分析能力,导致了与 Delaunay 三角网相关的算法层出不穷(谢宝康,1998)。由于 Delaunay 三角网能将地理实体纳入到三角网描述体系中,通过三角网中的点、边、三角形及各种关系对地理实体进行形式化描述,因此对制图综合的各种操作十分有利。

但近年来,随着技术的发展,图形算法的智能化要求越来越高。虽然 TIN 技术的几何处理功能非常强大,但面对智能化的挑战,仍满足不了制图综合的需求。可喜的是,Agent 技术的出现,较好地填补了这一空缺。目前,Agent 已成为人工智能领域研究的核心问题之一。TIN 技术与 Agent 技术在功能上能够相互弥补,把这两项技术进行交叉结合,是一项可取的措施。况且,广义的 Agent 概念可以衍生为继第三代面向对象的编程技术后,具有更高层次和内涵的第四代面向 Agent 实体的编程技术,它在制图综合数据模型的实现上更具直观性和智能性。据此,本书提出基于 Agent 与 TIN 技术相结合的 ABTM 模型(Agent based TIN model),进行大比例尺制图综合算法模型的研究与开发。

4.4.1 ABTM 算法中的 TIN

通过聚类,把地图数据分成了一系列的数据块(见§4.3),然后在聚类的基础上分别对各个数据块进行约束 Delaunay 三角剖分。如何快速、高效地构建 Delaunay 三角网,一直是众多学者研究和关注的焦点,迄今为止出现了不少成熟的算法,主要有分割-合并算法、逐点插入法和三角网生长法等(艾廷华,2000)。后两者由于时间长、效率低,目前较少采用;前者高效但算法复杂,而其中基于格网的分割-合并技术相对简单且有效,本书就采用了这种基于格网分割的 Delaunay 三角网剖分技术。

首先对数据进行格网分割,然后对各个格网内的数据分别进行构网,最后把格网进行合并,并且把格网边缘的三角形进行局部优化处理。之所以需要处理,主要是格网边缘的三角形在构网时没有考虑到其他格网数据的影响,因此格网合并后其边缘可能出现不符合 Delaunay 三角形条件的三角形。而解决此问题的关键技术是交换四边形对角线如图 4.17 所示。两个相邻三角形组成一个四边形,设已知四边形四个顶点 N_1、N_2、N_3、N_4 的坐标分别为 (x_1,y_1)、(x_2,y_2)、(x_3,y_3)、(x_4,y_4),设 $\alpha_1=\angle N_1N_3N_2$,$\alpha_2=\angle N_1N_4N_2$,由余弦定理得

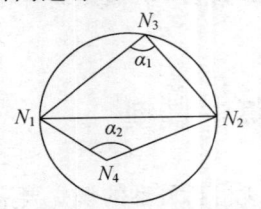

图 4.17 对角线交换示意图

$$\begin{aligned}\sin(\alpha_1+\alpha_2)=&((x_1-x_3)(y_2-y_3)-(x_2-x_3)(y_1-y_3))\cdot\\&((x_2-x_4)(x_1-x_4)+(y_2-y_4)(y_1-y_4))+\\&((x_1-x_3)(x_2-x_3)+(y_1-y_3)(y_2-y_3))\cdot\\&((x_2-x_4)(y_1-y_4)-((x_1-x_4)(y_2-y_4))\end{aligned} \quad (4.5)$$

N_1、N_2、N_3 确定一个圆,根据圆准则思想可做如下判断:

(1)当点 N_4 位于圆周外,即 $(\alpha_1+\alpha_2)<\pi$ 时,对角线不需要交换。

(2)当点 N_4 位于圆周上,即 $(\alpha_1+\alpha_2)=\pi$ 时,对角线任意选择。

(3)当点 N_4 位于圆周内,即 $(\alpha_1+\alpha_2)>\pi$ 时,对角线需要交换。

因此,可根据 $\sin(\alpha_1+\alpha_2)$ 的符号来决定是否交换对角线:当 $\sin(\alpha_1+\alpha_2)>0$ 时,不交换对角线;当 $\sin(\alpha_1+\alpha_2)=0$ 时,可交换也可不交换对角线;当 $\sin(\alpha_1+\alpha_2)<0$ 时,必须交换对角线。

由于建筑物的合并过程需要把建筑物的轮廓边强制作为 Delaunay 三角形的边,因此需要对三角网进行约束边处理。本算法中采用了约束线段嵌入的迭代算

法(刘学军 等,2001),图 4.18 所示为 Delaunay 三角网,设当前处理线段为 P_iP_j,由与 P_iP_j 相交的三角形组成的区域称为 P_iP_j 的三角形影响域 $M_T=\{T_1,T_2,\cdots,T_n\}$,而由 M_T 中三角形的外围边组成的多边形为影响多边形 $Q=\{P_1,P_2,\cdots,P_i\}$。对于 Q 有如下结论:

(1)Q 是一简单多边形,且 P_iP_j 为 Q 的一条对角线,即 $P_iP_j \in Q$,从而 P_iP_j 把 Q 分成 QL 和 QR 两部分,且 QL 和 QR 也为简单多边形。

(2)可分别对 QL 和 QR 进行三角剖分及优化(这里指的优化即是图 4.17 所示的对角线交换判断算法)。

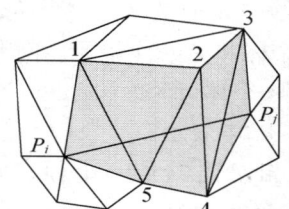 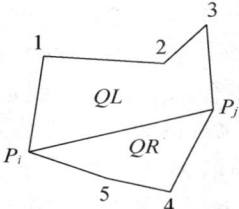

图 4.18 Delaunay 三角网中嵌入约束线段

(3)对 $P_k \in Q$,若 P_k 为到 P_iP_j 的最近点($P_k \neq P_i,P_k \neq P_j$),则一定有 $P_iP_k \in Q$,$P_kP_j \in Q$。

在聚类的基础上分别对各个数据块进行约束 Delaunay 三角剖分后,得到了约束 Delaunay 三角网。根据算法需要,对三角形进行如下分类:

(1)按归属分。

Ⅰ类三角形。面目标内部的三角形。

Ⅱ类三角形。面目标外部的且其三个顶点属于同一个面的三角形。

Ⅲ类三角形。面目标外部的且其三个顶点分属于两个面的三角形。

Ⅳ类三角形。面目标外部的且其三个顶点分属于三个面的三角形。

(2)按位置分。

边界三角形。三角形的三条边中至少有一条边没有相邻三角形。

内部三角形。三角形的三条边都有相邻三角形。

对于边界三角形,把具有相邻三角形的边称为内边,不具有相邻三角形的边称为外边。图 4.19 是三角形划分的分类说明示例。

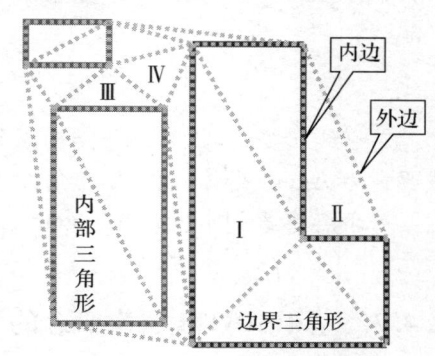

图 4.19 三角形分类说明

4.4.2 基于 TIN 三角剖分的 ABTM 层次定义

从三角形的定义可以看出,三角形是建筑物合并算法中最基本的综合单元。把 Agent 概念引入到综合中来,并以 Delaunay 三角形为基础,一步步进行由微观到宏观的归纳,可以把 Agent 的结构分为三层来定义,即 Agent 的单元结构、个体结构和群结构(钱海忠,等,2005a)。

——Agent 群。地图目标中的一个聚类被称为一个 Agent 群。

——Agent 个体。一个地图目标被称为一个 Agent 个体。

——Agent 单元。组成 Agent 个体的一个三角面被称为一个 Agent 单元。

从上述定义可以看出,Agent 群、Agent 个体和 Agent 单元之间存在着明显的隶属关系,即多个 Agent 单元组成一个 Agent 个体,而多个 Agent 个体和 Agent 单元组成一个 Agent 群。其层次关系可用图 4.20 表示。

图 4.20 中的根节点为一个 Agent 群,相对应的是一个面多边形集合,如图 4.20(a),这是一个聚类,而图 4.20(b)则是经过约束 Delaunay 三角剖分后的结果。一个 Agent 群可分为多个 Agent 个体,如一个多边形面状目标,如图 4.20(c)所示。而一个 Agent 个体又被划分为多个 Agent 单元,图 4.20(d)即是图 4.20(c)中的一个三角面。

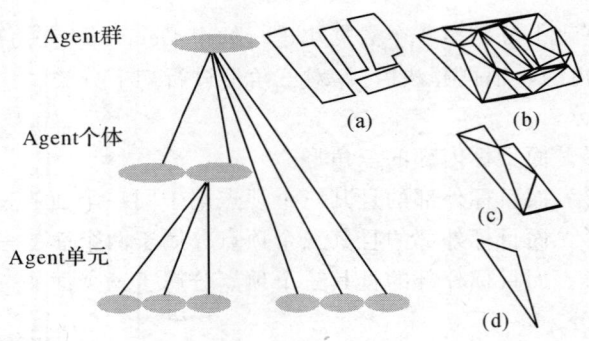

图 4.20　Agent 的层次结构

对于线状要素,其 Agent 结构划分同面状要素,即线要素群为 Agent 群,单根线要素为 Agent 个体,而一个三角面为一个 Agent 单元。

对于点要素,则不具有 Agent 个体,点群为 Agent 群,而三角面为 Agent 单元。

4.4.3 基于 ABTM 层次概念的 Agent 数据结构

根据 ABTM 的层次概念,可以定义 Agent 的层次结构,图 4.21、图 4.22 和

图 4.23 即为 Agent 群结构、个体结构和单元结构。

地图数据输入后,首先进行以道路和河流为约束条件的聚类分析,把地图数据聚成若干个类。第二步把每个类的数据作为一个 Agent 群来对待,调用接口函数 GMF_Start()开始运行 Agent,该接口调用 GMC_AgentGroup 类中的私有函数来获取 Agent 群合并所必需的综合信息。同时,GMF_Listen()接口函数开始监控环境的变化与需求,并调用 GMF_ExecuteListen()函数执行 Agent 群的动作,GMF_Communicate()则负责同其他 Agent 或外界环境的交流与沟通。如果发现 GMF_Evaluate()函数提出该数据不满足综合条件,则调用 GMF_Kill()强行结束 Agent 的生命周期,否则在所有功能完成后运行 GMF_End(),结束 Agent 的生命周期。

从图 4.21 的 Agent 群结构可以看出,该结构具有生命周期开始和结束、自主运行、主动侦听外界需求与变化并作出相应动作与外界交互等功能,而其私有函数则主要用于获取 Agent 运行所必需的生存环境信息。

```
class GMC_AgentGroup
{
private:
    void GMF_GetConnectedTris();      //获取其相关的三角形信息
    void GMF_GetClusteringInfo();     //获取其被聚类的信息
    void GMF_GetConnectedSide();      //获取目标间相连的边界线
    void GMF_GetSideInfo();           //获取其边界信息
    void GMF_Evaluate();              //评估其需要综合的程度
    void GMF_GetResult();             //得到综合后的结果
protected:
    void GMF_ExecuteListen();         //自动执行 Agent 实时探测的信息
    void GMF_Kill();                  //注销自己(生命周期强制结束)
public:
    void GMF_Start();                 //Agent 生命周期开始
    void GMF_End();                   //Agent 生命周期结束
    void GMF_Listen();                //Agent 探测外接变化
    void GMF_Communicate(const char *msg);   //Agent 群与外接交互
};
```

图 4.21　Agent 群结构

一个 Agent 群对应于多个面目标,而一个 Agent 个体对应于一个面目标,因此一个 Agent 群包含多个 Agent 个体。当 GMC_AgentGroup.GMF_Start()开始并初始化完成后,所有 Agent 个体的 MGF_Start()接口函数被启动,该接口调用

GMC_AgentObj 类中的私有函数以获取该层次 Agent 运行所必要的环境信息,同时 GMF_Listen()函数开始监控环境的变化与需求,并调用 GMF_ExecuteListen()函数执行 Agent 的请求和反应,而 GMF_Communicate()则负责同其他 Agent 或外界环境的交流与沟通。如果发现 GMF_Evaluate()提出不满足综合条件(比如该 Agent 个体处于中间位置,不拥有边界三角形等),则调用 GMF_Kill()强行结束 Agent 的生命周期,否则在所有功能完成后运行 GMF_End(),结束 Agent 的生命周期,如图 4.22 所示。

```
class GMC_AgentObj
{
private:
    void GMF_GetConnectedTris();      //获取其相关的三角形
    void GMF_GetTopologicInfo();      //获取其相邻目标的信息
    void GMF_GetClusteringInfo();     //获取其被聚类的信息
    void GMF_GetSideInfo();           //获取其边界信息
    void GMF_Evaluate();              //评估其是否能被综合
protected:
    void GMF_ExecuteListen();         //自动执行 Agent 实时探测的信息
    void GMF_Kill();                  //注销自己(生命周期强制结束)
public:
    void GMF_Start();                 //Agent 生命周期开始
    void GMF_End();                   //Agent 生命周期结束
    void GMF_Listen();                //Agent 探测外接变化
    void GMF_Communicate(const char *msg);   //Agent 个体与外接交互
};
```

图 4.22 Agent 个体结构

一个 Agent 个体对应一个目标,一个 Agent 单元对应一个三角面,因此一个 Agent 个体包含多个 Agent 单元。当 GMC_AgentObj.GMF_Start()开始并初始化完成后,所有 Agent 单元的 MGF_Start()接口函数被启动,该接口调用 GMC_AgentUnit 类中的私有函数以获取该层次 Agent 运行所必要的环境信息,同时 GMF_Listen()函数开始监控环境的变化与需求,并调用 GMF_ExecuteListen()函数执行 Agent 的请求和反应,而 GMF_Communicate()则负责同其他 Agent 或外界环境的交流与沟通。如果发现 GMF_Evaluate()提出不满足综合条件(比如该 Agent 单元为Ⅰ、Ⅱ类三角形或内部三角形等),则调用 GMF_Kill()强行结束 Agent 的生命周期,否则在所有功能完成后运行 GMF_End(),结束 Agent 的生命周期,如图 4.23 所示。

```
class GMC_AgentUnit
{
private：
    void GMF_GetClassInfo；        //获取其分类信息（属于哪类三角形）
    void GMF_GetTopologicInfo()；  //获取其相邻三角形的信息
    void GMF_GetControlArea()；    //获取其相邻的所有三角形所组成的区域
    void GMF_GetImportance()；     //获取其自身的重要性
    void GMF_Evaluate()；          //判断三角形的种类
protected：
    void GMF_ExecuteListen()；     //自动执行 Agent 实时探测的信息
    void GMF_Kill()；              //注销自己（生命周期强制结束）
public：
    void GMF_Start()；             //Agent 生命周期开始
    void GMF_End()；               //Agent 生命周期结束
    void GMF_Listen()；            //Agent 探测外接变化
    void GMF_Communicate(const char *msg)；  //Agent 单元与外接交互
};
```

图 4.23　Agent 单元结构

4.4.4　基于 ABTM 的点群要素选取模型

由于点群要素的 ABTM 模型中只有 Agent 群和 Agent 单元两种，不具有 Agent 个体，因此点群目标的选取主要依据 Agent 单元进行。而 Agent 单元为三角形，它具有三个顶点，不能代表单一的点状目标，因此，需要依据 Agent 群和 Agent 单元，进一步计算每个三角形顶点（也就是点目标）的信息。

定义 3　目标适应范围。一个目标的适应范围，简单地说就是与该目标直接相连的三角形集合所组成的外轮廓面状缓冲区域，或者说是包含该目标的所有三角形集合所形成的外轮廓面状区域（图 4.24）。

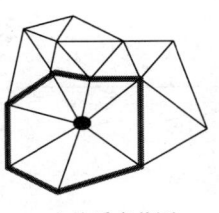 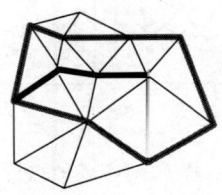 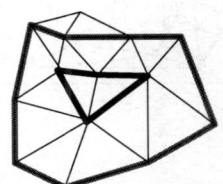

(a) 点的适应范围　　　(b) 线的适应范围　　　(c) 面的适应范围

图 4.24　目标适应范围

从上述定义可以看出，目标适应范围既能够代表点目标，又具有多边形特性，还能够把 Agent 三角形单元联系在一起,具有很强的特性。因此,依据目标适应范围进行点群选取,具有很强的灵活性。

在具体综合过程中,可以依据目标适应范围计算目标的"健壮度",点状目标的选取与否,将直接与该目标的健壮度有关。目标的"健壮度"主要考虑该目标自身的重要性,并考虑该目标适应范围和周围目标同它的冲突或和谐程度。因此,计算目标健壮度的公式为

$$目标健壮度 = 目标自身重要性 + 目标适应范围 + \\ 同周围目标的冲突或和谐程度 \quad (4.6)$$

目标自身重要性,主要考虑目标自身的属性、几何位置和该目标是否位于其适应范围的中心或偏离中心多远等。

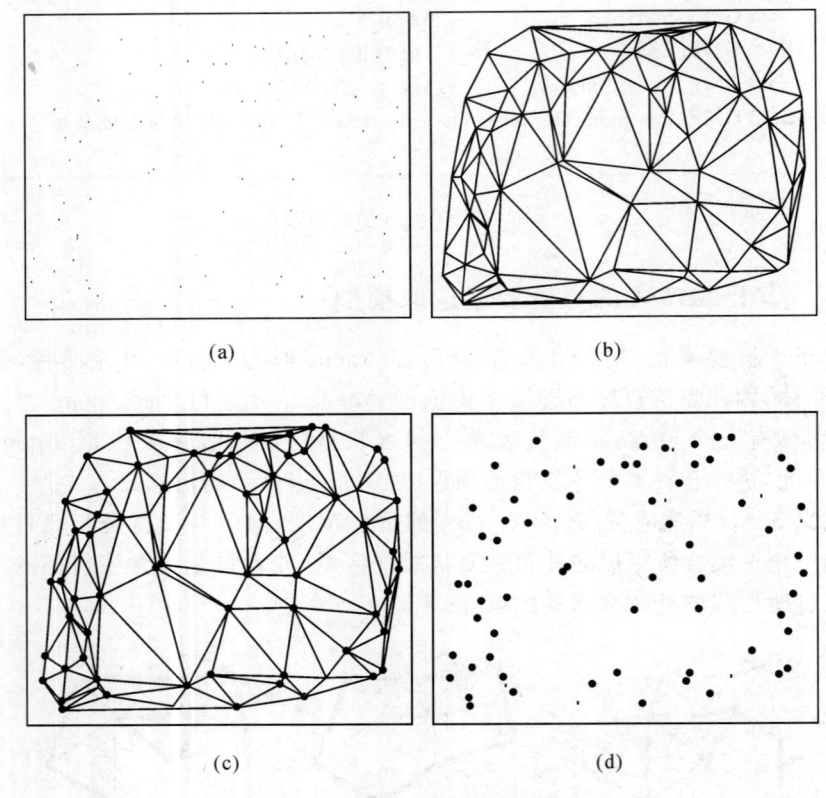

图 4.25 基于 ABTM 的点群目标选取

对于目标适应范围,在考虑适应范围的同时还需要考虑该范围的面积和形状因子等因素。这里,把目标适应范围的形状因子定义为

$$形状因子 = 目标适应范围面积 / 目标适应范围外接圆的面积 \quad (4.7)$$

周围目标的冲突或和谐程度,主要指该目标受到来自周围目标的冲突或支持程度。例如对一般的离散点,应该把其与周围的点之间看成是具有冲突关系的,因此,如果该点周围的点离该点越近,则与该点的冲突性就越大,该点就越有被删除的可能。

同时,我们也应该考虑到综合的另一特征,即总体分布的均衡性,尽量避免大空洞(大片空白区域)的出现。因此,在进行删除目标(选取的反操作)的过程中,如果一个 Agent 单元(三角形)中有一个顶点(或两个)被删除,则该 Agent 单元中另外的顶点就不能被删除了。同时,为了保证综合后整体范围的不变性,需要保留边界上的点。这可以借助 Delaunay 三角形的凸包来解决。

从图 4.25 演示了一个基于 ABTM 的点群目标选取过程。图 4.25(d)中的细点为删除的点,粗点为保留的点。

4.4.5 基于 ABTM 的线要素化简模型

线要素具有 Agent 群、Agent 个体和 Agent 单元三个层次,但是 Agent 群主要是区域性划分的结果,保证 Agent 群之间相对独立。化简主要集中在 Agent 个体和 Agent 单元中进行。

基于 ABTM 线要素化简的基本原理和思路是:找出三个顶点是线目标上连续三个点的 Agent 单元(三角形),把 Agent 单元的特征值小于一定阈值的那个三角形的中间一顶点去掉。该方法的最大好处是保持了线划的结构特征,同时保持了拓扑的一致性,如图 4.26 所示。其中,特征值的考虑因素有面积、三角形边长、平均边长、三角形角度和三角形宽度等。

图 4.26 线化简原理

从图 4.27 演示了一个基于 ABTM 的线目标化简过程。图 4.27(a)是一条原始的线目标;图 4.27(b)对组成该线目标的所有离散点进行构网;图 4.27(c)中依据 Agent 单元的三边平均边长和面积把一些小的 Agent 单元删除(线要素的化简,主要是删除一些小弯曲,而这样的弯曲往往由多个内点组成,其构出的三角网非常小);图 4.27(d)是依据上面的化简原理,把满足条件"三个顶点是线目标上连续的三个点的 Agent 单元"和"三边平均边长和面积均小于一定阈值"的 Agent 单元找出来,然后分别删除 Agent 单元中间的顶点;图 4.27(e)是化简后的情形。

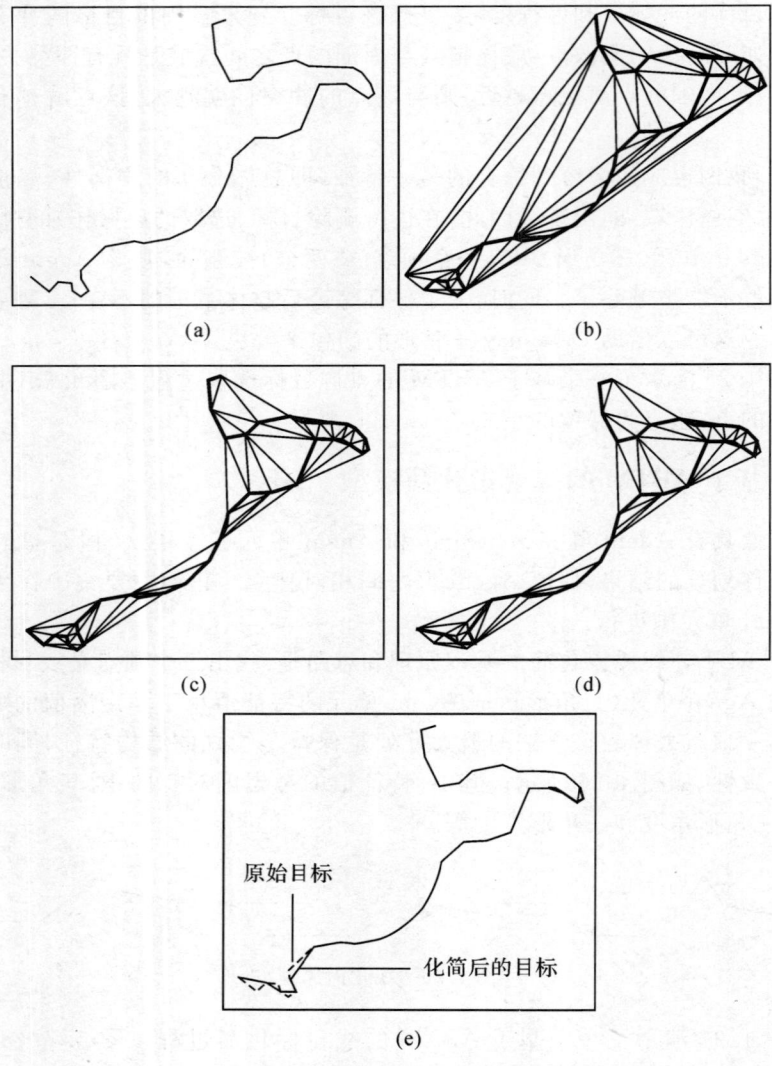

图 4.27 基于 ABTM 的线状目标化简

4.4.6 基于 ABTM 的城市建筑物合并模型

基于 ABTM 的建筑物合并模型的总体思路是：首先对待合并的图形目标进行聚类分析，然后对每个类中的目标进行基于约束 Delaunay 三角剖分，并把 Agent 技术运用到约束 TIN 模型中来，形成 Agent 的三个层次；然后把建筑物综合的约束条件作为底层技术支持，再考虑建筑物的特殊性，在 Agent 的每个层次上进行相应的图形综合操作；最后进行直角化处理，从而完成建筑物的合并过程。

1. 城市建筑物合并的特点

城市建筑物面状轮廓与其他要素相比,明显具有其特殊性。对面状建筑物而言,具有总体上成群分布、形状规则和坐落有序等特点。自动制图综合算子的设计应充分考虑面向目标的几何特征和地理特征,建筑物(群)多边形的矩形化特点,反映城市建筑物合并与一般多边形综合处理的不同(艾廷华,2000)。在大比例尺地图自动综合中,建筑物(群)的合并与化简是一个重要问题。建筑物目标的边界主要由一些垂直线段构成,建筑物多边形可以看做是一系列矩形并、差的结果,这就要求综合时应充分考虑其轮廓形状的矩形直角特点(郭仁忠 等,2000)。而面状居民地在位置分布和相互形态关系上主要表现为错位情况、凸状情况、凹状情况和复合情况等四种类型。需特别注意的是,用 Delaunay 三角形进行面状要素的合并时,主要考虑的是对边界三角形的处理,而对内部三角形可以不加考虑。因此,具有"外表相似性"的面目标在采用 Delaunay 三角剖分进行合并时可以采用相似的处理过程。这一规律的发现可以将面状要素的合并分解为有限可穷举的几类问题进行处理,从而大大简化面状要素综合的难度(钱海忠 等,2001)。

2. 基于 ABTM 模型的建筑物自动合并算法

在定义了 Agent 的层次概念后,原本采用 TIN 技术进行面目标的合并算法就可以拓展为基于 ABTM 的算法。由于 Agent 具有生命周期,且可以随时终止,而生命周期的结束意味着该 Agent 所对应的地图目标被删除,从而对面目标的合并演化为对 Agent 单元的处理过程。

首先,对原始数据进行聚类,生成满足要求的数据类。然后,对数据类进行约束 Delaunay 三角形构网,按照 Agent 的层次结构把相应的 Delaunay 三角网数据信息赋予 Agent。即数据类信息赋予 Agent 群,数据类中的每一个面目标赋予每个 Agent 个体,而每个三角面信息赋予 Agent 单元。设原始数据被聚为 n 个类,则相应地有 n 个 Agent 群产生。设初始时 $i=0$,执行以下步骤:

(1)对第 i 个 Agent 群进行综合需求情况的自动评估,判断其是否需要进行综合,如图 4.28(a)所示。如果需要,则进入第(2)步;否则结束该 Agent 的生命周期,$i=i+1$,重新执行第(1)步。如果 $i=n$,则执行第(5)步。

判断 Agent 群是否需要综合,主要察看其属性条件、精度条件、面积、子 Agent 个数和几何距离条件等。例如,针对 1∶5 万地图数据,可以定义类似表 4.6 的综合约束条件。如果不能满足表 4.6 的约束条件,则表明该 Agent 不具有综合的条件。

(2)第 i 个 Agent 群中的每个 Agent 个体自动评估综合需求情况,判断其是否需要参与综合,如图 4.28(c)所示。把满足综合条件的 Agent 个体保留下来,对不满足综合条件的 Agent 个体结束生命周期,进入第(3)步。

判断 Agent 个体是否需要参与综合,主要察看其是否拥有边界三角形。没有边界三角形的 Agent 个体处于综合框架的内部,并不对综合结果造成影响,可结束该 Agent 的生命周期,以减少算法的复杂度。

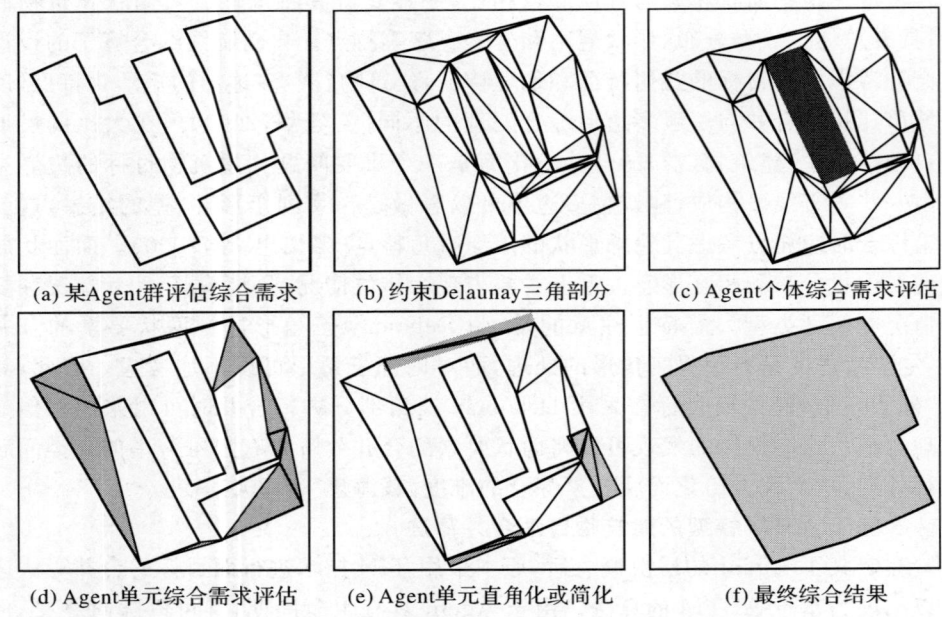

图 4.28　基于 ABTM 算法进行城市建筑物合并过程的分解示意

表 4.6　综合约束条件

约束条件		综合目标
属性条件约束	是编图规范允许综合的目标	m_bCanGeneralized = TRUE
精度条件约束	综合前后精度差异不能过大	Hausdorff_distance < 20 m
面积约束	目标应该具有最小尺寸	m_Area > 300 m²
子 Agent 个数	子 Agent 个数应该大于 1 个	m_SubAgentNum > 1
几何距离约束	目标间的最大距离不应过大	M_MaxLength_of_edgt < 20 m
拓扑条件约束	目标间不能相交	Obj1 ∩ Obj2 = ∅

(3) 每个 Agent 个体中的 Agent 单元自动评估综合需求情况,判断其是否参与综合,如图 4.28(d)所示。把需要参与综合的 Agent 单元保留下来,而不满足综合条件的 Agent 单元结束生命周期,进入第(4)步。

判断 Agent 单元是否需要参与综合,主要察看其属于哪一类三角形,如表 4.7 所示。

(4) 针对每个仍具有生命周期的 Agent 单元,进行三角形的化简和直角化,如图 4.28(e)所示。最后把所有 Agent 单元的外边有序连接,从而得到完整的综合结果,如图 4.28(f)所示。这样,第 i 个 Agent 群综合完成,$i=i+1$,重新执行第(1)步。如 $i=n$,则执行第(5)步。

表 4.7 Agent 单元自动评估

Agent 单元的类型	是否结束生命周期
Ⅰ类三角形＋边界三角形	否
Ⅰ类三角形＋内部三角形	是
Ⅱ类三角形	否
Ⅲ类三角形＋边界三角形	否
Ⅲ类三角形＋内部三角形	是
Ⅳ类三角形＋边界三角形	否
Ⅳ类三角形＋内部三角形	是

具体来说,对属于Ⅳ类或Ⅱ类的边界三角形,直接采用三角形的外边作为合并后目标轮廓的一部分,即 Agent 个体之间直接用三角形的外边相连,作为新目标的轮廓。对属于Ⅲ类的边界三角形,需要进行三角形的形态分析,以决定采用化简还是直角化处理。

而Ⅲ类三角形的三个顶点中有两个属于同一个 Agent 个体,若把这两个顶点的连线称为基准边,则以基准边为矩形的一边方向,作三角形的最小外接矩形。设矩形的长为 l,宽为 w,则矩形的形状因子为

$$f_{\text{shap}} = \alpha \cdot (l/w) \tag{4.8}$$

式中,f_{shap} 为矩形的形状因子,α 为权重,可以根据不同要求设置不同的值,其值越大,则直角化的程度越小。把矩形的形状因子作为判断三角形进行化简或直角化的阈值。如本书采用如下阈值进行判断,即

$$\left.\begin{array}{l}\text{简化}: f_{\text{shap}} > 5 \\ \text{直角化}: f_{\text{shap}} \leq 5\end{array}\right\} \tag{4.9}$$

其中 α 取值为 1。

所谓直角化指的是用矩形的直角边代替原来三角形的边,并把直角边作为合并后面轮廓的一部分,如图 4.29 所示,而所谓简化指的是直接采用矩形的对角线来替代三角形,并作为合并后面轮廓的一部分,如图 4.30 所示。

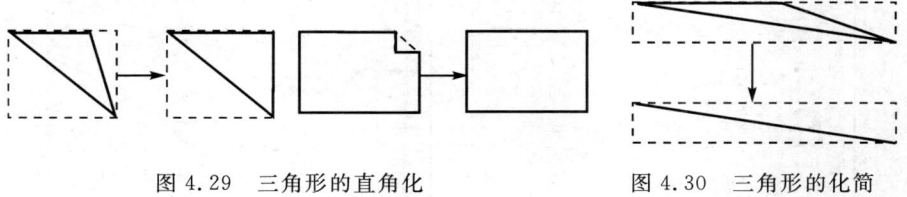

图 4.29 三角形的直角化   图 4.30 三角形的化简

矩形的形状因子 f_{shap} 为矩形的长和宽的相对比例,故与制图综合比例尺无关。
(5)结束。

3. 算法实验

本算法的基础数据比例尺为 1∶5 万,如图 4.31(a)所示,目标图比例尺为 1∶10 万。图中有居民地及附属设施、陆地交通、水域(陆地)等三层图形要素。按本算法实现以后的合并效果如图 4.31(b)所示,其综合过程分析见表 4.8。图 4.32 是对更大范围的 1∶1 万大比例尺数据综合为 1∶2.5 万比例尺图的结果,图中主要采用道路网对城市建筑物进行约束,利用本算法进行合并。

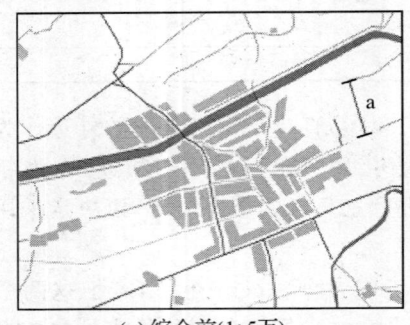

(a) 综合前(1∶5万)   (b) 综合后(1∶10万)

图 4.31　基于 ABTM 算法对 1∶5 万建筑物合并

表 4.8　综合过程分析

综合指标	数量	综合指标	数量
面状建筑物个数/个	48	三角形直角化次数/次	7
一次聚类个数(区域意义上的聚类)/个	15	三角形化简次数/次	21
二次聚类个数(几何意义上的聚类)/个	30	合并后建筑物个数/个	30
Agent 群、Agent 个体、Agent 单元/个	30、48、338	综合前后建筑物面积比	13∶14
参加合并的有效 Agent 群/个	13	算法速度/s	<1/100
合并次数/次	13		

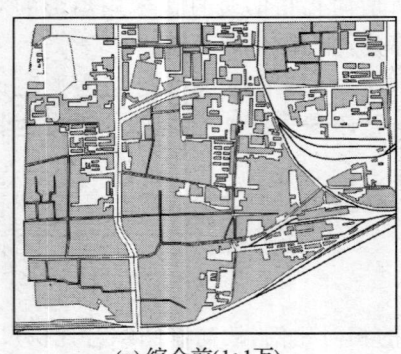 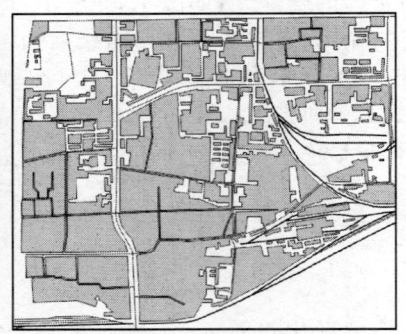

(a) 综合前(1∶1万)   (b) 综合后(1∶2.5万)

图 4.32　基于 ABTM 算法对 1∶1 万区域建筑物合并

从表 4.8 的综合指标可以看出，该算法在综合过程中的第一次聚类只是依据水系和陆地交通等线划要素进行区域分割，而二次聚类才是真正几何意义上的聚类分析，并直接影响着参加合并的有效 Agent 群的个数，而参加合并的有效 Agent 群直接影响合并的次数和综合后建筑物的数量以及综合前后建筑物的面积比。显然，基于 ABTM 的合并模型对合并后建筑物轮廓的形状、三角形直角化和化简的次数产生直接影响。同时合理利用聚类和 ABTM 多线程技术，可以大大提高算法的速度。

4. 算法结果分析

通过以上实验及其分析，可以看出基于 ABTM 的面合并算法集成了 TIN 技术和 Agent 技术的特长，具有以下优点：

(1) 用约束 Delaunay 三角剖分技术，使得城市建筑物目标之间拓扑关系的探测更为方便，空间处理能力大大加强。而 Agent 技术运用到 TIN 中来，无疑给其带来了更大的灵活性和功能上的增强。

(2) Agent 技术的自主性、反应性、能动性、通信性以及 Agent 的生命周期等特点，使得本算法的实现更为直观，算法的智能性大大提高。ABTM 算法首次赋予了制图综合算法以生命实体的特征，对制图综合沿着智能化、自动化道路前进开拓了新的方向。

(3) 对海量数据进行综合和多尺度表达的困难之一是速度问题。聚类方法的使用，使得对海量数据的处理转化为对分块数据的处理，处理速度大大加快；同时，由于 Agent 技术采用了多线程并行处理的方法，也大大提高了算法的处理速度。

(4) 采用聚类分析和约束条件分析，使得综合的正确率得到了较大的提高。对边界三角形的简化和直角化处理，充分考虑了大比例尺地图上城市建筑物的特点，保持了其结构特征。

4.4.7 ABTM 算法中 TIN 的处理流程

传统意义上的"层"大都被认定为是地图要素中"层"的概念，即一幅地图要素中所有同类要素的集合。而在 ABTM 模型中，我们突破传统"层"的概念，赋予"TIN 层"以新的含义，即一个"TIN 层"就是一次操作中所有数据的集合、提取信息的集合和操作过程的集合。

利用上述方法定义"TIN 层"，可以使 Delaunay 三角网具有强大的操作能力。它可以使一个或几个要素作为一层来进行处理，实现局部处理的功能，也可以把几个要素层作为一层来处理，如把道路和居民地两层要素作为一层，以实现多层的联合处理。把提取的信息放入 TIN 层，主要是为了方便起见，便于用户提取一层数据后，相应的信息也随之获得，减少了中间过程。同时，把操作过程放入 TIN 层中，主要是由于本模型的最小操作单元是"层"，对多个层的并行操作，可以完成一幅图的操作。因此,把操作过程放入"层"中,在理论和实际操作上都具有重要意义。图 4.33 是 ABTM 的处理流程。

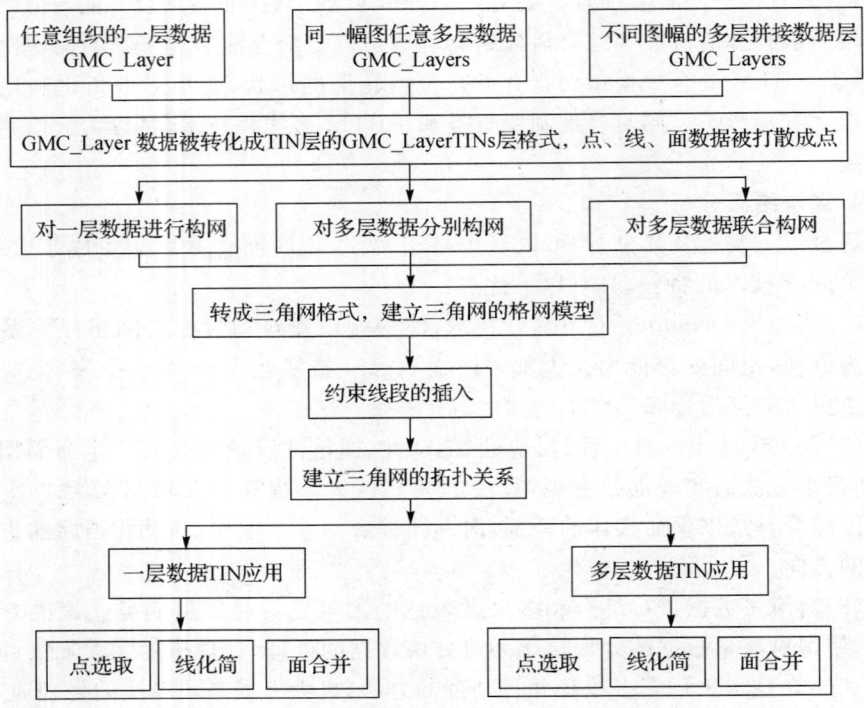

图 4.33　ABTM 算法中 TIN 的处理流程图

§4.5　基于圆特性的制图综合算法模型

"圆"作为一种简单、基本的几何图形,有其独特之处(Qian Haizhong et al, 2003a):
(1)圆的半径处处相等,大小不同的圆,只是圆半径存在差异;
(2)圆能方便地探测周围目标的存在性和处理目标之间的关系;
(3)点目标可以作为圆的圆心,而圆的大小可以表示为点目标的缓冲范围;
(4)圆还有一个隐含特性,即点坐标可以分解为距离(半径)和方位(角度)。
因此,本书从"圆"的这些基本特性出发,提出探测制图综合目标之间的位置关系,进而对目标进行综合的基于圆特性的制图综合算法模型。

4.5.1　基于圆极化变换的点群选取算法

选取是制图综合的基本方法之一,主要解决两方面的问题:一是定额选取模型的确定,二是结构选取模型的确定。前者解决选多少的问题,常采用一定的模型(如开方根模型、回归模型等)进行求解;后者解决选哪些的问题,是一种结构选取模型的求解,也是选取的重点和难点。

点群目标的结构化选取是选取中基本的也是很重要的一部分,对图面表达的详细程度影响较大。地图上具有区域景观特征的点群目标很多,如呈点状分布的散列式居民地、密集分布的用点表示的小岛屿群及小湖泊群等(王家耀 等,1992b)。在地图空间中,点群的群体特征是表达区域地理景观的重要知识,它们的结构特征是地理知识、空间知识传播的基础。因此,点群的群体特征是地图自动综合必须考虑的最基本条件之一。也就是说,在结构化选取过程中,随着目标数量的逐渐减少,目标群的整体特征(如分布范围、排列方向、密度差别等)必须保持。另外,减少复杂的计算,提高运算速度,也是点群目标选取应用于 GIS 空间数据多尺度表达的关键。

对点群目标的选取,有许多制图学者进行了不同方式的研究与实验,取得了一定的成绩。比如在考虑点群具有聚合性质的基础上,运用凸壳工具实现点群目标的结构化描述,并通过对具有嵌套结构的凸壳化简,实现对点群目标的选取(毋河海,1997);运用 Delaunay 三角网来描述点群的分布特征(艾廷华,2002);利用遗传算法进行点群目标的选取(邓红艳 等,2003);采用分形方法建立方根模型的分形扩展,利用分数维与其分布特征建立联系,然后采用格网中心衍射法对点群目标进行选取(王桥 等,1998);通过定义分布范围、分布密度、分布中心和分布轴线来描述点群目标的结构化信息,并利用 Delaunay 三角网和 Voronoi 图模型,在点群分布特征的识别和量测的基础上,对点群岛屿进行自动综合(Yi Lu et al,2001)。总的来说,这些方法各具特点,能满足某些方面的要求,但普遍存在着算法复杂、计算量较大等问题,不能满足 GIS 中空间数据多尺度快速表达的需求。

上面提到,圆还有一个隐含的特性,即圆具有距离(半径)和方位(角度)量测功能,在以圆为参照物的坐标系内,任何目标的"位置关系"均可以分解为"距离"和"方位"两个基本向量,距离和方位的联合使用,可直接地判断目标间的位置关系。目标的位置信息转化为距离和方位两个基本分量,并且在二维坐标空间中表示出来的过程,就是基于圆极化变换的过程,以距离和方位为极坐标变量的坐标系空间称为圆极化空间。因此,运用"圆"极化变换的特性,开发出的相应算法,具有化复杂为简单、运算速度快的特点,从而满足快速多尺度表达的要求(钱海忠 等,2005d)。基于极化变换的点群选取算法包括以下介绍的 5 个步骤。

1. 区域最大空域中心的确定

对一个待综合的点群目标区域而言,如果该点群是均匀分布的,则没有必要采用制图综合方法进行点群目标的选取。而对于非均匀分布的目标区域,则总能找到一个在该区域内且与周围相邻点的平均距离达到最大的点,我们把该点称为空域中心点。如果空域中心点有多个,则以最居中的为空域中心点,这样做的目的是为了让目标在坐标系统中分布均匀,同时也是为了保证综合区域空域中心的唯一性。

对一组任意给定的点群目标 $P=\{(x_1,y_1),(x_2,y_2),(x_3,y_3),\cdots,(x_n,y_n)\}=\{P_i(x_i,y_i),i\in \mathbf{N}\}$($\mathbf{N}$ 取值为 $[1,n]$,n 为点群目标包含点的个数),定义每一个点 P_i 的相邻点的集合为 $R_i=\{P_j(x_j,y_j),j\in M_i\}$($M_i\subset \mathbf{N}$ 为 P_i 周围相邻点的下标集合),则总能找到一个空域中心点 $C(x,y)$,使得

$$L = \max\{(\sum_{j\in M_i}|CP_j|)/\text{sum}(M_i)\} = \\ \max\{(\sum_{j\in M_i}\sqrt{(x-x_j)^2+(y-y_j)^2})/\text{sum}(M_i)\} \quad (4.10)$$

式中,$j\in M_i$,$\text{sum}(M_i)$ 为 M_i 中元素的个数。

2. 目标极化空间的计算

以空域中心点为坐标原点,构造二维高斯坐标系。计算每个点到原点的距离,以及每个点与原点的连线所形成的角度,如图 4.34 所示。即设任意点 $P_i(x_i,y_i)$ 到 $C(x,y)$ 的距离为 d_i,我们称 d_i 为点 $P_i(x_i,y_i)$ 到坐标原点的极距离,通过公式 $d_i=\sqrt{(x_i-x)^2+(y_i-y)^2}$ 计算得到。而目标与坐标原点的连线夹角成为该目标的极角度,记为 A_i,由公式 $A_i=\arctan((y_i-y_{n+1})/(x_i-x_{n+1}))$ 计算得到。这里由于只计算了每个点到原点的距离,而不是每个点与其他点之间的距离,故计算量只有原来的 $1/n$,计算量较小。

计算出所有目标点的极距离与极角度后,点群目标的特征信息就被包含在 $P(d_i,A_i)$ 中,$P(d_i,A_i)$ 称为点目标 P_i 的极向量。

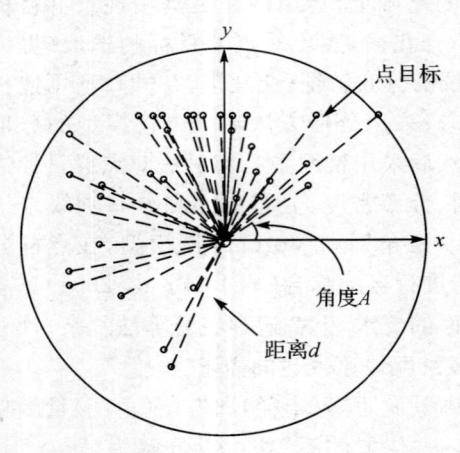

图 4.34 点目标的距离与角度

3. 点群目标坐标空间到圆极化空间的转化

原始点目标数据中记录的是高斯坐标信息,即点群的分布是以坐标系统为基准的,是基于坐标空间的。为了利用圆的特性,需要把点群目标从坐标空间向圆极化空间转换。每个点目标 P_i 都有一个极向量 $P(d_i,A_i)$,那么所有点的向量集合 $T=\{P(d_i,A_i),i\in \mathbf{N}\}$ 称为点群的向量空间。点群目标从坐标空间到极化空间的转化,实际上变为从坐标空间 $P=\{P_i(x_i,y_i),i\in \mathbf{N}\}$ 到向量空间 $T=\{P(d_i,A_i),i\in \mathbf{N}\}$ 的转换(许涛 等,2004)。在坐标空间 P 中,其横坐标为 x 值,纵坐标为 y 值;而在极化空间 T 中,本书把横坐标用 A 值表示,纵坐标用 d 值表示。从坐标空

间到极化空间的转化,使得原始点群中只能靠目标间距离来判断目标间的关系,分解为在极化空间中通过角度变量 A 和距离 d 来分步判断,增加了分步衡量的指标,降低了对目标群体总体衡量的难度。

为了建立极化空间坐标系,需要把极化空间 T 中的向量 A 按顺序排列,如图 4.35 所示,其优点是可以把点群在坐标空间中呈面状分布的区域转化为极化空间中连续的单根线要素分布,而且不会相交,从而把面状区域内的目标选取转化为线要素中内点的选取,因此从二维空间转化为一维空间,综合的难度大大降低了。

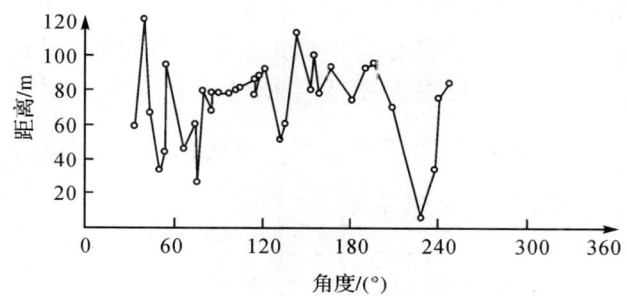

图 4.35 点群在圆极化空间的表示

从图 4.35 及图 4.34 可以看出,空域中心的选取很重要,把空域中心选择在点群区域靠近中心的位置,可以使得目标从坐标空间转化为极化空间后,能够尽量布满 0°～360°主要区域。

4. 极化空间的聚类

按照圆的特性,对于给定的点群目标,将其转化到极化空间中,已考虑了综合的整体需求。更进一步,对向量空间 $T=\{P(d_i,A_i),i\in \mathbf{N}\}$ 作聚类分析,可以进一步控制整个制图综合的全局。

在实际的聚类分析中,我们将整个过程分解为两个步骤,如图 4.36 所示,每个步骤都有其明确的任务。

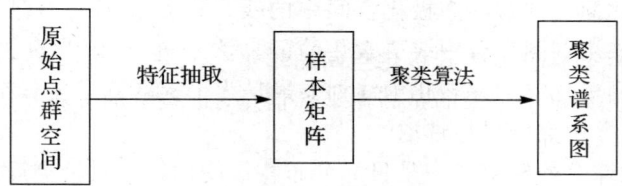

图 4.36 聚类方案

1) 特征抽取

主要从原始点群目标中抽取那些能够深刻刻画点群目标的本质性质和结构的极化空间向量。本书中的向量空间 $T=\{P(d_i,A_i),i\in \mathbf{N}\}$ 有两个向量,即 d 和 A,

这两个向量从不同方面反映了点群目标之间的分布位置关系。由于角度向量 A 已经进行了排序，因此在极化空间坐标系横方向（角度）上呈递增分布，并成为极化空间的主要特征，因而选择对角度向量 A 方向进行主聚类，难度较小，效果较好。

2）执行聚类算法

在角度向量 A 方向上，给定 α 作为角度阈值，G 为角度向量 A 的一个集合，对 $\forall A_i, A_{i+1} \in G$，如果集合 G 满足 $\Delta A = |A_{i+1} - A_i| < \alpha$，则称 G 为一个类。类的生成过程也就是聚类的过程。

3）选取合适的分类阈值

在聚类过程中，选择合适的分类阈值是很重要的，需要根据具体的应用场合决定其取值。本书采用角度向量平均值的 5 倍作为阈值 α 的值，即 $\alpha = 5\left[\sum_{i=2}^{n}(A_i - A_{i-1})/(n-1)\right]$。图 4.37 是某点群转化到极化空间后进行聚类的结果，其中每一个虚线矩形内的点被聚为一类。

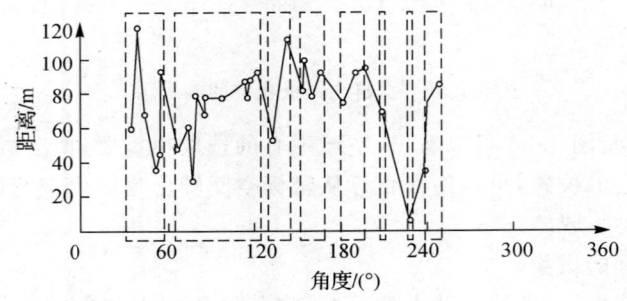

图 4.37 基于角度的聚类

5. 极化空间的化简

把点群目标从坐标空间转化到极化空间后，因为极化空间中线目标的每一个内点唯一对应着坐标空间中相应的点目标，所以点群选取可以转化为在极化空间中对线目标的化简。同时因为极化空间中的线目标是实际上不存在的虚拟目标，从而不能完全采用制图综合中线要素化简的算法来进行，因为真正需要综合的是点群目标。采用极化空间并转化为线划要素是为了提取许多坐标空间中提取不到的综合信息，以方便点群目标选取。

例如，点群综合的要求之一是目标分布特征的保持。对聚类后的每一个类：

首先，保留该类中向量 d 最大的点，因为这是该类点中的外边界点。

其次，保留该类中向量 d 最小的点，因为这是该类点中的内边界点，由于极化空间的坐标原点是区域最大空域中心，这就保证了该类中向量 d 最小的点与其他类中向量 d 最小的点之间的距离达到了最大。

第三,保留每个类中的首末点,因为这些点一定是每个类的边缘点,能够保持类的轮廓。

第四,在保证能够删除点的前提下,尽量保留极值点,即保持 $d'_i = f(A_i) = 0$ 的点。上述这些特殊点被称为极化空间中的特征点,保留它们可以很好地保持每一个类的轮廓和空间分布特征,从而保持了整个点群目标的轮廓和整体特征。

由于对极化空间中的 A 进行聚类,因此接下来的化简工作主要集中在对向量 d 的操作上,同时需要考虑相邻三点之间形成的角度。而向量 d 是长度向量,只要采用距离判断即可。圆的半径最能衡量目标间的距离关系,因此采用圆半径进行目标间位置关系的判断。

采用圆半径进行目标间位置关系判断的原理如下(图 4.38):设圆半径 $r = l$ 为一给定的长度阈值,β 为给定的 $\angle P_{i-1}P_iP_{i+1}$ 角度阈值,对于某点 P_i,P_{i-1} 和 P_{i+1} 为其在同一个类中的前后两个相邻点,在保持线条轮廓和整体特征的条件下,按以下方法进行。首先,给出如下定义。

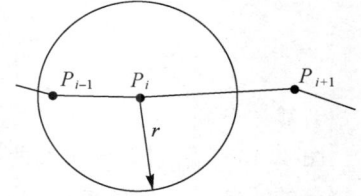

图 4.38 采用圆半径进行目标间位置判断

定义 4 一个点如果可以被删除,则称该点为有权删除点;反之如果不能删除,则称为无权删除点。

(1)以 P_i 为圆心,以 l 为半径作圆,判断 P_i 与 P_{i-1}、P_i 与 P_{i+1} 之间的距离和 l 的关系,以及角 $\angle P_{i-1}P_iP_{i+1}$ 与给定的角度阈值 β 之间的关系。如果 $i = n-1$,结束。

(2)如果 P_i 满足 $(|P_{i-1}P_i| < l) \cap (|P_iP_{i+1}| < l)$,且 P_i 为有权限删除点,则删除点 P_i,$i = i+1$,返回步骤(1)。

(3)如果 P_i 满足 $(|P_{i-1}P_i| < l) \cap (|P_iP_{i+1}| > l)$,及 $\angle P_{i-1}P_iP_{i+1} > \beta$,且 P_i 为有权限删除点,则删除点 P_i,但 P_{i+1} 点设为无权删除点,$i = i+1$,返回步骤(1)。

(4)如果 P_i 满足 $(|P_{i-1}P_i| > l) \cap (|P_iP_{i+1}| < l)$,及 $\angle P_{i-1}P_iP_{i+1} > \beta$,且 P_i 为有权限删除点,则删除点 P_i,但 P_{i-1} 点设为无权删除点,$i = i-1$,返回步骤(1)。

(5)如果 P_i 满足 $(|P_{i-1}P_i| > l) \cap (|P_iP_{i+1}| > l)$,则 $i = i+1$,返回步骤(1)。

图 4.39 列举了一个角度向量在 $65°\sim124°$ 的类,并对该类中的线进行化简的过程。图 4.39(a)是原始线划,图 4.39(b)是找出的所有应予保留的特征点(图中被放大的点),图 4.39(c)则是对线划进行化简后的结果。

由于极化空间中线目标的每一个内点唯一对应着坐标空间内相应的点目标,因此极化空间线目标中删除的内点所对应的在几何坐标空间中的离散点,就是需要删除的点目标,故线化简的过程就是整个点群目标的选取过程。

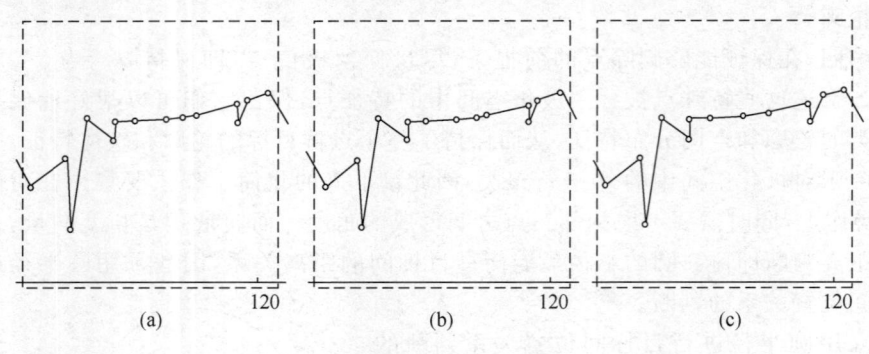

图 4.39 线划的化简过程

6. 算法分析

图 4.40 是采用本算法做的一系列实验。从实验结果看,本算法对 α 与 l 均具有一定的收敛性。即保持 α 和 l 中的一个变量值不变,增大另一个变量值,点群选取的个数均趋向于一个极限值,这说明整个算法在允许取值的范围内是收敛的。

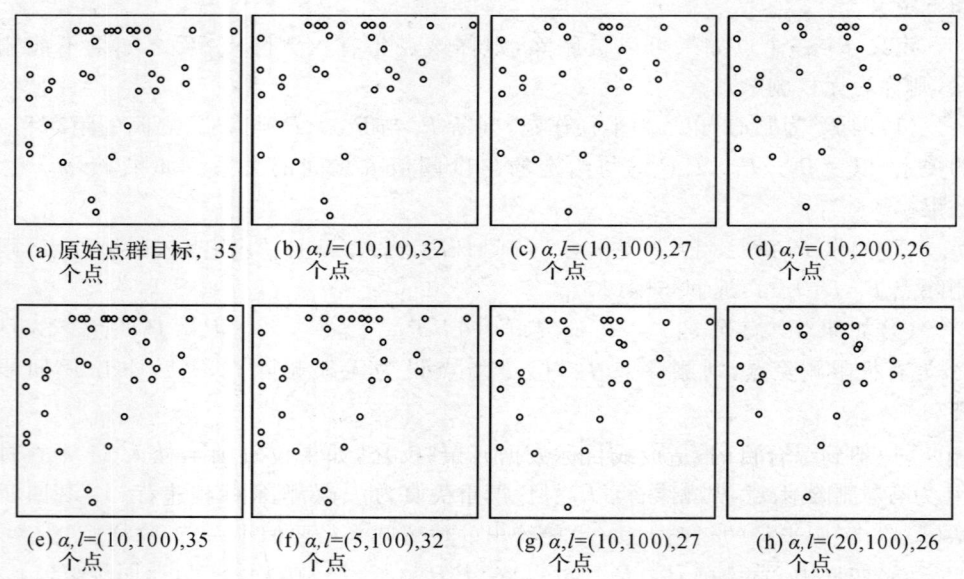

图 4.40 α 和 l 的取值对综合结果的影响

同时,α 强调类别特征,即聚类特性保持较好,或者说原始点群的分布特征保持较好。而 l 强调均匀性,即强调点群目标分布密度的均匀性。

本算法中点群选取的收敛性是可以改变的。比如,如果放弃保留每个极值点,或者只保留向量 d 较大或较小的极值点,而把向量 d 值处于中间值的极值点参与到线化简中来,则综合的力度将会大大增加。图 4.41 是放弃对聚类中极值点的保留,只保留向量 d 最大、最小和首末点情况下综合的结果。

综合分析,与其他制图综合算法相比,本算法具有一些独特之处:

(1) 完成了数据空间到圆极化空间的映射,原始目标的分布状况更为直观。

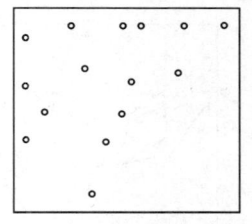

$a,l=(50,200),15$ 个点

图 4.41 极值点对综合结果的影响

(2) 原始数据分布在二维区域之中,而转化为极化空间的线状一维目标后,综合任务就由原来的点群选取转化为单根线要素的化简,综合难度减小。

(3) 实现了全局出发的局部综合。即对极化空间的向量聚类,保证了全局性,而采用变量 (a,l) 来进行局部控制和化简,综合结果的特征分布保持较好。

(4) 由于圆具有的特性,该算法的计算量小,速度快。

(5) 量化了控制的手段。给定参数 $M(a,l)$,找出了 a 与 l 之间的相关关系。a 控制目标群的分布关系,而 l 控制目标选取的强度,且 a 与 l 均具有收敛特性。通过改变参数 a 与 l,可以得到不同细节层次的综合结果。

4.5.2 基于圆特性的线状要素"包含删除法"化简

"包含删除法"只是定义的一个名称,用以表达该方法的化简思路,即:先对线目标的每个端点和节点建立位置圆,然后从线目标的某一端开始,对线目标中的每个节点,判断其下一个节点是否落在该点的位置圆中,如果其下一个点落在该点的位置圆中,则把下一点删除,然后再判断下一个点,依次类推,直到线目标的另一端结束。需要注意的是,为了保证线段综合前后形状总体上的相似性,线的两个端点需要保留。

该算法中,关键是如何确定线节点的位置圆半径,因为节点位置圆半径的大小将直接影响到线化简的程度。如果位置圆半径太小,则线目标中的多余内点不易删除,达不到综合目的,造成线目标数据冗余;反之,如果位置圆半径太大,则目标中的内点删除过多,造成综合前后对比严重失真,也与综合目标相违背。这里给出一个对位置圆半径的经验求法(一般给出的位置圆半径要偏小一点,这样其化简的力度尽量不大,如果需要较大程度的化简,可以逐渐增大位置圆半径,对线目标进行迭代化简)。

设线段 $L:x_1,y_1,x_2,y_2,\cdots,x_n,y_n,(n>2)$,计算节点位置圆半径 R_i 的公式为

$$R_i = 线段长度/(节点个数-1)/2 \tag{4.11}$$

图 4.42 是一个基于圆特性的线目标化简的例子。

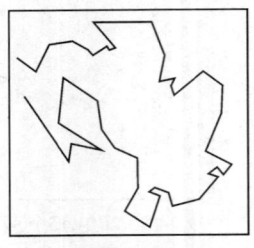 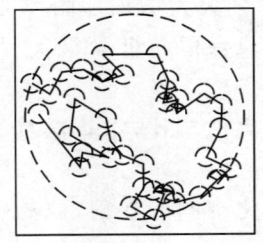 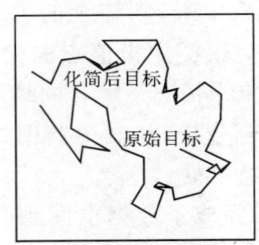

(a) 原始线目标　　(b) 建立线目标内点的位置圆　　(c) 根据位置圆进行线要素化简

图 4.42　基于圆特性的线要素化简

4.5.3　基于圆特性的面状要素"集群支持法"选取

由于人具有群居的特点（尤其是在城镇），因此，对集群式大块面状居民地的选取，要考虑到保持其集群的特性。基于这种考虑，对集群式面状居民地的选取应该是：将其与周围目标看成是和谐的而不是冲突的。如果某一居民地周围的居民地越多，说明该居民地获得的支持越多，该居民地就越应该保留，这就是"集群支持法"的含义。当然，如果是散列式居民地，则情况将有所不同。因为散列式居民地可以按照离散点状目标的方法来进行选取，那样就把点要素之间的关系看成是冲突的，而不是和谐的了。

面的选取，同样需要有一个可衡量的量化值。这里用"综合因子"来作为衡量一个面健壮度的量化值。

面要素的综合因子，同样需要考虑各个方面的因素，即自身的因素和周围其他目标的因素。就自身因素而言，面状要素的轮廓形状很重要，因为它直接关系到该目标的重要性。目标轮廓越狭窄，其重要性就越小；反之，越接近于正方形，其重要性越强。面状目标同周围其他目标是和谐的，说明周围目标"支持"该目标，所以，一个面状目标周围其他目标的个数和距离也将直接影响到其重要性程度。最重要的是，该目标自身的大小是决定其对其他目标影响力的关键因素。

因此，面状要素的综合因子，与该面状要素占有其外接圆的面积百分比成正比，与该面状要素的面积大小成正比，与该面状要素周围相关面的多少成正比（与周围的面是不冲突的——对面状居民地有效，这样，就保证了大片的集中式居民地中间不会因删除而出现空洞现象）。

图 4.43 是一个基于圆特性的面状要素选取的过程示例。

4.5.4　基于圆特性的面状要素位移

基于圆半径的冲突解决方案主要依据以下四点：

(a) 面状要素综合前

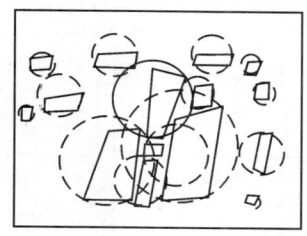
(b) 建立面状要素的位置圆

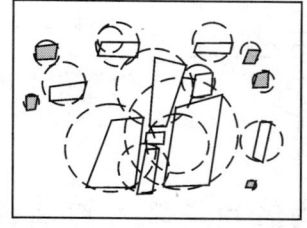
(c) 计算面状要素的综合因子

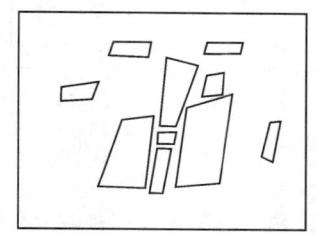
(d) 面状要素选取后结果

图 4.43　基于圆特性的面状要素选取

(1)首要条件:有位移的空间。如果没有空间可以位移,则首先要解决选取、化简和合并等问题。

(2)圆半径在处理冲突关系中的应用。充分利用圆的特点和优势,变复杂为简单。

(3)一个目标可位移的最大次数。即一个目标的位移,不能毫无目的和止境,必须要有个控制量。

(4)位移的方向与半径连线方向有关,位移量与半径长度也有关系。

基于圆特性的面状要素的位移,可以充分利用圆的特性,如图 4.44 所示。由于圆可以探测其周围目标的存在和周围是否具有可位移的空白区域,以及目标位置圆的圆心往往同该目标的中心比较接近,具有良好的代表性,两个目标位置圆圆心的连线方向可以作为位移方向的重点考虑因素。图 4.45 是一个面状居民地位移的例子,其中图 4.45(a)为原始目标,图 4.45(b)为对目标建立外接圆来探测目标之间的距离关系,图 4.45(c)为进行一次位移的结果,并继续探测目标之间的距离关系,如果还需要进行位移,则可继续执行位移步骤。图 4.45(d)至图 4.45(f)为继续位移后的结果。

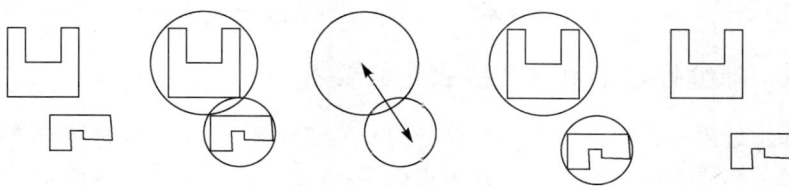

图 4.44　基于圆特性的面位移原理

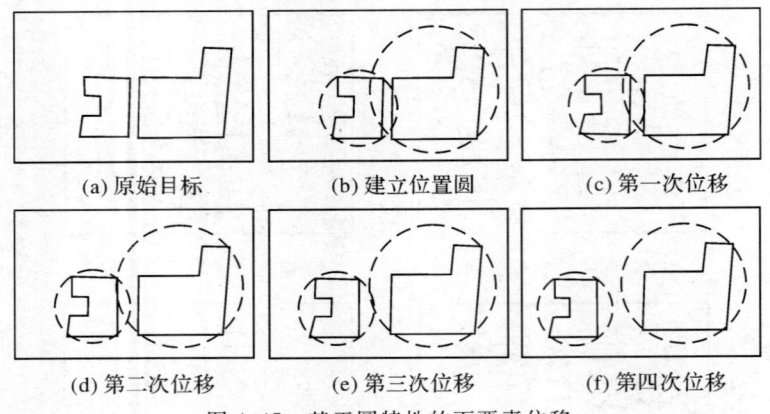

图 4.45 基于圆特性的面要素位移

§4.6 基于降维技术的街区自动综合算法模型

大比例尺城市 GIS 中的主体是面状建筑物,因此对面状建筑物的综合,是整个城市 GIS 中制图综合的关键。大比例尺城市建筑物群在分布上的分离性为其结构化描述带来困难。其关联表现在各个建筑物之间的空白地带(毋河海,2004)。城市建筑物和街网、街区是相辅相成的。对于大比例尺城市图而言,街道和建筑物是互补的几何空间,空白区域由街道构成。由于直接对面要素进行操作很困难,因此建筑物和空白区域分别用建筑物骨架线和街道骨架线代替。而在 GIS 图形描述中,骨架线和面状建筑物属于两个不同维数的概念,即面状建筑物属于面要素类型(二维要素),而街道骨架线属于线要素类型(一维要素)。充分利用这种平等互补空间之间的不平等维数转换,把对面状建筑物综合转化为对线要素的综合,本书称之为采用降维技术的街区综合方法(钱海忠 等,2007c)。下面以图 4.46 的数据为例,阐述该方法的原理及应用,原始数据比例尺为 1:1 万,综合目标比例尺为 1:2.5 万。

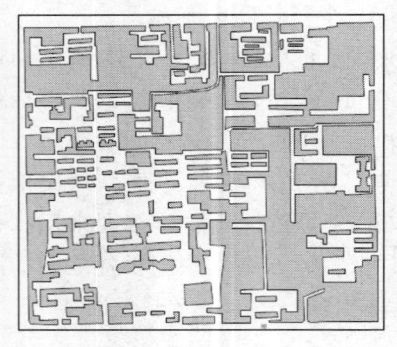

图 4.46 1:1 万某城市区域图

4.6.1 降维处理中对骨架线表达的要求

降维处理是指把面要素用其自身的骨架线代替,从而把对面要素的处理转化为对相关线要素的处理过程。其关键在于,骨架线要能反映出所在面要素的特征。同样,对于空白区域,也需要获取能够反映其区域特征的骨架线。因此,如何提取面状目标的骨架线十分重要。

面骨架线有许多分支,能够代表面轮廓主体形状的骨架线称为面的主骨架线,如图 4.47 所示。主骨架线能够代表面轮廓的整体形状,但忽略了轮廓细节。因此,采用主骨架线代替面目标,可能会导致评估的不精确性。例如图 4.48 中的两个目标为进行制图综合前和制图综合后的同一个目标,其主骨架线完全相同,但不能认为综合前后的建筑物几何轮廓没有改变。

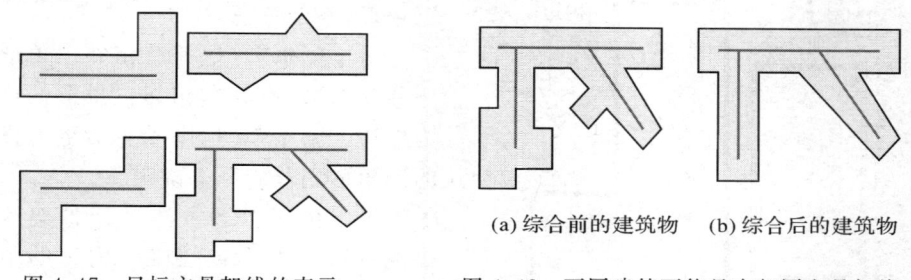

图 4.47　目标主骨架线的表示　　图 4.48　不同建筑可能具有相同主骨架线

因此,为了保证几何质量评估的精确性,不能采用主骨架线,必须采用能够反映建筑物详细轮廓结构的详细骨架线来表达,如图 4.49 所示。

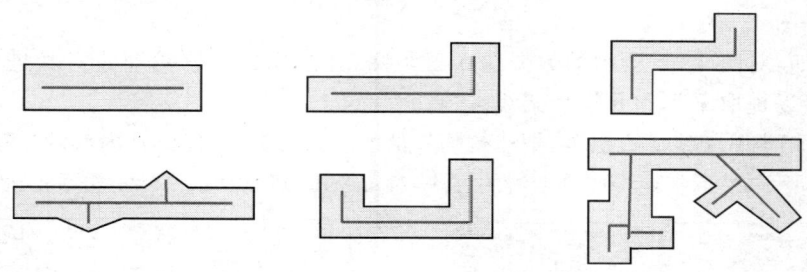

图 4.49　目标详细骨架线的表示

为了方便,首先给出两个定义。

定义 5　Ⅰ类骨架线,对面状建筑物提取的骨架线称为Ⅰ类骨架线。

定义 6　Ⅱ类骨架线,对空白区域提取骨架线,形成类似街道中心线的连通骨架线网,这类骨架线称为Ⅱ类骨架线。

同时约定,Ⅰ、Ⅱ类骨架线都不是主骨架线,而是能够反映建筑物详细轮廓结构的多层次细节的骨架线。

4.6.2　降维处理的技术基础

对每个数据块进行约束 Delaunay 三角剖分后,得到了约束 Delaunay 三角网。在 4.4 节中,按属性分把三角形分类为Ⅰ类三角形、Ⅱ类三角形、Ⅲ类三角形、Ⅳ类三角形。同时,可以按拓扑属性对三角形进行分类(艾廷华 等,2000):

设用函数 $f(T_i):T_i \to \{0,1,2,3\}$ 表示三角形 T_i 拥有邻近三角形的个数,则有如下定义:

——i 类三角形。$f(T_i)=1$。

——ii 类三角形。$f(T_i)=2$。

——iii 类三角形。$f(T_i)=3$。

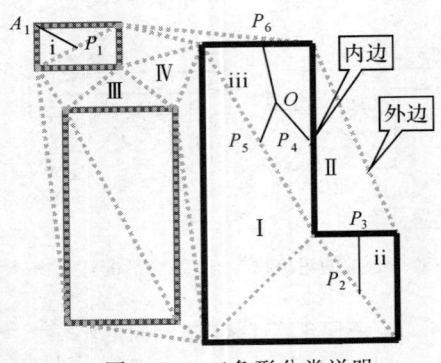

图 4.50 三角形分类说明

如果 $f(T_i)=0$,则该三角形为独立三角形,不予考虑。

对于三角形,把拥有相邻三角形的边称为内边,不具有相邻三角形的边称为外边。图 4.50 是比 4.4 节更为详细的三角形划分的分类说明。

可以按照以下方法进行骨架线的提取:i 类三角形连接唯一内边的中点与其相对的顶点:$A_1 \to P_1$ 或 $P_1 \to A_1$;ii 类三角形连接两条内边的中点:$P_2 \to P_3$ 或 $P_3 \to P_2$;iii 类三角形连接三角形重心与三边的中点:$O \to P_i$ 或 $P_i \to O(i=4,5,6)$,见图 4.50。

例如,对图 4.46 所示的数据建立三角网,并采用建筑物轮廓边对其进行约束处理,可以提取Ⅰ类和Ⅱ类骨架线。

获取Ⅰ类骨架线的方法为:把建筑物外部的三角形删除,保留其内部的三角形,如图 4.51 所示,然后按照提取骨架线的方法,对每个建筑物提取骨架线,如图 4.52 所示。

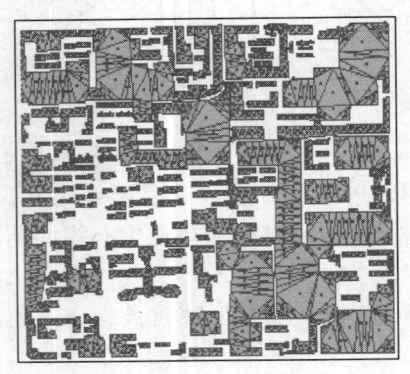

图 4.51 对建筑物构建 TIN 网

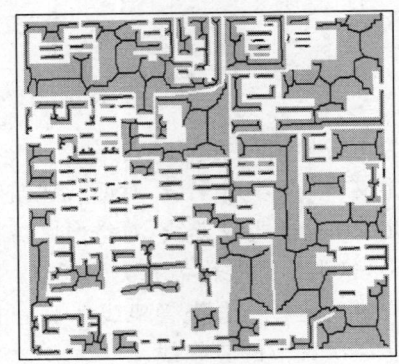

图 4.52 对建筑物提取骨架线

同理,为了获取Ⅱ类骨架线,需要把建筑物内部的三角形删除,只保留空白区域的三角形,如图 4.53 所示,然后按照提取骨架线的方法,对整个空白区域提取骨架线,如图 4.54 所示。

第 4 章　制图综合算法及算法库构建

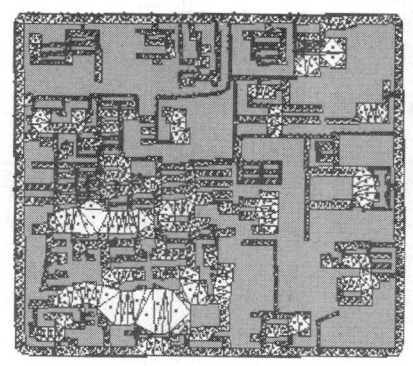

图 4.53　对空白区域构建 TIN 网

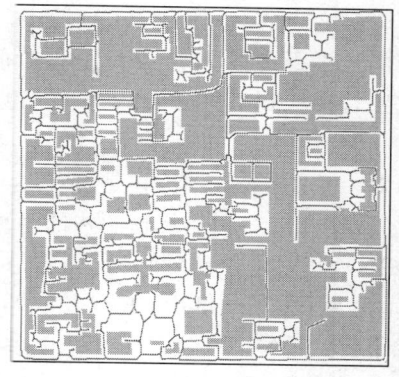

图 4.54　对空白区域提取骨架线

图 4.55 是 Ⅰ 类骨架线和 Ⅱ 类骨架线的合成图。可以看出这两类骨架线之间具有以下特点：

(1) Ⅰ 类骨架线和 Ⅱ 类骨架线一定是相互交替、间隔排列的。

(2) Ⅰ 类骨架线和 Ⅱ 类骨架线一定是互不相交的。

(3) Ⅰ 类骨架线之间一定是互不相交的。

(4) Ⅱ 类骨架线是一条连通的多分支复杂曲线。

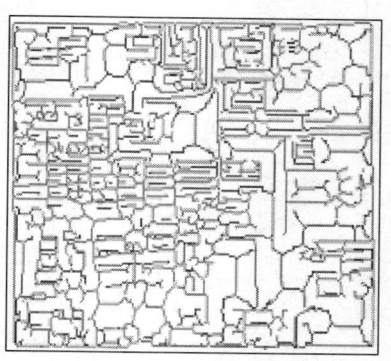

图 4.55　两类骨架线合成图

4.6.3　基于降维技术的综合过程

为了获取精确的骨架线，在三角形构网过程中对建筑物轮廓进行了充分加密处理，并采用约束方式，保证了面轮廓作为三角形的边。因此，这种三角剖分方法能够详细反映建筑物的轮廓特征。面轮廓的每一个细节都体现在三角网中。由于建筑物和空白区域之间是互补关系，两者共同构建了整幅地图，而骨架线是从三角网中提取的，因此建筑物轮廓的任何微小改变，必然会引起骨架线的变化，同时从骨架线的变化中也能反映出建筑物轮廓的变化。所以，可以把对建筑物的综合转化为对骨架线综合的方式进行。

基于骨架线和建筑物之间的关系，建筑物综合的操作，如合并、化简、位移等可以借助降维技术进行。并且降维技术侧重于对空间关系的探测，即探测建筑物在何处需要进行如何综合(这在综合过程中是最主要的)，而具体综合操作的实施，则可以借鉴许多已有的方法。

1. 基于降维技术的建筑物合并

同类建筑物需遵循就近合并的原则。一般面状目标之间距离的计算方法是计算面轮廓之间的最短距离。这种计算方法在某些条件下是不科学的,比如面目标之间的最小距离很小,而平均距离却很大,因此,这种计算方法显然是不够的。本书按照骨架线到两则面目标的平均距离来作为面目标之间的距离如图4.56所示,具体计算方法如下:

对一条街道骨架线,它是由TIN三角形所有内边中点的连线所组成的图形。因此,街道骨架线到建筑物两边的距离相等。对于任意一TIN三角形$T_i(0<i<n, n \in \mathbf{N})$,其三个顶点分别为$A_{i1}, A_{i2}, A_{i3}$,从$T_i$三角形的顶点$A_{i1}$向对边作一垂线,垂足为$O_i$,其长度用$|A_{i1}O_i|$表示,则街道骨架线到两侧目标之间的平均距离可由如下公式计算,即

$$\bar{L} = \frac{\sum_{i=1}^{n} |A_{i1}O_i|}{n} \tag{4.12}$$

如果建筑物有多个相邻目标需要合并,则优先合并与$\bar{L}$值最小的那个建筑物。

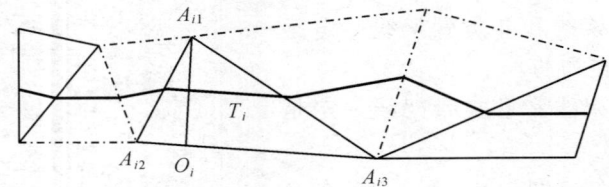

图4.56 依据骨架线计算建筑物之间的距离

图4.57为依据骨架线进行建筑物合并的实例。其中图4.57(a)是对街道提取骨架线后,依据骨架线按照式(4.12)进行距离计算,图4.57(b)是合并结果。

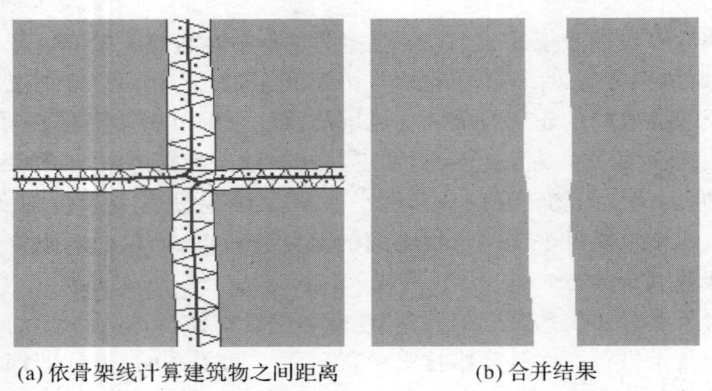

(a)依骨架线计算建筑物之间距离　　　　(b)合并结果

图4.57 依据骨架线进行建筑物合并

2. 基于降维技术的建筑物轮廓化简

面要素轮廓变化在街道骨架线中表现为两种情况:一是骨架线小毛刺的消失,

如图 4.58 所示；二是骨架线小弯曲的消失如图 4.59 所示。

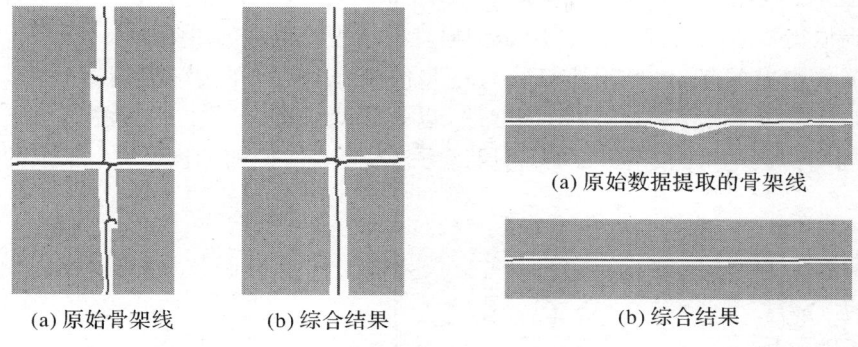

图 4.58　依据骨架线小毛刺来化简建筑物轮廓

图 4.59　依据骨架线小弯曲来化简建筑物轮廓

针对情况一，建筑物轮廓引起的骨架线小毛刺一般很短，根据骨架线分支的长度就能判断毛刺的存在，然后对小毛刺所对应的三角形进行直角化或简化。三角形进行直角化或化简化方法具体可参见 4.4.6 节内容。

针对情况二，需要判断骨架线的小弯曲，如果弯曲小于一定值，则认为是小弯曲，其所对应的建筑物轮廓需要进行化简，即把小弯曲用直线段代替。

判断弯曲大小的方法为：计算小弯曲的面积，如果面积小于一定值，则认为该弯曲是小弯曲如图 4.60 所示。设由原始数据中提取的 II 类骨架线为 l_1，连接 l_1 两端点的直线为 l_2，l_1 的坐标串为 $C_1=\{(x_1,y_1),(x_2,y_2),\cdots,(x_i,y_i),\cdots,(x_n,y_n)\}$，其中 $(0<i<n,n\in\mathbf{N})$。设 l_1 中任意一个坐标点 (x_i,y_i) 到 l_2 的距离记为 $L_i=\{D(x_i,y_i)\to l_2\}$，则计算综合前后骨架线之间空白区域的面积 A 采用式 (4.13) 计算

$$A=\sum_{i=1}^{n-1}(|L_i|+|L_{i+1}|)\sqrt{(x_i-x_{i+1})^2+(y_i-y_{i+1})^2}/2 \qquad (4.13)$$

图 4.60　骨架线小弯曲的计算（清晰起见，l_2 作了微移）

3. 基于降维技术的建筑物位移

依据街道骨架线判断建筑物位移可以采用类似判断建筑物合并的方法进行，即计算 II 类骨架线到两侧面目标之间的平均距离，并以此来判断面目标之间是否需要位移。如果建筑物之间的平均距离小于规定值，则需要对建筑物位移（当然，如果建筑物之间产生局部压盖，则不能如此计算，而应该采用其他综合操作）。建筑物之间的平均距离可以采用式 (4.12) 计算。然后可以参考建筑物的重要性和制

图综合要求以决定建筑物的位移方向和位移量。

图 4.61 为依据骨架线对建筑物位移的一个实例。其中图 4.61(a)是对原始数据提取街道骨架线,图 4.61(b)是依据骨架线进行位移的结果。

需要说明的是:以上阐述只针对一步的操作过程,在实际使用过程中,可以对同一个建筑物(群)循环使用该方法,以达到更佳效果。上述方法适用于大比例尺规则街区的综合。图 4.46 利用该方法综合后,得到如图 4.62 所示的综合结果。

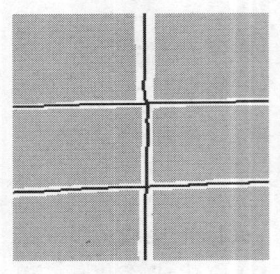
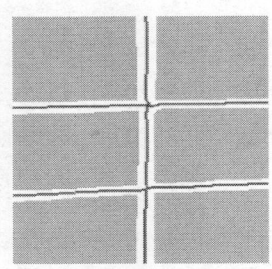
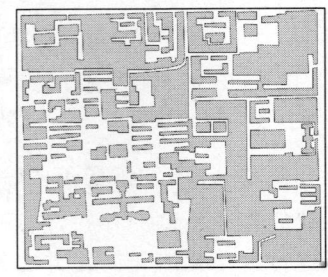

(a) 原始数据提取骨架线　　(b) 依据骨架线进行位移后的结果

图 4.61　依据骨架线进行建筑物位移　　图 4.62　对图 4.46 数据的综合结果

4.6.4　方法分析

自动综合的基本问题可归结为基础理论模型的建立和基本技术方法的实现(毋河海,2000b)。基础理论问题可进一步分解为"为什么(Why)"、"是什么(What is)"、"做什么(What is to be done)";基本技术方法可进一步分解为"何时(When)"、"何处(Where)"、"怎么做(How)"等。这两个方面所包含的六大问题可缩写为(5W+1H)。这样,可把前三个问题归结为地图自动综合的基础理论研究(3W),后三个问题归结为地图自动综合的技术方法实现(2W+1H)。

现有的许多综合算法都可以完成对街区的综合,但对"在什么条件下执行什么综合操作(When)"和"在什么地方进行什么综合操作(Where)"缺乏研究,更多的是侧重于"怎么做(How)",却忽略了"How"必须建立在"When"和"Where"之上的这一技术基础,这就是现有算法的局限性。而从上述阐述可知,本书基于降维技术的街区综合方法,实际上更侧重的是对空间关系的探测,即探测"在什么条件下需要综合"和"什么地方需要综合",而对"怎么综合(How)"则没有全面阐述,只是部分给出了综合办法。因此,本方法重在解决大比例尺街区自动综合中的 2W 问题,然后依托现有的诸多算法,可以方便地实现怎么综合的问题(见表 4.9)。

表 4.9　基于降维技术的街区综合方法所能解决的自动综合技术问题

综合操作	大比例尺街区综合的条件（When）	综合的位置（Where）
合并	Ⅱ类骨架线到两侧街区的平均距离小于规定值＋允许合并	Ⅱ类骨架线两侧的街区
化简	骨架线小毛刺或小弯曲小于各自的规定值	小毛刺或小弯曲对应的街区边线或三角形
位移	Ⅱ类骨架线到两侧街区的平均距离小于规定值＋只能位移	Ⅱ类骨架线两侧的街区

§4.7　Stroke 与极化变换相结合的道路网选取模型

线状要素在地图上大量存在，对图面表达的详细程度影响很大，因此线要素选取是自动制图综合中最基本也最重要的问题，一直受到极大的关注，是广大科研人员长期锲而不舍的研究课题。人们研发了许多线要素选取算法和模型，例如基于拓扑和网眼的道路网选取算法、遗传算法、Stroke 算法等。这些新算法的出现，有力地推动了线要素自动综合的研究和进展。

同时我们也看到，尽管研发了许多自动综合算法，在道路网自动综合中仍然存在不少问题，即许多算法在某些方面有一定的优势，也存在着许多不足（钱海忠等，2007b；QIAN Haizhong et al，2007b）。例如，Stroke 算法能够非常好地保持道路网的整体特性（即能够识别和选取主要道路），但对剩余次要道路的选择方面没有太多考虑，选取较为随意（Chaudhry et al，2005）。事实上，目前道路网综合中的主要问题之一是在保持道路网拓扑完整性和最小用户干预的前提下，如何云保持道路网的整体和局部结构，其中最重要的是保持道路网整体特性、局部特性及道路网的相对密度（Chaudhry et al，2005）。而如果道路网的整体特性和局部特性得到保持，则道路网的相对密度也就得到了保持。

因此，对道路网进行结构特征识别，能够较好地保留道路网的关键特征，Stroke 算法可以很好地保持道路网的整体特性，而极化变换则能够较好地保持离散目标的局部分布特性（钱海忠 等，2005b；钱海忠 等，2005c；钱海忠 等，2006b；QIAN Haizhong et al，2006c；QIAN Haizhong et al，2007a；钱海忠 等，2010）。因此，把三者结合，利用结构特征进行特征识别，利用 Stroke 算法选取主要道路，而用极化变换选取剩余的次要道路（其表现形式为较短的离散分布短线，如果没有显著的综合要求，可按密度要求进行数量选取），则能以一定的层次性解决道路网选取问题。

4.7.1　道路网结构特征识别

1. 道路连接

一般的道路网数据大多数比较琐碎，往往出现一条较长道路由数根较短线段连接组合而成的现象,如图 4.63(a)和图 4.63(b)所示,而这样琐碎的道路网对于空间拓扑分析显然产生影响,因此,在对道路网进行空间拓扑分析之前,首先对道路网进行处理,对相邻节点之间的道路线段进行合并,使之成为一条完整的道路线段,如图 4.63(c)所示。在此基础上,对道路网进行拓扑处理,即这样的一条道路线段指相邻两个节点之间的单根线段。

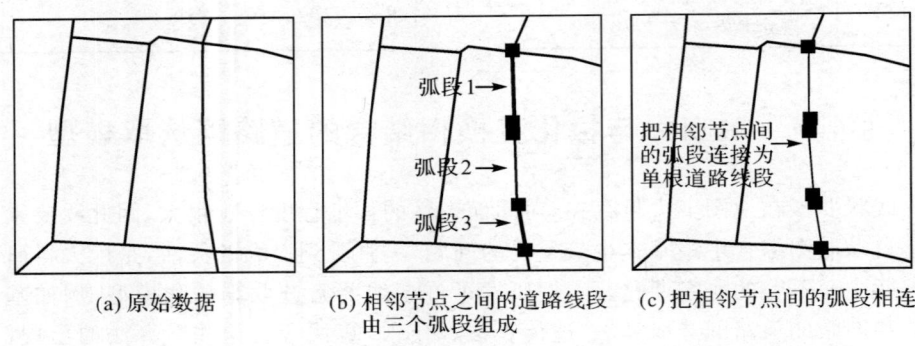

(a) 原始数据　　(b) 相邻节点之间的道路线段由三个弧段组成　　(c) 把相邻节点间的弧段相连

图 4.63　把相邻节点间的弧段连接为单根道路线段

2. 道路网几何度量与分类

道路网经过拓扑化处理后,对其按几何、拓扑、种类、结构特征等进行划分,如图 4.64 所示。

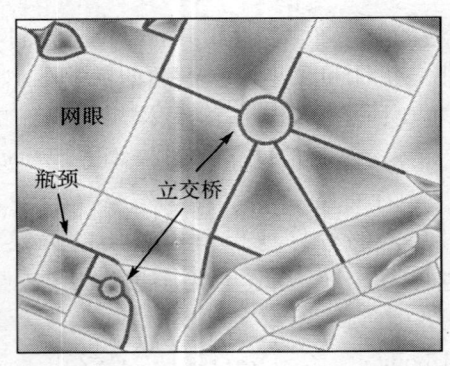 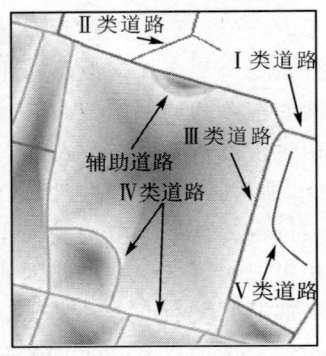

图 4.64　对道路网进行特征识别后的分类结果

(1) 几何度量。例如道路网长度、道路网中心点、道路网眼中心等。

(2) 拓扑度量。例如连通性、交叉、各道路之间的邻接性、道路与道路网眼之间的关联性、道路网眼之间的邻接性等。

(3) 道路种类。设与道路 L_i 起始端相邻的其他道路条数为 $N_{Start}(L_i)$,与道路 L_i 终端相邻的其他道路条数为 $N_{End}(L_i)$,与道路 L_i 相关联的道路网眼数为 $A(L_i)$,道路 L_i 的长度为 $L(L_i)$,则按照道路之间的关联性把道路划分为五类:

——Ⅰ类道路。$N_{\text{Start}}(L_i) > 1$ 且 $N_{\text{End}}(L_i) = 0$，或 $N_{\text{Start}}(L_i) = 0$ 且 $N_{\text{End}}(L_i) > 1$。
——Ⅱ类道路。$N_{\text{Start}}(L_i) > 1$ 且 $N_{\text{End}}(L_i) > 1$ 且 $A(L_i) = 0$。
——Ⅲ类道路。$N_{\text{Start}}(L_i) > 1$ 且 $N_{\text{End}}(L_i) > 1$ 且 $A(L_i) = 1$。
——Ⅳ类道路。$N_{\text{Start}}(L_i) > 1$ 且 $N_{\text{End}}(L_i) > 1$ 且 $A(L_i) = 2$。
——Ⅴ类道路。$N_{\text{Start}}(L_i) = 0$ 且 $N_{\text{End}}(L_i) = 0$。

(4) 结构特征。例如立交桥、辅助道路、瓶颈型道路（$N_{\text{Start}}(L_i) > 1$ 且 $N_{\text{End}}(L_i) > 1$ 且 $L(L_i) \leq \delta$，其中 δ 为很小的长度阈值)等。

经过上述几何度量与分类，我们得到了每条道路的几何信息与类别特性。其中，把立交桥、与立交桥相关联的道路、瓶颈型道路等作为特征道路，需要保留。

3. 道路网连通性约束

道路网自动综合中需要重点考虑的因素之一是其连通性的保持，即经过自动综合，道路网的连通性不应该受到破坏。基于这一点，在道路网自动综合过程中，至少需要考虑以下两个方面的约束，如图 4.65 所示。

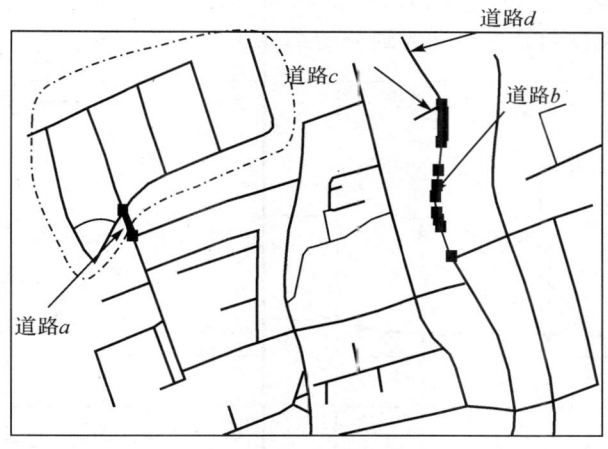

图 4.65 两种道路网连通性约束

如果把整个道路网按照主要道路和距离约束进行聚类分析，则可以把道路网划分为诸多子网。

(1) 约束 1——子网连通性。即子网的个数自动综合后应该保持不变。

例如，如果道路 a 被删除，则虚线区域内的子网将变成封闭的独立区域，与其他道路网之间失去联系，即道路子网的个数增加了，这样的情况应该避免。

(2) 约束 2——道路种类的保持。即综合后道路自身的种类特征不应改变。

例如，如果道路 c 和道路 d 同时被删除，则道路 b 将从Ⅱ类道路转变为Ⅰ类道路，这种情况也需要避免。

另外，从连通性和完整性角度而言，道路网的边界也需要保留。

接下来可以采用Stroke算法进行主要道路的选取,采用极化变换进行次要道路的选取,而选取过程中有效地保留这些特征道路即可。

4.7.2 基于Stroke和极化变换的道路网选取原理

1. 采用Stroke算法选取主要道路

道路网由主要道路和次要道路组成。如果不考虑语义和属性指定的道路网重要性,而单纯从几何特性上考虑,则可以认为道路网是由几何意义上的主要道路和次要道路组成。从几何上讲,主要道路是指由长度较长、连通性好、没有分支且走向连贯的一组线段组成的道路,而这样的道路被称为"stroke"(其英文定义为:"Stroke—chain of road segments",或者"Strokes are chains of nodes in which edges that follow the 'Principle of Good Continuation' are combined together"),剩余道路为次要道路(Chaudhry et al, 2005)。例如,图4.66(a)为某道路示意图,经过Stroke算法提取后,生成如图4.66(b)所示的主要道路和次要道路,图4.66(c)为对某1:5万数据提取一条Stroke的结果,而图4.66(d)为提取道路网的5条Stroke,并按照长度对其进行等级划分的结果。

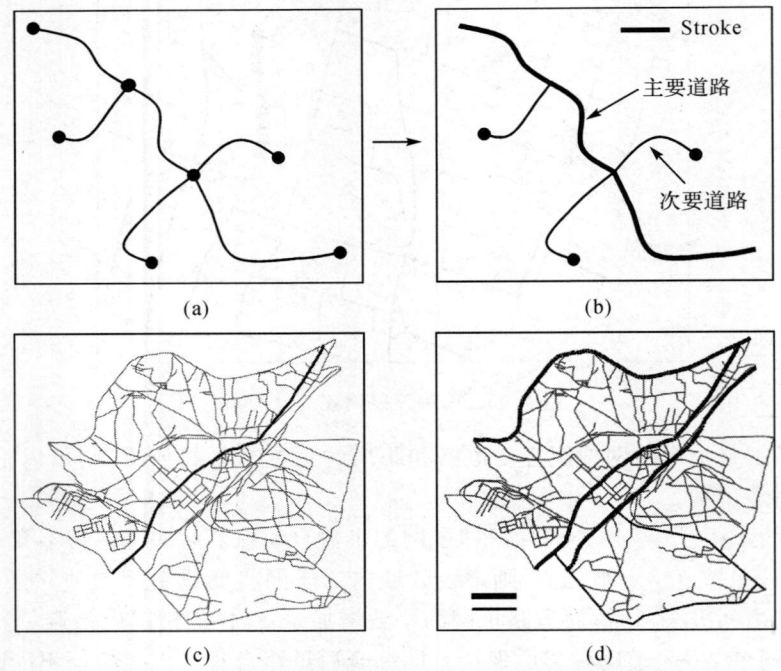

图4.66 采用Stroke提取道路网中主要道路示意图

主要道路集合体现了整个道路网的框架特征和整体形态。如果主要道路的数量低于选取要求,则所有的Stroke将首先被选取;反之,从最短的Stroke开始删除,逐步接近选取数量。这就是道路网的"Stroke"约束。本书假设所有的Stroke数量小于选取数量的要求,仍然需要从剩余的零散道路中选取一些次要道路作为补充。因此,采用极化变换对剩余的次要离散道路进行补充选取。

2. 采用极化变换选取次要道路

所谓极化变换,指在有效继承各原有信息前提下,把离散目标群(包括点、线、面群)转化为极化空间中的单根光谱线(图4.37),从而把对离散目标群的处理(包括自动综合)转化为对单根光谱线处理,最终再把处理后的光谱线还原到离散点群目标的处理过程。通过这种转化并处理,把对复杂离散目标群的处理转化为对单根光谱线的处理,从而有效降低了算法的计算量,拓展了对离散目标的处理方法。并且,在对单根光谱线处理过程中,引入各种约束手段(包括聚类、极值)等,有效保留了离散目标的整体特性和局部特性。极化变换适合于对离散目标的选取,其基本原理和方法见本章4.5.1节,这里不再阐述。

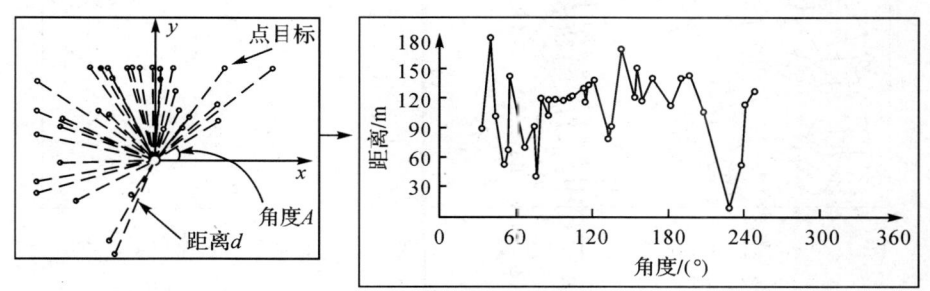

图4.67 采用极化变换把离散目标转化为极化空间中单根光谱线的过程示意

4.7.3 基于Stroke和极化变换的道路网综合实例

本书所选实例为某城市局部1∶1万比例尺道路网数据(图4.68),其综合过程为:

(1)进行拓扑化处理,对相邻节点之间的道路线段进行合并,使之成为一条完整的道路线段。

(2)进行道路网结构特征识别,把特征道路和区域边界提取出来,如图4.69所示。

(3)采用Stroke算法选取主要道路,这样城市道路中的主要道路被提取出来,如图4.70所示。

(4)采用极化变换选取次要道路。首先把次要道路用其中心点代替,形成离散点集(图4.71),然后采用极化变换转换为单根光谱线(图4.72),再对该光谱线进行自动综合(图4.73),最后把图4.73中光谱线每个接点还原为离散的线状次要道路(图4.74),该结果就是采用极化变换对次要道路进行自动综合后的结果。

(5)把结构特征识别选取的目标、Stroke算法选取的城市主要道路、极化变换算法选取的次要道路进行合并,即得到最终的道路网自动综合结果(图 4.75)。出于边界精确性考虑,边界外出通道选取原则以"保留"为主。

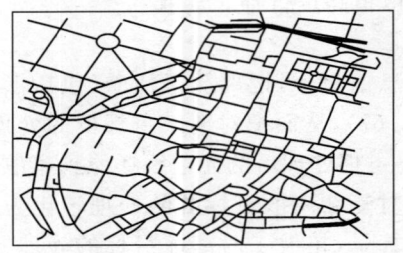

图 4.68　某城市道路网实验数据
　　　　（比例尺 1∶1 万）

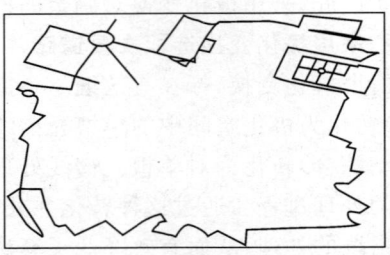

图 4.69　经过结构特征识别后保留
　　　　的特征目标和边界

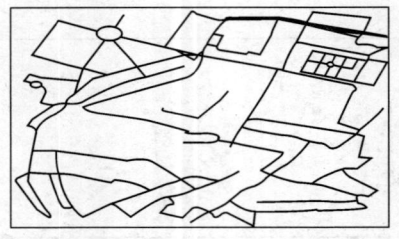

图 4.70　经过 Stroke 算法保留的主要
　　　　道路和图 4.69 的并集

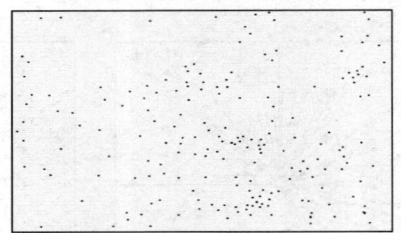

图 4.71　剩余次要道路以中心点
　　　　代替后,转化为离散点

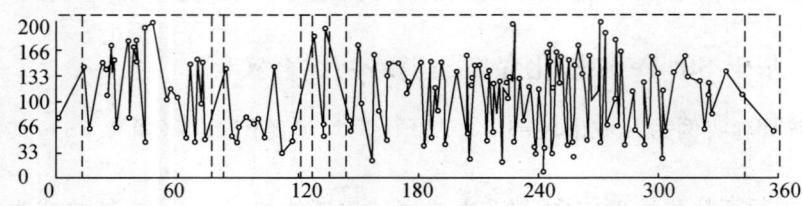

图 4.72　图 4.73 中的离散点群转化为光谱线,每条道路对应光谱线中的
　　　　一个节点（共 194 个点）

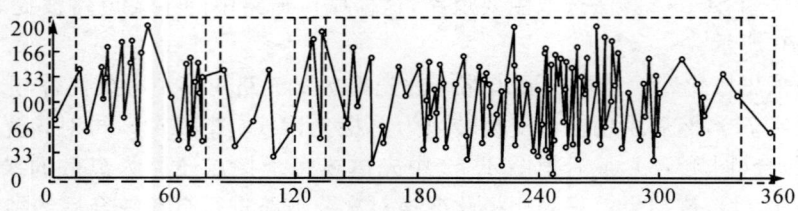

图 4.73　对光谱线进行自动综合,保留了 137 个节点

图 4.74　次要道路经过极化变换后的自动综合结果

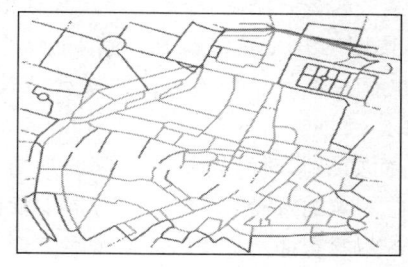
图 4.75　最终的道路网综合结果

从实验结果看出,图 4.69 对原始数据中的特征道路和区域边界进行了提取,保留了重点目标并确保了综合范围的一致性;图 4.70 中采用 Stroke 算法提取主要道路,有效保留了原始数据中的主要道路,从而维持了道路网的框架特征和整体形态;图 4.71 至图 4.74 对次要道路进行了补充选取。对比原始数据(图 4.68)和综合结果(图 4.75)可以看出,本算法采用批次提取、层层约束的方法,首先确保了算法对道路网整体选取的正确性;其次,从局部角度出发,也确保了对特征道路、离散次要道路选取的正确性。

§4.8　采用"斜拉式"弯曲划分的曲线化简模型

4.8.1　已有算法分析

线要素化简的基本要求是整体轮廓形态的保持,特别要考虑对大弯曲的处理,因为大弯曲对整个线要素形态的影响很大,而小弯曲对线要素形态的影响较小,可以直接化简或删除。因此,要保持线要素的形态,需要考虑两方面因素,第一是保持每个大弯曲的特征点;第二是保持每个大弯曲的形状(U 型弧段化简后仍然保持为 U 型弧段,V 型弧段化简后仍然保持为 V 型弧段)。这样,线要素的整体形状就自然得到保持。评价线要素化简算法的好坏,也可以基于以上两点。

而经典的线化简算法大多没有考虑到线要素的上述特点。在普通线化简算法中,最经典的为道格拉斯-普克算法,该算法是一种全局算法,能够对每个弯曲的特征点进行保持,但它对所有弯曲同等对待,并且对大弯曲的形状也没有考虑到,有的 U 型弧段在经过道格拉斯-普克化简后成为了 V 型弧段。因此,这些算法的化简结果存在缺陷。

也有算法研究对线要素按弯曲进行分段,把线要素划分为一系列弯曲弧段,然后对每个弯曲按照大小分别进行化简处理,如等高线化简时对山脊线和山谷线的保持等。这些方法显然较普通方法有很大进步,它不但考虑到了线要素的每个特征点,同时对每个弯曲区别对待,进行不同处理,从而化简效果比较理想。但这种方法也存在不足。如该方法对线要素按弯曲进行分段,但对弯曲的划分都是从线要素的一侧进行,如图4.76(a)和图4.76(b)所示。这样,就只能考虑一侧的弯曲形态,而如果同时考虑两侧的弯曲形态,如图4.76(c)所示,则相邻弯曲与弯曲之间存在一半的重叠,从而无法对每个弯曲进行化简。因此,这种方法只考虑到了线要素一侧的弯曲形态,无法兼顾两侧形态特征。如果把这种缺陷继承到后续的线要素化简过程中去,则会影响线要素化简的整体效果。

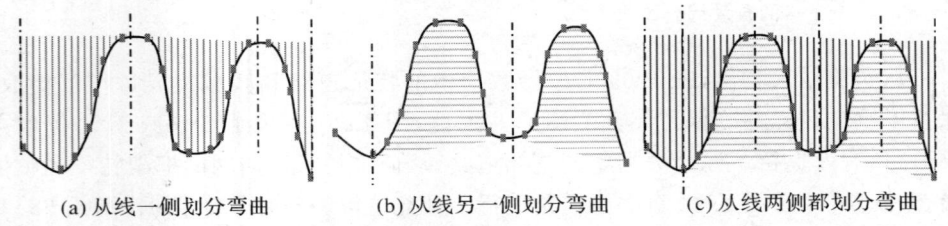

(a) 从线一侧划分弯曲　　(b) 从线另一侧划分弯曲　　(c) 从线两侧都划分弯曲

图4.76　现有算法对线要素弯曲划分的方法

因此,需要寻找一种能够同时考虑线要素两侧弯曲形态的弯曲划分方法,并且每个被划分的弯曲单元之间互不重叠,然后再对每个弯曲进行化简处理,这样得到的化简结果才是合理的。基于上述考虑,本书提出了一种对线要素进行弯曲划分的新方法,以及对U型弧段和V型弧段的识别方法,并在此基础上,提出了对每个弯曲进行动态化简的方法,从而实现了上述目标(钱海忠 等,2007b)。

4.8.2　本算法的实现步骤

1. 对线要素进行顾及两侧形态特征的弯曲划分

设线要素共有 n 个节点,记节点 i 和节点 j 之间的直线连线为 L_{ij},节点 $i, i+1, i+2, \cdots, j$ 组成的线要素局部弧段记为 $\hat{L}_{ij}$(图4.77)。$(n, i, j \in \mathbf{N}, i \in [1, n], j \in [1, n]$,$\mathbf{N}$ 为自然数集),如图4.79所示。按如下步骤进行划分:

(1) 从线要素的一个节点 i 开始,设初始时 $j = i+3$,如果 $j \geqslant n$,则转步骤(5),否则转步骤(2)。

(2) 判断 L_{ij} 与 $\hat{L}_{ij}$ 是否相交。

设 $L_{pq}(p \in [i, j], q = p+1, q \leqslant j)(p, q \in \mathbf{N})$,进行如下循环:
FOR $(p=i,\ p<j)$
　　$\{q = p+1;$
　　　IF(L_{ij} 与 L_{pq} 相交)
　　　　　$p = p+1;$
　　$\};$

计算完成后,转步骤(3)。

(3)如果 L_{ij} 与 $\hat{L}_{ij}$ 不相交,则 $j=j+1$,重新执行步骤(2);如果 L_{ij} 与 $\hat{L}_{ij}$ 相交,则 $\hat{L}_{i,j-1}$ 组成了一个完整的弯曲单元,转步骤(4)。

(4)把 $\hat{L}_{i,j-1}$ 作为一个被划分的弯曲进行保存,同时令 $i=j-1$,转步骤(1)。

(5)把 $\hat{L}_{in}$ 作为线要素的最后一个弯曲保存,结束。

注意:由于任意一个弯曲弧段至少需要三个节点组成,而任意一条由三个节点构成(包含三个)的弧段都不可能产生自相交(不包括重叠),因此,初始时设 $j=i+3$。

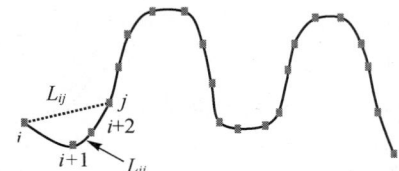 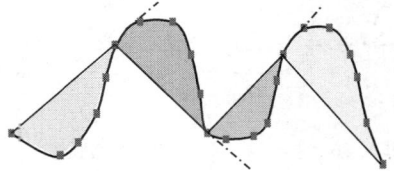

图 4.77 对线进行弯曲划分原理图　　图 4.78 斜拉式弯曲划分原理示意图

上述循环结束后,线要素被划分为一系列弯曲。由于本算法对线要素没有按照每一个完整的正射弧段(图 4.76)进行划分,而是对每个弯曲采用斜切(图 4.78)的方式分段,因此,本算法的弯曲划分方法取名为"斜拉式"弯曲划分。

2.起始点选择与弯曲划分之间的关系

如果把每个被划分弯曲单元的始末点连线称为"斜切线",从线要素弯曲划分的原理可知,斜拉式弯曲划分方法实际上是依据斜切线与线要素相邻节点之间的连线是否相切来划分曲线单元的,即依据一个弧段的始点与末点之间是否"通视"来划分弯曲的。因此,该弯曲的划分方法主要与线要素的形态(即每个弯曲的形态)有关,弯曲形态决定节点之间的通视性,而与线要素起始点的选择关系不大。从图 4.79 所进行的实例可以看出,该例子依线要素一端开始,选择不同的起始点,而弯曲划分结果为:除了起始的少数弯曲划分略受影响外,往后绝大多数弯曲的划分不受影响。这一特点决定了本方法中即使选择不同的起始点,对曲线化简的结果也会高度趋向一致,从而体现了本方法的健壮性。

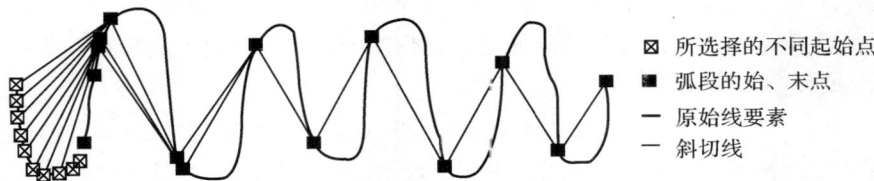

图 4.79 起始点选择对弯曲划分的影响举例

3. 斜拉式弯曲划分方法的可行性

如果把每个弯曲弧段再进行细分,则可以划分为弧底和弧壁(图 4.80)。经验表明,曲线化简过程中,对弧壁的化简基本大同小异,因为弧壁大多是一些弯曲度很小的曲线段,且对这类小弯曲线段的化简无需太多考虑特征点的保持,故采用一般的线化简方法,化简效果都差不多。但对于弧底而言,其化简要严格得多,需要保持弧底的特征点和形态,保持弧底的特征点是为了从整体上保持线要素的形态,保持弧底的形态是为了保持 U 型弧段化简后还是 U 型弧段,V 型弧段化简后还是 V 型弧段。由此可见,对线要素化简的重点是对弧底的处理。而上述斜拉式弯曲划分方法正是强调了对线要素两侧每个弯曲弧段的弧底化简,从而更加科学。

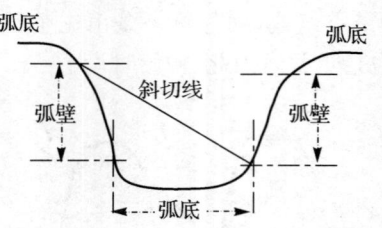

图 4.80 把弯曲划分为弧壁和弧底

4. 求出每个弯曲弧段是 U 型弯曲还是 V 型弯曲

判断每个弯曲的形状,可以采用如下假设归纳的方法。设分别有 U 型弯曲(图 4.81)和 V 型弯曲(图 4.82),按照弯曲弧段口斜切的方向继续对每个弯曲进行一定密集程度地剖分形成一系列斜剖线。度量每根斜剖线的长度,然后分别察看 U 型弯曲和 V 型弯曲的斜剖线长度变化趋势,通过区别斜剖线长度变化趋势的不同,来判断该弧段是 U 型弯曲还是 V 型弯曲。

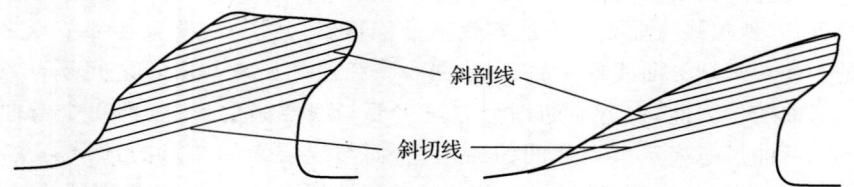

图 4.81 对 U 型弯曲按斜切方向进行密集剖分　　图 4.82 对 V 型弯曲按斜切方向进行密集剖分

图 4.81 所示 U 型弯曲的斜剖线信息如图 4.83 所示。从图 4.83 中可以获取如表 4.10 所示的斜剖线信息。图 4.84 为采用二次最小二乘曲线拟合方法对图 4.83 中的折线进行拟合后得到的曲线,图 4.85 为拟合前后的折线和曲线叠加的结果。拟合曲线如式(4.14)所示。

$$y = -0.246\,8\,x^2 + 1.977\,0\,x + 14.181\,8 \qquad (4.14)$$

图 4.82 所示 V 型弯曲的斜剖线长度和斜剖线编号如图 4.86 所示。从图 4.86 中可以获取如表 4.11 所示的斜剖线信息。图 4.87 为采用二次最小二乘曲线拟合方法对图 4.86 中的折线拟合后得到的曲线,图 4.88 为拟合前后的折线

和曲线叠加的结果。拟合曲线如式(4.15)所示。

$$y = -0.1726 x^2 - 0.1964 x + 19.1607 \qquad (4.15)$$

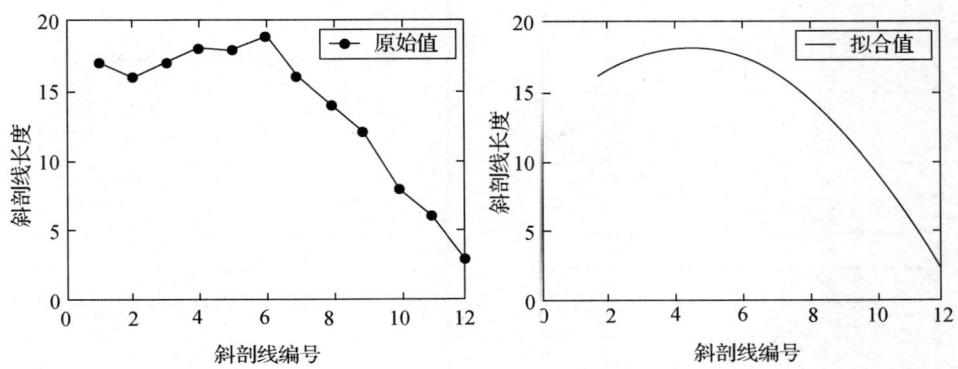

图 4.83　U 型弯曲斜剖线信息的图形化表示　　图 4.84　对图 4.83 的折线进行二次曲线拟合

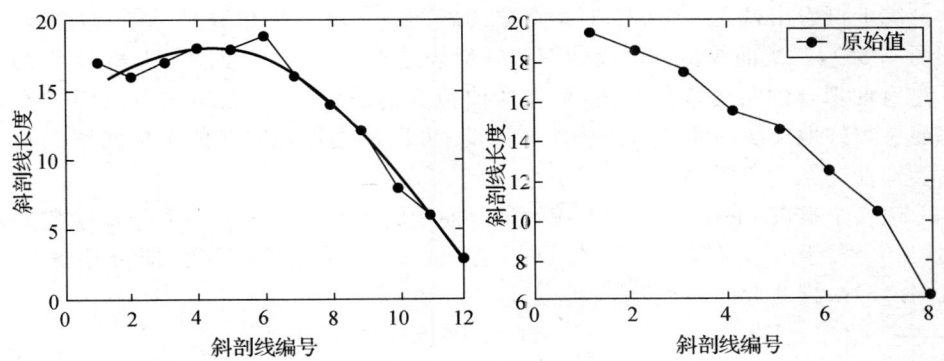

图 4.85　U 型弯曲原始折线和拟合曲线的叠加　　图 4.86　V 型弯曲斜剖线信息

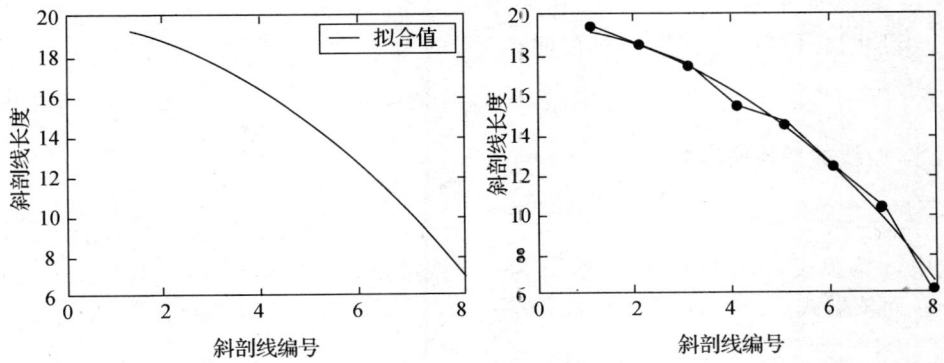

图 4.87　对图 4.86 的折线进行二次曲线拟合　　图 4.88　V 型弯曲原始折线和拟合曲线的叠加

表 4.10 U 型弯曲的斜剖线信息

斜剖线编号	斜剖线长度
1	17
2	16
3	17
4	18
5	18
6	19
7	16
8	14
9	12
10	8
11	6
12	3

表 4.11 V 型弯曲的斜剖线信息

斜剖线编号	斜剖线长度
1	19
2	18
3	17
4	15
5	14
6	12
7	10
8	6

综上可看出,U 型弯曲和 V 型弯曲的斜剖线长度变化趋势是不同的(图 4.83 和图 4.86),二次曲线拟合已经能够较好地表达折线的走向(图 4.84 和图 4.87),U 型弯曲拟合的曲线弯曲度大,V 型弯曲拟合的曲线弯曲度小,而曲线的平均曲率能够很好地反映曲线的弯曲程度。因此,可以依据拟合曲线的平均曲率判断是 U 型弯曲还是 V 型弯曲。

记一个弧段 i 的斜剖线所生成的拟合曲线的平均曲率为 $\bar{\rho}_i$。大量实验数据表明,当 $\bar{\rho}_i$ 大于 0.1 时,弧段 i 为 U 型弯曲,反之,为 V 型弯曲,即可依据经验式(4.16)来判断弯曲的类型。

$$\text{弯曲类型} = \begin{cases} \text{U 型弯曲} & \text{当 } \bar{\rho}_i > 0.1 \\ \text{V 型弯曲} & \text{当 } \bar{\rho}_i \leqslant 0.1 \end{cases} \quad (4.16)$$

依据曲线曲率的计算公式可知,设二次曲线方程为

$$y = ax^2 + bx + c \quad (4.17)$$

设式(4.17)在某一点 x_j 处的曲率 $\rho_i(x_j)$ 为

$$\rho_i(x_j) = \frac{|y''_j|}{(1+y'^2_j)^{3/2}} \quad (4.18)$$

因此,曲线的平均曲率为

$$\bar{\rho}_i = \sum_{j=1}^n \frac{\rho_i(x_j)}{n} = \sum_{j=1}^n \frac{|y''_j|}{n(1+y'^2_j)^{3/2}} \quad (4.19)$$

式中,j 为弧段 i 中斜剖线的编号,n 为斜剖线数量,$j, n \in \mathbf{N}, j \in [1, n]$。

而依据式(4.17)得 $y'_j = 2ax_j + b$,$y''_j = 2a$,代入式(4.19),得

$$\bar{\rho}_i = \sum_{j=1}^n \frac{|2a|}{n(1+(2ax_j+b)^2)^{3/2}} \quad (4.20)$$

把式(4.14)和式(4.15)分别代入式(4.20),即可求出图 4.84 和图 4.87 曲线的平均曲率。图 4.84 的平均曲率 $\bar{\rho_i}=0.153356$,图 4.87 的平均曲率 $\bar{\rho_i}=0.075298$。

把计算得到的平均曲率依据式(4.16)来判断相应的弧段是 U 型弯曲还是 V 型弯曲。根据式(4.16)易知,图 4.81 为 U 型弯曲,图 4.82 为 V 型弯曲,符合实际,也证明了上述假设的正确性。

5. 判断每个弯曲是大弯曲还是小弯曲

把弯曲划分为大弯曲、小弯曲和极小弯曲,不同大小的弯曲在化简时需要区别对待。判断弯曲的大小可以依据如下方法:记弯曲的斜切线为 q,弯曲深为 h,弯曲宽为 w,则有 $q \approx \sqrt{(h/2)^2 + w^2}$,如图 4.89 所示。因此,主要依据弯曲深 h 和弯曲宽 w 对弯曲的大小进行衡量,如当 h 大于一定值 h_1 或 w 大于一定值 w_1 时,认为该弯曲为大弯曲,当 h 小于一定值 h_2 或 w 小于一定值 w_2 时,认为该弯曲是小弯曲等(表 4.12)。这里,需要设置 h 和 w 的判断参数,即 h 和 w 的阈值。

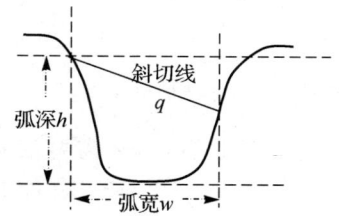

图 4.89 判断弯曲大小的方法

表 4.12 判断弯曲大小的阈值

参数	大弯曲	小弯曲	极小弯曲
h	$>h_1$	$[h_2, h_1]$	$<h_2$
w	$>w_1$	$[w_2, w_1]$	$<w_2$

由表 4.12 可得式(4.21),即

$$\text{弯曲} = \begin{cases} \text{大弯曲} & \text{当}(h>h_1)\text{or}(w>w_1) \\ \text{小弯曲} & \text{当}(h_2 \leqslant h \leqslant h_1)\text{or}(w_2 \leqslant w \leqslant w_1) \\ \text{极小弯曲} & \text{当}(h<h_2)\text{and}(w<w_2) \end{cases} \quad (4.21)$$

可以根据式(4.21)进行组合判断,以确定弯曲的大小。

6. 每种弯曲类型的化简方法

针对每一个弯曲,首先判断该弯曲是 U 型弯曲还是 V 型弯曲,并判断是大弯曲、小弯曲还是极小弯曲。然后按照以下组合方法进行化简:

(1)大弯曲+U 型弯曲。对该类型弯曲的化简,需要重点把握两点,即保持其整体大小和 U 型形态,防止把 U 型弯曲化简为 V 型弯曲。因此对弧壁可以进行较大程度的化简,如图 4.90(a)所示,但对弧底只能作很小的化简,即化简极小的弯曲,如图 4.90(b)所示,只把冗余的点删除。

(2)大弯曲+V 型弯曲。对 V 型弯曲的化简较 U 型弯曲容易,只要保持其整体大小和弧底特征点,则 V 型弯曲在化简后必将仍然是 V 型弯曲。因此,可以在保持弧底特征点的前提下,对该类型的弯曲进行较大幅度的化简,如图 4.91 所示。

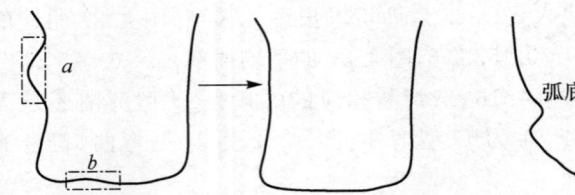
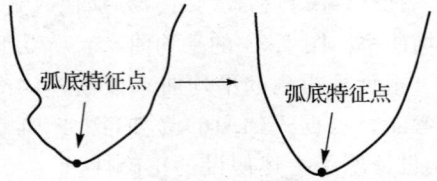

图 4.90　大弯曲＋U 型弯曲的化简　　　图 4.91　大弯曲＋V 型弯曲的化简

(3)小弯曲。对于较小的弯曲,由于其对线目标的整体形态影响较小,因此,应该对其进行大幅度化简,如图 4.92 所示。

(4)极小弯曲。对于极小的弯曲,由于其对线目标的整体形态影响最小,因此,可以直接删除该弯曲,即直接把弯曲始末端点相连,如图 4.93 所示。

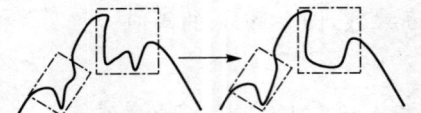
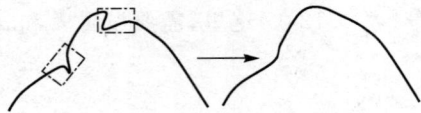

图 4.92　小弯曲的化简　　　　　　图 4.93　极小弯曲的化简

对每个弯曲的化简,除了遵守上述规则外,在具体化简过程中,还需要依靠现有的化简算法。比如本算法中考虑到道格拉斯-普克算法是全局化简算法,能够保留线要素的特征点,因此采用道格拉斯-普克算法来对每个弯曲的弧壁、弧底进行具体的化简。当然,根据不同弯曲的化简需求,可以通过调整化简算法的参数来控制其综合强度。

7. 完整的动态化简过程

有了对线要素弯曲进行斜拉式划分的方法、对 U 型弯曲和 V 型弯曲的识别、对弯曲大小的判别,以及对每种弯曲类型的化简方法,就可以把它们融合到一起,实现对线要素完整的化简。

约定:如果一个算法 f 对线目标 l 的化简结果与该线目标的初始形态不同,则称该算法对该线目标有效,记为:$f(l)=1$;否则称为无效,记为 $f(l)=0$。设线目标 l 共被划分为 n 个弯曲,则用 l_i 来标记该线目标的第 i 个弯曲。

整个算法是一个循环的过程,需要按以下步骤进行操作:

(1)对线目标按斜拉式弯曲划分方法进行弯曲划分,共划分为 n 个弯曲,转第(2)步。

(2)判断每个弯曲是 U 型弯曲还是 V 型弯曲,转第(3)步。

(3)判断每个弯曲是大弯曲还是小弯曲,转第(4)步。

(4)初始时,令 $i=0$,转第(5)步。

(5)如果 l_i 是极小弯曲,采用上述"极小弯曲"的化简方法进行化简,转第(1)

步;否则转第(6)步。

(6) 如果 l_i 为大型 U 弯曲,则采用上述"大弯曲＋U 型弯曲"的方法进行化简;如果 l_i 为大型 V 弯曲,采用上述"大弯曲＋V 型弯曲"的方法进行化简;如果 l_i 为小弯曲,采用上述"小弯曲"的方法进行化简;转第(7)步。

(7) 在步骤(6)中,采用算法对 l_i 进行化简,如果 $f(l_i)=1$,则用化简结果更新原目标的 l_i 弯曲,并转第(1)步;如果 $f(l_i)=0$,令 $i=i+1$,转第(5)步;如果 $i=n$,且有 $f(l_i)=0$,则转第(8)步。

(8) 结束。

从上述步骤可以看出,本算法是一个动态循环过程,即对线要素的每一个弯曲 l_i 化简完成后,如果有 $f(l_i)=1$,则需要对整个线要素重新进行弯曲划分,然后再从线要素的一端重新开始对每个弯曲进行化简,以此类推。采用这种迭代算法的原因是:当一个弯曲化简完成后,该弯曲对其相邻的弯曲都会产生影响,因此需要重新进行弯曲划分后再化简。

4.8.3 实验分析

分别采用图 4.94 和图 4.95 两个例子进行实验,来分别验证本方法在同时保持线目标两侧形态和数据压缩方面的正确性。

首先,采用具有特征的线要素进行实验(图 4.94),该线要素中同时包含了大弯曲、小弯曲、极小弯曲、U 型弯曲和 V 型弯曲等。从图 4.94(c)可以看出,本方法同时对线要素两侧的大弯曲、U 型弯曲和 V 型弯曲的形态均能保持良好。

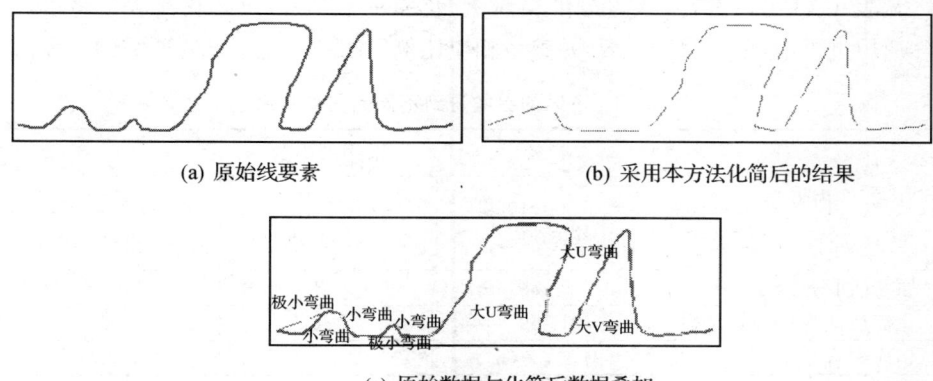

图 4.94 本方法对线要素两侧形态保持的例子

其次,通过一幅 1∶5 万地形图的线状河系线要素(图 4.95)进行另一个实验,该区域共有 292 个河流线要素,所有线要素共由 9 439 个内点组成。对表 4.12 中的参数采用如"$[h_1, h_2, w_1, w_2]$"所示的表达形式,参数含义见表 4.12 和式(4.21)。

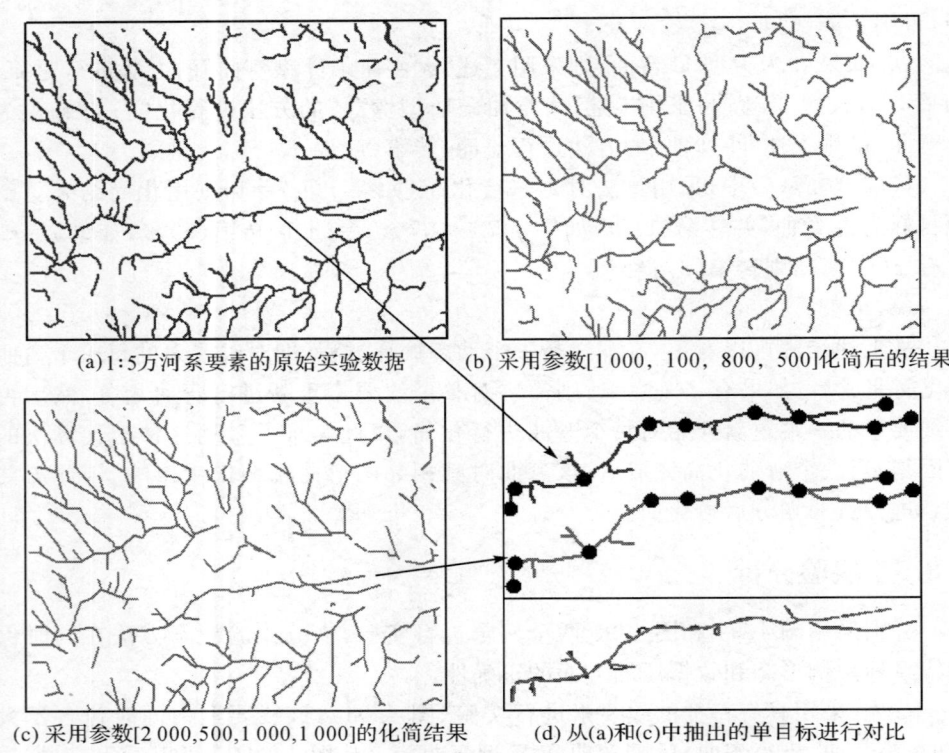

图 4.95 线状河系要素实验

从表 4.13 可以看出,参数 h 和 w 越大,化简程度越高;反之化简程度越小。在实际使用过程中,可以根据需要,并参考相应比例尺的编图规范设置所需的参数。

表 4.13 不同的参数得到不同的化简结果

内点数	采用的参数		
	[1 000,100, 800,500]	[2 000,500, 1 000,1 000]	[2 000,500, 1 000,1 000]
原始线目标内点总数	9 439	9 439	544
化简后线目标内点总数	1 369	886	56
相应综合结果	图 4.95-(b)	图 4.95-(c)	图 4.95-(d)

通过设置不同的参数,得到了不同的化简结果。从化简得到的结果数据(表 4.13)及相应的综合结果看,在参数大幅增大的情况下,线目标的内点被大量删除。图 4.95(a)中共有原始内点 9 439 个,在图 4.95(c)中仅保留了 886 个,化简率达到了 90.6%,而线要素的特征形态依然保持良好。图 4.95(d)则列举了单个目标的化简效果,图 4.95(d)中的两个目标分别来自图 4.95(a)和图 4.95(c),它们属于同

一个目标综合前后的不同状态,图4.95(d)是该目标综合前后叠加的效果。该目标综合前有544个点组成,而综合后仅为56个点,但该目标综合后的整体特征形态依然保持良好。

上述两个实例均证明了本算法对线要素两侧形态保持和数据压缩方面的高效性。

§4.9 自动综合算法库的构建

自动综合算法多种多样,但许多算法只能解决特定的问题,能够解决所有自动综合问题的所谓的"万能自动综合算法"还没有出现。因此,当采用不合适的自动综合算法进行自动综合时,将会得到不希望出现的综合结果,即出现制图综合质量问题。有些学者称这种情况为自动综合算法的不确定性。

因此,要提高自动综合的自动化水平,一方面要开发自动化、智能化程度高的自动综合算法;另一方面,需要对自动综合算法进行有效的管理和使用,这样才能大幅提高自动综合的自动化水平(钱海忠,2006)。而目前国内外学者的研究重点在于开发自动综合算法,对算法的有效管理与运用研究较少,虽然都逐渐认识到其重要性,但是却没有被重视,也没有进行专门的深入研究。实际上,有效管理自动综合算法的目的在于,能够让自动综合系统方便、有效、自适应地调用这些算法,以达到更优的自动综合结果。因此,面对日益丰富的自动综合算法和模型,如何合理管理和使用它们,是一个非常值得研究的问题。

而要方便、有效、自适应地调用这些算法,就需要建立对每个算法的整体描述语言。首先,需要描述算法适用的制图用途、比例尺、区域特点、算法功能等;其次,需要获取每个算法适应于各种用途的参数列表,因为每个算法在不同的使用环境下,其参数的设置范围可能不同;第三,需要对算法的基本信息、经验信息、改进信息、综合评价指标等进行介绍;最后,对上述算法信息进行统一设计、管理和调用,形成自动综合算法库,这样才能有效提高算法被调用的自动化程度,从而实现对算法的自适应调用。上述这种描述算法的整体描述语言被称为算法的元数据,而制图综合算法的元数据是指描述制图综合算法信息的数据(钱海忠,2009)。

4.9.1 建立有效的自动综合算法的元数据管理标准

自动综合算法元数据主要是自动综合算法的开发单位和个人在发布算法时对该算法的说明,这对其他人员管理与调用算法非常有用。

需要说明的是,长期以来,对自动综合算法的评价没有一个量化的标准。究其原因在于,以前我们致力于对算法的"绝对评估",而由于制图综合本身的复杂性、经验性、艺术性和抽象性,对每个算法建立量化的评估指标是困难的,甚至不现实的。而本书把"绝对评估"转化为算法之间的"对比评估",即采用统一的评价标准,来获取不同算法之间对比的评估指标。这种对比的评估指标是可以量化的,因为每个算法的正确性、合理性和科学性程度是相对而言的,可以转化为其综合结果之间"相对比较"的结果。

因此,依据"对比评估"的思想,从管理和调用的角度出发,设计的自动综合算法的元数据应该至少包含以下几个方面的内容。

1. 算法适用范围

目前的自动综合算法还只能适用于一定的用途、比例尺和制图区域,任何一种算法的使用都是有局限性的,有一定的适用范围,而不能适应所有制图综合环境和数据。因此,要描述该算法就必须指出其所适用的地图用途、比例尺和区域特点,这些就是自动综合算法的适用范围。不同的制图用途、区域特点和比例尺,都需要有与之相适应的不同制图综合算法。所以,需要从地图用途、制图区域特点、比例尺三个方面进行描述(王家耀,2001)。

首先,自动综合算法所能进行的自动综合操作,需要受到地图用途的影响,这也是算法最关键的影响因素(Neun,2007)。在算法的元数据中,首先必须阐明该算法满足于何种地图用途。地图用途的类型可以分为通用图、专题图、交通图和地形图。算法元数据中首先需要明确指出其能够满足哪种地图或哪些用途。

其次,在明确算法的地图用途之后,算法元数据中必须阐明算法所能够满足的制图区域特点。因为现有的自动综合算法还无法满足所有区域特点的自动综合,在不同的地图用途下,其所能够适合的综合区域特点也会有所不同。因此,在阐明自动综合算法适合的地图用途之后,需要阐明其适合的区域特点,即需要明确指出算法能够满足图 4.96 中的哪种或哪些区域特点。

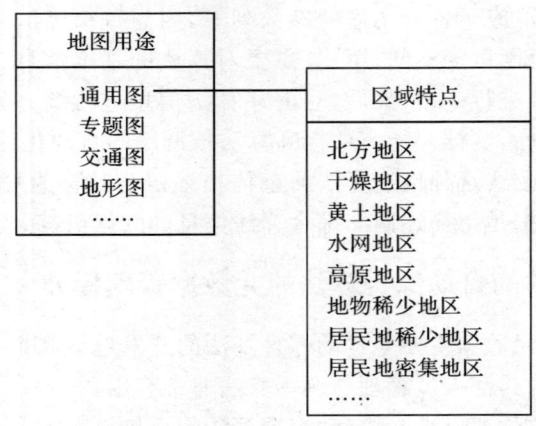

图 4.96 区域特点的内容

图 4.96 中,通用图中包含了不同的区域特点,而专题图、交通图、地形图等中也同样包含了不同的区域特点,并且不同地图用途中的区域特点也会有所不同,但

不同地图用途中并不一定包含区域特点中的所有类别。

最后,在明确算法的地图用途和区域特点之后,还需要阐明算法适合的目标比例尺。因为现有的自动综合算法无法满足所有比例尺的自动综合,在不同的地图用途、区域特点要求下,其所能够适合的目标比例尺也会有所不同。因此,在阐明自动综合算法适合的地图用途和区域特点之后,还需要阐明其适合的目标比例尺,即需要明确指出算法能够满足图4.97中的哪种或哪些比例尺。

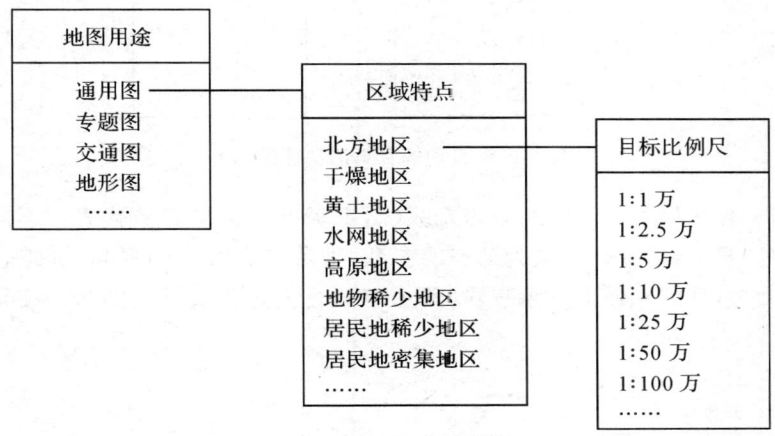

图 4.97 目标比例尺的内容

在自动综合算法元数据中,制图用途、制图区域特点和比例尺之间存在着不可分割的联系,即一个算法首先需要阐明其用途,然后阐述其能够适用的制图区域特点,最后阐述其适用的目标比例尺。这样,才能完整地描述自动综合算法的适用范围。

2. 算法功能

任何一个算法都有其特定的功能。算法功能主要说明其可以完成的工作。自动综合算法的功能是指该算法在特定的地图用途、区域特点和目标比例尺下,能够进行的自动综合操作。而自动综合操作(即自动综合算子),最基本的划分为:选取、化简、合并、位移、等级变换等。而每个算子又可以依点、线、面来划分等,例如选取算子又可以分为点选取、线选取、面选取等。因此,每个算法中要指明该算法能够进行何种自动综合操作,即需要指出算法能够进行图4.98中的哪种或哪些自动综合操作(其中虚线之前为图4.97中的部分内容)。

3. 算法参数

算法功能是通过设置其参数来实现的。因此,算法在使用的时候,需要限制其各个参数的数值范围,这样才能保证算法综合结果的正确性。即算法的参数在指定的地图用途、区域特点和比例尺下,所能进行的各种综合操作,都有其不同的数值范围,脱离了这一范围,其综合结果将可能导致错误。但算法的参数可以在一定范围内浮动,以调整综合结果来满足不同的需求。

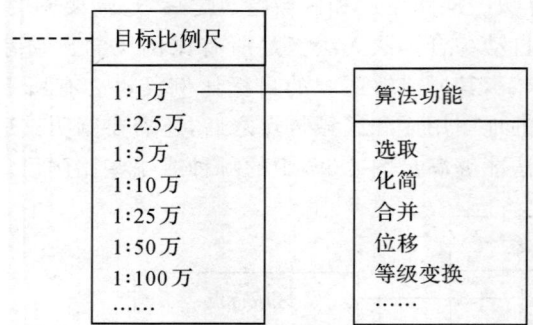

图 4.98　自动综合算法功能的内容

把每个算法的参数范围划分为 5 级(图 4.99),不同的参数代表了不同的自动综合强度。其中,第 3 级参数为缺省的参数,随着参数级别的提高,其综合强度逐渐增强,反之,其综合强度逐渐减弱(图 4.100)。但过强或过弱的综合结果都是不可取的(雷伟刚,2005)。

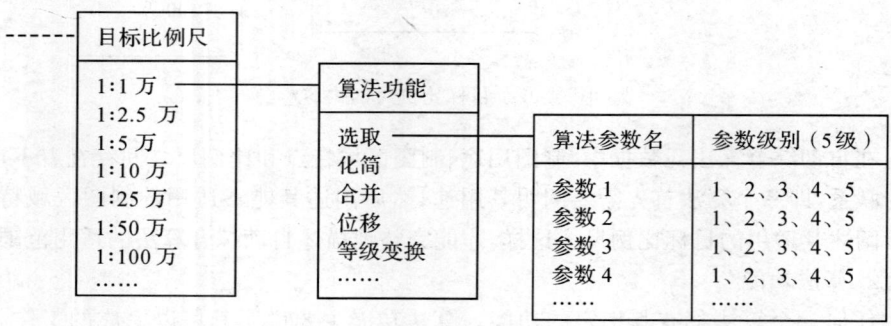

图 4.99　自动综合算法参数的内容

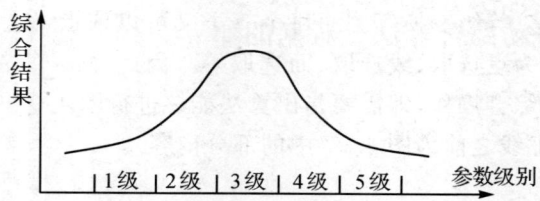

图 4.100　参数级别与综合结果的关系

4. 算法基本信息

算法的基本信息主要包括算法的研发单位、主要研发人员、研发时间、研发目的、主要研发人员联系方式等。算法基本信息主要让算法使用人员初步了解算法的研发信息、研发目的,如果遇有疑问,可以及时与研发人员取得联系与交流。

5. 算法经验信息

自动综合算法元数据中有的指标可以直接得到(如其适用的地图用途、区域特点、比例尺、综合操作等),而有的必须通过大量实验得到(如算法的优点、缺点,其最擅长的综合操作,与其他算法之间的复合操作关系等)。因为自动综合的复杂性和经验性,大量实验和专家经验成为最有说服力的手段。算法的经验信息就是给广大的算法使用人员和制图专家预留一个空间,在算法使用过程中遇到上述条目中疏漏的信息,可以在此补充。

6. 算法改进信息

一个算法,终究会有其缺陷与不足,除了算法研发人员外,广大用户在大量实验过程中,可能还会发现研发人员无法发现的问题,这个条目也是为广大用户和制图专家预留的一个空间,用于补充算法的改进信息。这样,一方面用户可以从算法改进信息中得到建议,有效避开算法的缺陷;另一方面,这也建立了算法研发人员和用户之间的交流平台,算法研发人员可以从中获取算法改进信息,从而不断修正算法,使之日益趋于完善。

7. 算法综合评价指标

所有自动综合算法库中的算法,在经过不断的测试、使用和评估后,需要有一个统一的指标来衡量其自动综合的能力,这个指标就是"算法综合评价指标"。这是一个难以绝对评估的指标,但采用"对比评价"指标还是可以实现的,这种对比评估是一种相对评估,是一个相对数值。我们可以通过开发质量评估算法进行综合算法的评估、采用基于知识检查的方法评估综合算法、通过"交互式"作业的积累对算法进行评估、依据专家经验对综合算法进行评估、通过对相同经典数据综合结果的比较对综合算法进行评估等获取"对比评价"指标。在统一的环境下,可以规定其量化的指标范围(如[0,10]),算法的综合评价指标越大,表明其性能越高(QIAN Haizhong et al,2006c)。由于本书的重点不在于此,故不作重点阐述。

4.9.2 完整的自动综合算法元数据的建立

除了自动综合算法的基本信息、算法经验信息、算法改进信息和算法综合评价指标外,自动综合算法元数据中的其他各项内容之间存在着严格的层次关系。这种层次关系采用对象数据库进行描述是最为贴切的。但目前的主流数据库仍然为关系数据库,即采用二维关系表的方式进行表达。因此,需要把这种层次关系转化为关系数据库中的二维表结构形式。这样,自动综合算法元数据在数据库中就至少需要两张表,即自动综合算法的基本信息表和关键信息表。其中,自动综合算法基本信息表用来描述自动综合算法的基本信息、算法经验信息、算法改进信息和算法综合评价指标等信息;而自动综合算法关键信息表用来描述自动综合算法的适用范围、功能、参数等信息。

同时,上述阐述是以一个算法为例的算法元数据结构。但实际上自动综合算法的元数据是用来描述多个算法的。因此,还需要在数据库中增加多个算法之间的优先权关系表。之所以需要建立算法之间的优先权关系表,是因为当多个算法具有同样的功能时,需要对其进行优先调用次序的排序。

下面以课题组开发的遗传算法(Genetic Algorithm,GA)为例,分别阐述其三个元数据表结构。

1. 自动综合算法基本信息表

该表中主要包含自动综合算法的基本信息、算法经验信息、算法改进信息和算法综合评价指标等内容,其形式为二维关系表,如表4.14所示。

表4.14 自动综合算法基本信息表

信息名称	信息内容
算法名称	GA算法
研发单位	××××
主要研发人员	××××
研发时间	2009-7—2010-10
研发目的	地图生产
主要研发人员联系方式	137****6079
经验信息	用户或专家经验
改进信息	用户或专家建议
综合评价指标	9

2. 自动综合算法关键信息表

自动综合算法关键信息表包含了该算法的关键信息,主要包括算法适用范围、算法功能和算法参数等信息。由于这些信息具有鲜明的层次关系,但在数据库中需要采用二维关系表来表示。因此,表的结构中设置了两个ID,即记录ID和算法ID。其中,记录ID是唯一标识号,用于唯一标识一条记录;而算法ID可以重复,相同的算法ID则用来表示该记录阐述的为同一个算法。因此,记录ID唯一,而算法ID不唯一,如表4.15所示。其中,每个算法在指定环境下的参数也是一个列表。例如,表4.15中第2条记录中的算法参数如表4.16所示。

表4.16中,不同的参数代表了不同的综合强度。第3级参数为缺省的参数,随着参数级别的提高,其综合强度逐渐增强,反之,其综合强度逐渐减弱。但过强或过弱的综合结果都是不可取的(图4.101)。可设置其他级别的参数为缺省参数。

表4.15 自动综合算法关键信息表

记录ID	算法ID	算法名称	地图用途	区域特点	比例尺	算法功能	算法参数表	备注
1	1	GA	通用图	居民地密集地区	1:2.5万	点选取	…	
2	1	GA	通用图	居民地密集地区	1:2.5万	线选取	表4.16	道路选取
3	1	GA	…	…	…	…	…	
4	2	…	…	…	…	…	…	
…	…	…	…	…	…	…	…	

表4.16 GA算法道路网选取参数表

参数名	参数级别				
	1	2	3	4	5
点群综合相似距离/m	0.7	0.8	1	1.2	1.5
点群聚类调节参数/m	8	9	10	12	13
线综合尺度/m	42	46	50	55	60
道路网眼最大面积/m²	7 000	8 000	10 000	12 000	13 000
道路网眼最小面积/m²	46	48	50	51	52
道路拓扑限差/m	0.8	0.9	1	1.1	1.3
道路网冲突参数/m	15	17	20	22	24

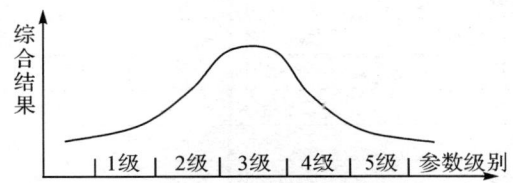

图4.101 参数级别与综合结果的关系

3. 综合算法间的优先权表结构

参数调整是综合过程中最先考虑到的。即当综合结果不尽如人意时,首先考虑调整综合参数(即调整表4.16所示的参数范围)。如果该算法在调整参数后其综合结果还达不到预定标准,则只能另选其他具有类似功能的自动综合算法了。因此,在这种情况下,需要对具有类似功能的自动综合算法进行排序,即赋予其优先权。

算法优先权表示在同等条件下该算法被采用的优先程度。优先权也从1至5共分5级,级别越高,优先权越大。如果优先权为0,说明算法对该操作不适合。如"道格拉斯"算法仅仅适用于"化简"算子中的线要素化简,而不适合点选取等操作。不同的综合算法对综合算子提供的服务能力是不同的,当然,能够适应所有综合算子的综合算法是最好的,只是一般达不到。提供综合算法优先权信息,可以按表 4.17 所示的格式进行。

表 4.17 自动综合算法适应性优先权

适用的算子名		(优先权 1~5/不适用)
点选取	适用/不适用	1、2、3、4、5/不适用
线选取	适用/不适用	1、2、3、4、5/不适用
面选取	适用/不适用	1、2、3、4、5/不适用
线化简	适用/不适用	1、2、3、4、5/不适用
面轮廓化简	适用/不适用	1、2、3、4、5/不适用
面合并	适用/不适用	1、2、3、4、5/不适用
点位移	适用/不适用	1、2、3、4、5/不适用
线位移	适用/不适用	1、2、3、4、5/不适用
面位移	适用/不适用	1、2、3、4、5/不适用

例如,GA 算法的优先权如表 4.18 所示。

表 4.18 GA 算法的优先权

适用算子名	优先权(1~5)
点选取	5
线选取	5
面选取	3
线化简	4
面轮廓化简	3
面合并	0
点位移	2
线位移	2
面位移	2

通过对制图综合算法库的建立和管理,从自动综合算法的适用范围、算法功能、算法参数等关键信息,以及算法基本信息、经验信息、改进信息和综合评价指标等辅助信息,以及自动综合算法优先权等方面出发,建立了详细的自动综合算法库元数据管理体系,从而实现了对自动综合算法的有效管理与调用,为有效提高自动综合的自动化程度和水平,完善自动综合算法的一体化管理体系等提供了有力支持。

§4.10 评估综合算法的途径

综合算法元数据一般需要算法开发人员提供。综合算法除了需要提供上述算法元数据信息以外,还应该通过非算法开发人员(用户、专家)等进行进一步的测试，以判断该算法的实用程度。可以通过以下几个方面进行测试、评估。

4.10.1 开发质量评估算法对综合算法进行评估

因为综合算法的功能主要通过综合结果的合理性来判断，因此，开发质量评估算法可以用来评价综合算法的合理性。这部分内容详见第 5 章。

4.10.2 采用基于知识检查的方法评估综合算法

对综合结果进行评价的另一途径就是依据知识库中的知识评价综合算法结果的合理性。这部分内容详见第 6 章。

4.10.3 通过"交互式"作业的积累对算法进行评估

一般自动综合完成后，还需要进行一定量的人工"交互式"综合，以解决算法没有自动完成的问题。这些人工交互是综合算法在自动综合过程中没有解决的，也是没办法解决的综合问题，只能依靠制图综合人员进行交互式综合。制图综合人员交互式综合过程的所有综合操作，都可作为进一步改进自动综合算法的借鉴。或者说制图综合算法如果能够解决哪怕是自动综合后人工交互式操作中的某一问题，都可以算做是算法的改进。当然，这也可作为算法缺点的评价依据。

而交互式综合操作的多少很难做出量化的衡量，只能进行相对的比较。尤其当自动综合与交互式综合操作量基本相当时，相对比较都很难。并且，交互式综合操作会因人而异。不同的人综合相同的数据，其交互式操作量自然是不同的（当然总体上还是趋同的）。

因此，基于这种方式的综合算法评价方法，带有较大的经验性，可以在专家较长时间的经验积累后通过感性认识和理性推理而得到。

4.10.4 依据专家经验对综合算法进行评估

制图综合结果的好坏，用计算机来判断可能比较难，但是制图综合专家可以在很短的时间内判断出综合结果的好坏，如果是进行相对比较则更容易。可以把不同算法综合的结果交付专家进行鉴别，如果多数专家认为某算法最优，则也可以作为评价算法优越性的依据。

4.10.5 通过对同一经典数据综合结果的比较对综合算法进行评估

采用不同算法对同一经典数据进行综合，对比其结果，也是一种常见的评价综合算法的方法。综合算法的比较是相对的比较，但是相对比较也需要有相同的基础才行，脱离了相同的基础，就无法进行相对比较。因此，相对比较是指在相同环境和条件下的比较。相同环境主要指相同的地图用途、比例尺和制图区域特点等。

而用同一经典数据对不同算法进行同一综合环境下的综合操作,最能反映出综合算法的综合能力和水平。因此采用同一经典数据进行综合算法的评价,无疑是最有说服力的。

§4.11 本章小结

自动制图综合算法与模型是实现自动制图综合功能的核心。研制满足要求的自动综合算法与模型是实现自动制图综合的基础和关键。本章在提出并分析制图综合算法特点和数据层次划分新方法的基础上,提出并研究了多种新的制图综合算法模型,主要包括:

(1)把 Delaunay 技术与 Agent 相结合,研制了基于 ABTM 的制图综合算法模型;

(2)把圆技术与极化变换相结合,研制了基于圆特性的制图综合算法模型;

(3)采用降维技术,研制了基于降维技术的街区自动综合算法模型;

(4)引入 Stroke 技术,并与极化变换结合,研制了 Stroke 与极化变换相结合的道路网选取模型;

(5)提出了曲线弯曲划分的新方法,研制了基于"斜拉式"弯曲划分的曲线化简模型等。

同时,为了对自动综合算法进行有效的管理和使用,大幅提高自动综合的自动化水平,在研制上述模型的基础上,提出了"综合算法元信息"概念,并对自动综合算法的评估与管理方法进行了研究。

第 5 章　制图综合几何质量评估

地学空间数据多种多样,往往极其复杂,而且占总信息量的 75%~80%,其质量应与其他产品一样得到高度重视。国际标准 ISO8402 对 GIS 空间数据质量的定义是:GIS 空间数据质量是反映空间数据满足用户规定和潜在需要能力的特性总和。而我国《城市地理信息系统标准化指南》则认为,GIS 数据质量是指对特定用途的分析和操作的适用程度。空间数据质量的评价是对空间数据实施质量控制的基础,只有合理、准确地评定数据的质量和精度,才能有针对性地加强对数据质量的管理,提高空间数据的整体质量,保证 GIS 应用结果可靠性目标的实现。

从用户的角度讲,数据质量是数据对特定用途的分析和操作的适用程度(Howard,1998),是按满足指定应用需求的原则将地理信息产品的特征通过一定的方式进行标记。但对数据生产者来说,空间数据质量是按照真实标记的原则(truth in labeling)进行标记。国外,欧洲早期的 Agent 计划中把质量评估简单地划分为位置(position)、方向(orientation)、距离(distance)、排列(alignment)等 4 种类型。国内,关于空间数据质量内容划分如表 5.1 所示(朱庆 等,2004)。

制图综合质量评估是制图综合中重点研究的内容。例如,Punt 等(2011)利用栅格图像进行数据综合和制图综合,获取较小比例尺电子地图,然后借助 ArcGIS 质量检查工具,从几何精度、面尺寸、空间关系、几何对比、孤岛检查、网络连通、最小距离、线要素重叠等 8 个方面对自动综合的质量进行检查。Taillandier 等(2011)以 EuroSDR 项目为例,对面状居民地综合采用人机协同方法,建立并提炼、优化自动综合评估数学模型,以此进行面状居民地综合的质量评估。Karsznia(2011)在欧洲 INSPIRE 项目研究过程中,采用 DynaGEN 和 Clarity 平台分别对同一个 1:25 万城市居民地进行综合,获取了相应 1:100 万的综合结果,并对综合结果进行了分析等。

制图综合会改变地图数据的几何信息、属性信息和语义信息。因此,如何去评价制图综合质量已经成为数字制图条件下的重要问题之一。缺少了质量评估,也就缺少了对结果的肯定,这样的制图综合是不完备的。

对制图综合结果进行质量评估还具有其他方面的用途。例如,评价综合算法优劣程序的重要指标之一就是综合结果的好不。即如果某算法的综合能力强,综合结果好,则该算法就好。同样,对制图综合流程的优异性进行评价,也可以采取类似的方式。即整个制图综合流程的好坏,可以从其综合结果中体现出来。

表 5.1 空间数据质量评估的内容

空间数据质量元素			空间数据质量子元素
定量质量信息	完备性	空间维	地理范围的完备性
		专题维	数据分层的完备性 实体类型完备性 属性数据完备性 注记完备性 要素间关系完备性
		时间维	时间维实践的有效性(现势性)
	逻辑一致性	空间维	拓扑关系的一致性
		专题维	格式的一致性
		时间维	数据采集和生产时间的一致性
	精度	空间维	数学基础 平面位置精度 高程精度 接边精度
		专题维	属性的正确性 注记的正确性
	分辨率	空间维	空间分辨率
		专题维	分类与代码的正确性 数据分层的合理性
		时间维	时间分辨率
非定量质量信息	目的 用途 数据志		

因此,制图综合质量评估可以解决三个方面的问题:

第一,对各种手段综合出来的结果数据进行质量评价,以检查其是否符合综合要求;

第二,对综合算法的综合结果进行实时评价,以评估算法的正确性与优越性,它包括对制图生产过程中的综合算法评价,同时也包括对 GIS 多尺度表达中综合算法的正确性评价;

第三,通过对制图综合结果的合理性评价,来判断综合过程是否科学。

但由于制图综合本身的复杂性、经验性、艺术性和抽象性,对综合结果、算法、过程的评价没有一个严格量化的标准。这种正确性、合理性和科学性程度是相对的,是综合结果之间相对比较的结果,其表现形式是对算法进行优先级排序。对制图综合过程科学性的评价,也可以通过评估其综合结果的合理性来判断。

由于本书综合算法的研究重点主要是对空间目标几何信息的综合,操作对象也主要是几何实体,因此,本章研究的质量评估算法主要针对综合前后几何信息改变的评估,而对其他信息的评估暂未顾及。

§5.1 基于极化变换的点群目标综合几何质量评估

关于点群综合的重要性以及"圆"的特性前面已经进行了阐述。如前所述,"圆"作为一种基本的几何图形,有一个隐含的特性,即圆具有距离(半径)和方位(角度)双重量测功能,在以圆为参照物的坐标系内,任何目标的"位置关系"均可以分解为"距离"和"方位"两个基本分量,距离和方位的联合使用,在判断目标间的位置关系时十分直接。因此,本章从圆的这一特性出发,通过分析比较点群目标综合前后在极化空间的变化,从而对点群目标的综合结果进行质量评估。图 5.1 是一组采用 TIN 算法对某幅 1∶25 万地形图上的点状植被要素进行选取的结果,其中图 5.1(c)为使用 TIN 算法依据综合要求进行的某种综合强度(称为综合强度 1)的选取操作结果,图 5.1(d)为使用 TIN 算法进行的强度更大的选取操作结果(综合强度 2)。对同一算法进行不同综合强度的综合,更能检验综合算法的稳定性和正确性,同时也能体现综合结果对整体特性的保持,增加综合结果的评估指标数量及对比性。对点群目标的综合质量评估,有许多指标,如最小形状变形、最小位移、图形覆盖密度、综合前后目标数量比、综合前后目标之间的平均距离、频率、平均数、数学期望、方差与标准差、变差系数的差异等。而点群目标经过极化变换后,其综合质量评估指标就转化为具有线要素特征的评价指标。点群综合的要求是综合前后特征点的保持和整体特性的保持,可以从这两个方面提取质量评估指标进行评估。下面将对此幅图的综合结果进行质量评估,通过对评估结果的量化,得到一系列质量评估指标值,从而达到评估的目的(Qian Haizhong et al, 2006a)。

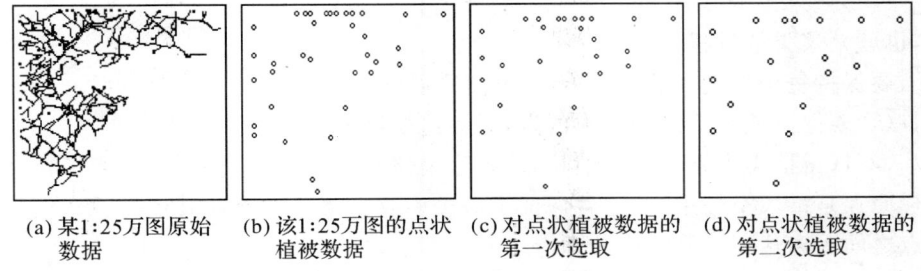

(a) 某1∶25万图原始数据　(b) 该1∶25万图的点状植被数据　(c) 对点状植被数据的第一次选取　(d) 对点状植被数据的第二次选取

图 5.1　某幅 1∶25 万地形图上植被点群的综合结果

5.1.1　点群极化变换的过程

本节介绍的点群极化变换过程,在第 4 章"基于圆极化变换的点群选取算法"中已有阐述。该极化变换过程主要包括三个步骤:

(1)区域最大空域中心的确定(见 4.5.1 节)。
(2)目标极坐标值的计算(见 4.5.1 节)。
(3)坐标空间到极化空间的转化(见 4.5.1 节)。

图 5.1(b)中的点要素经过上述三个步骤后,被转化为极化空间中的线要素,见图 5.2。

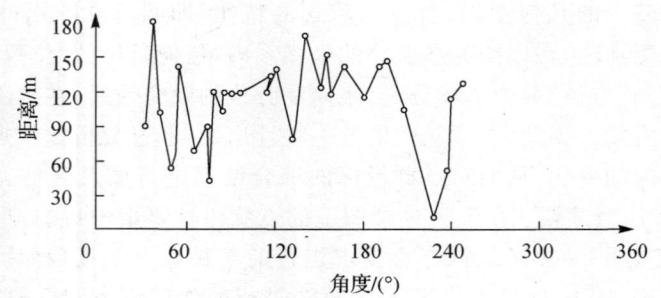

图 5.2　数据在极化空间的表示

5.1.2　点群特征点的保持

点群特征点主要指点群所形成区域的重要轮廓点。如果进一步细分,可以将点群进行聚类,每个聚类的轮廓点需要保持。本书中的极化空间 $T=\{P(d_i,A_i),i\in \mathbf{N}\}$ 中有两个分量,即 d 和 A,这两个分量从不同角度反映了点群目标之间的位置分布关系。由于角度 A 已经进行了排序,因此,在极化空间坐标系横方向(角度)上呈递增分布,并成为极化空间的主要特征,从而选择对角度 A 方向进行主聚类。

在角度 A 方向上,给定 α 作为角度阈值,G 为角度 A 的一个集合,对 $\forall A_i$,$A_{i+1}\in G$,如果集合 G 满足 $\Delta A=|A_{i+1}-A_i|<\alpha$,则称 G 为一个类。类的生成过程,也就是聚类的过程。

要保持每个聚类中的特征点,需要满足以下条件:

(1)要保留该类中 d 值最大的点,因为这是该类点中的外边界点。

(2)保留该类中 d 值最小的点,因为这是该类点中的内边界点,由于极化空间坐标原点是最大空域中心,这就保证了该类中 d 值最小的点与其他类中 d 值最小的点之间距离达到了最大值。

(3)保留每个类的首末点,因为这些点一定是每个类的边缘点,能够保持类的轮廓。

(4)在保证能够删除点的前提下,尽量保留极值点(满足 $f'(A_i)=0$ 的点,其中 $d=f(A_i)$ 是关系函数)。

(5)在非首末点情况下,点群特征点不能连续,因为这样可以有效保证特征点分布的相对均匀性。

由于上述工作主要集中在对 d 的操作上,而 d 是长度变量,只要采用距离判断即可。图 5.3 列举了给定 α 角度阈值情况下,原始点群需要保留的特征点的分布情况。

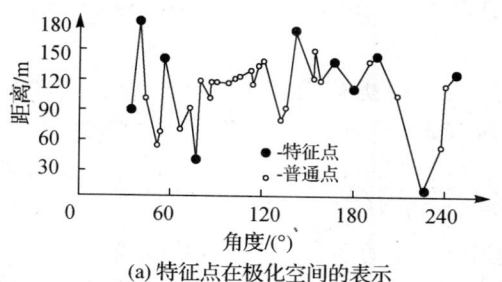
(a) 特征点在极化空间的表示

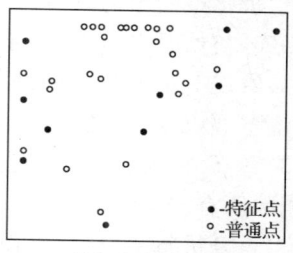
(b) 特征点的分布情况

图 5.3　$\alpha=11°$ 时特征点要求保留

5.1.3　点群整体性的保持

点群整体性的保持,其含义是密集地区仍然保持相对密集,稀疏地区仍保持相对稀疏。为了量化地衡量这种要求,可借助目标聚类方法。通过对点群按欧氏距离进行聚类划分,然后对每个类进行质量评估。这样,可以用三个指标进行衡量:

(1) 聚类数量变化(衡量点群目标区域分布特点的变化)。
(2) 聚类轮廓变化(衡量点群目标区域分布范围的变化)。
(3) 每个聚类中的目标个数变化(衡量点群综合密度的变化)。

指标(1)从整体上衡量点群目标的区域分布特征,因为聚类本身是相近点群的集合,所以聚类的数量变化能够反映区域分布的变化。指标(2)对点群中的每个局部分布区域进行衡量,因为一个聚类为一个点群集合区域,故聚类轮廓的变化能够反映点群区域分布范围的变化。指标(3)是在指标(1)和指标(2)的基础上,进一步衡量局部区域内点群分布密度的变化。

经过极化变换后,原来的点群目标被转化为极化空间中的线状目标来处理,质量评估指标也应进行修改。其中指标(1)和(3)可以转化为对线状目标特征点聚类来处理,而指标(2)可采用缓冲区技术,对综合前极化空间中的线状要素进行缓冲区分析,如果综合后极化空间中的目标仍落在综合前目标的缓冲区内,则表明综合前后整体轮廓保持较好。本书提出的采用缓冲区技术衡量点目标区域分布范围变化是一种有效手段,因为线要素缓冲区的形成可以看成是一定半径的圆沿线要素滑动后留下的轮廓,因此,线要素的缓冲区也具备了圆的特性,和本书中采用圆极化变换进行目标质量评估是一致的,如图 5.4 所示。

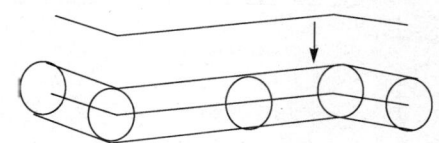

图 5.4　线缓冲区原理与极化空间的关系

从上述质量评估指标可以看出，对极化空间中的线目标进行聚类是必须的，考虑圆具有距离和方位两个基本特性，本书对线要素特征点的聚类过程如下：

(1) 极化空间中的 $T=\{P(d_i,A_i),0\leqslant i<n\}$ 是已经按 A 从小到大进行排序的有序点集，初始时设 $i=0$，转步骤(2)。

(2) 给定一半径为 r 的圆，在 T 中寻找所有满足 $J=\{P_j:|P_j-P_i|\leqslant r,0<j<n,j\neq i\}$ 的集合，并在 T 中删除所有 $P_j,P_j\in J$，转步骤(3)。

(3) 在 T 中寻找所有满足 $J_1=\{P_k:|P_k-P_j|\leqslant r,P_j\in J,0<k<n,k\neq j\}$，在 T 中删除所有 $P_k,P_k\in J_1$，并进行操作 $J=J\cup J_1$，转步骤(4)。

(4) 重复进行步骤(3)操作，直到所求得的集合 $J_1=\varnothing$，转步骤(5)。

(5) 把求得的集合 J 作为一个新聚类，$i=i+1$。如果 $i<n$，返回步骤(2)求取新的 J，如果 $i=n$，转步骤(6)。

(6) 结束。

图 5.5、图 5.6 和图 5.7 分别是原始数据、采用综合强度 1、综合强度 2 进行综合的结果数据在极化空间中的分布结果。图 5.8、图 5.9 和图 5.10 分别是对原始数据、采用综合强度 1、综合强度 2 进行综合的结果数据进行聚类的结果。每个面区域内的目标被聚为一类。

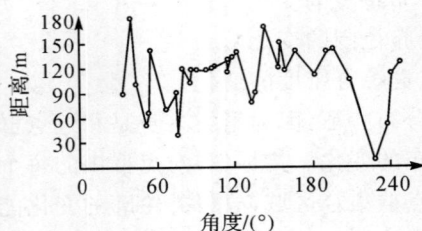

图 5.5　原始数据在极化空间的分布

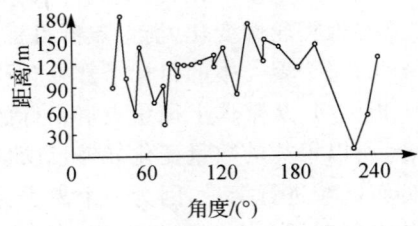

图 5.6　采用综合强度 1 的综合结果在极化空间的分布

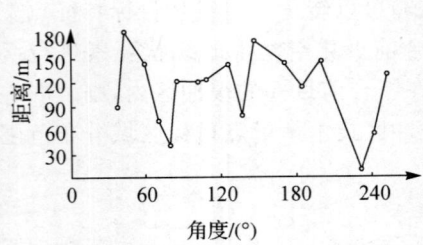

图 5.7　采用综合强度 2 的综合结果在极化空间的分布

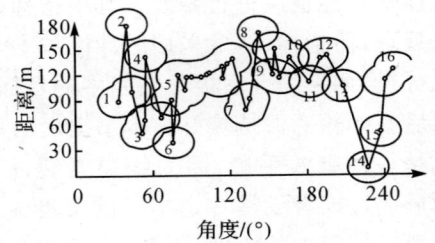

图 5.8　$r=35$，原始数据聚类结果

第 5 章 制图综合几何质量评估

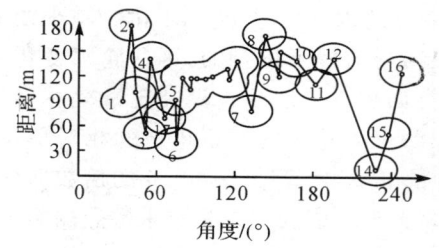

图 5.9　$r=35$，采用综合强度 1 的综合结果的聚类

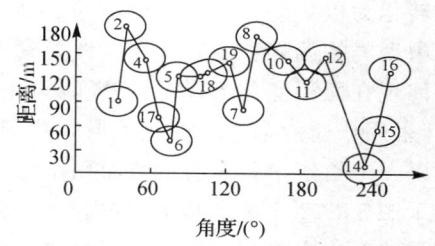

图 5.10　$r=35$，采用综合强度 2 的综合结果的聚类

图 5.11 为原始数据在极化空间中生成的线目标缓冲区，图 5.12 是采用综合强度 1 的结果与原始数据在极化空间缓冲区中叠加的结果，图 5.13 是采用综合强度 2 的结果与原始数据在极化空间缓冲区中叠加的结果。图 5.11、图 5.12 和图 5.13 中的缓冲区均为原始数据在极化空间中生成的线要素缓冲区。从图 5.11 至图 5.13 可以看出，综合后的目标仍落在综合前目标的缓冲区内，表明综合前后轮廓整体性保持符合要求。

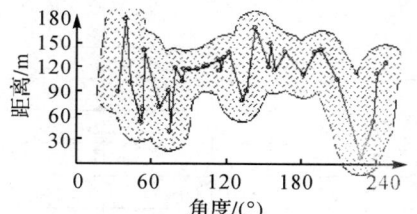

图 5.11　原始数据极化空间的缓冲区

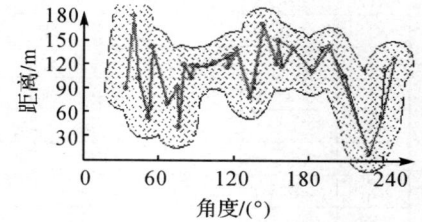

图 5.12　综合强度 1 的综合结果与原始数据在缓冲区中叠加的结果

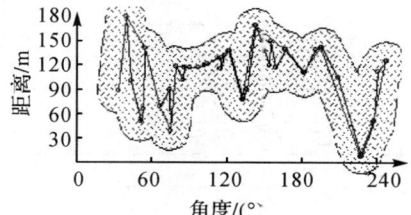

图 5.13　综合强度 2 的综合结果与原始数据在缓冲区中叠加的结果

依据本节中的综合评估指标，及图 5.5 至图 5.10 的结果，对两次综合结果的数据进行分析，得出表 5.2 所示的指标数据值。其中，聚类号为每个聚类的编号，它从线的一端开始，沿线前进方向依次编号。聚类号前有减号，表明该聚类在综合过程中会被删除；聚类号前有加号，表明是综合过程中新增加的聚类。聚类内点数为聚类中包含点目标的个数，其中数据带阴影表明该聚类中点群密集或是首末端点的聚类，其变化幅度对综合质量影响较大。聚类轮廓具有形态特征，但点群目标

在转化为极化空间中的线要素后,影响轮廓变化的因素发生了变化,因为单根线要素中聚类的偏移和变化是在以线要素为骨架线的前提下进行的,因此轮廓变化主要体现在面积变化上,故聚类轮廓可采用聚类面积近似表示。聚类轮廓是一多边形,采用普通的多边形面积求取算法即可计算;聚类轮廓的面积单位为相对单位,即以一个给定半径 r 的整圆面积作为一个计量单位,计算结果用 0.5 的倍数取舍,如 1,1.5,2,2.5 等。其中,数据带阴影表明该聚类轮廓较大或是首末端点的聚类,聚类的变化主要在这些大聚类中进行。表 5.2 的最后一行为各个指标的统计,能够从总体上反映综合前后的变化。从结果看,表 5.2 的统计数据正是"聚类数量变化、每个聚类中的目标个数变化、聚类轮廓变化"这三个指标的量化值,从而可以清晰地描述点群整体性的保持情况。

表 5.2 综合前与不同综合强度综合后的综合指标值

	综合前			综合强度 1			综合强度 2		
	聚类号	聚类内点数	聚类轮廓	聚类号	聚类内点数	聚类轮廓	聚类号	聚类内点数	聚类轮廓
聚类过程	1	2	1.5	1	2	1.5	1	1	1
	2	1	1	2	1	1	2	1	1
	3	3	2	−3	1	1	4	1	1
	4	1	1	4	1	1	5	1	1
	5	12	4.5	5	10	4.5	6	1	1
	6	1	1	6	1	1	7	1	1
	7	2	1.5	7	1	1	8	1	1
	8	1	1	8	1	1	10	1	1
	9	2	1.5	−9	1	1	11	1	1
	10	2	2	10	2	2	12	1	1
	11	1	1	11	1	1	14	1	1
	12	2	1.5	12	1	1	15	1	1
	−13	1	1	14	1	1	16	1	1
	14	1	1	15	1	1	17	1	1
	15	1	1	16	1	1	+18	2	1.5
	16	2	1.5	+17	1	+1	+19	1	1
总计	16	35	24	16	27	21	16	17	16.5

5.1.4 结果分析

通过对表 5.2 的分析,本书把聚类变化分为三类:即聚类分裂、聚类删除和聚类轮廓收敛。聚类分裂表现为在极化空间中从原始聚类中分裂出新的聚类,这种聚类变化对原始聚类轮廓的改变较大。聚类删除指把极化空间中的某聚类舍去,这种聚类变化直接删除轮廓,或者可以看做把原始聚类的轮廓变化为零值,因此这种聚类变化对原始聚类轮廓的改变最大。聚类轮廓收敛指对原始聚类的轮廓进行局部或整体收缩,但不产生新类,原始轮廓依然存在,故对原始聚类轮廓的改变相对较小。表 5.3 和表 5.4 分别给出了采用综合强度 1 和综合强度 2 所产生的聚类分裂、聚类删除和聚类轮廓收敛的动态变化情况,而图 5.14 是图 5.3 与图 5.9 叠加的结果。可以看出,采用综合强度 2 的结果能够很好地保持点群的特征点。

表 5.3 对采用综合强度 1 的综合结果的聚类统计

聚类项目	聚类变化	聚类数增减	轮廓收敛
聚类分裂	3 号:分裂为 3、17 号	+1	0.0
聚类删除	13 号	-1	-1.0
聚类轮廓收敛	7 号:轮廓从 1.5 收敛为 1 9 号:轮廓从 1.5 收敛为 1 12 号:轮廓从 1.5 收敛为 1 16 号:轮廓从 1.5 收敛为 1	0	-2.0
	总 计	0	-3.0

表 5.4 对采用综合强度 2 的综合结果的聚类统计

聚类项目	聚类变化	聚类数增减	轮廓收敛
聚类分裂	5 号:分裂为 5、18、19 号	+2	-1.0
聚类删除	3、9 号	-2	-2.0
聚类轮廓收敛	1 号:轮廓从 1.5 收敛为 1 10 号:轮廓从 2.0 收敛为 1	0	-1.5
	总 计	0	-4.5

表 5.5 综合前后综合评估指标的量化

指标	综合强度 1/(%)	综合强度 2/(%)
特征点保持率	100	100
聚类数量保持率	100	100
聚类轮廓保持率	88	69
点目标删除率	23	52

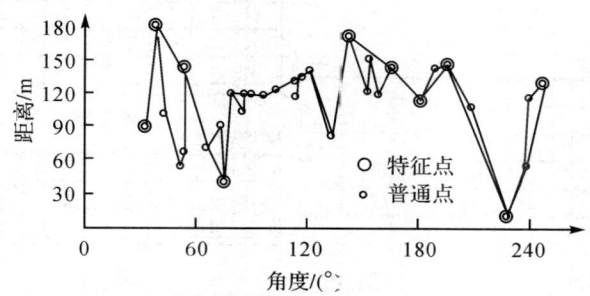

图 5.14 采用综合强度 2 的综合结果中特征点的保持情况

通过表 5.2,并结合表 5.3 和表 5.4 可以进一步得出表 5.5 所示的结果。结合 5.1.2 节和 5.1.3 节不难得出,综合质量要求在点群特征点、聚类数量、聚类轮廓尽量保持的情况下,尽可能按照综合要求删除多余的点,因此,它与特征点保持率、聚类数量保持率、聚类轮廓保持率、点目标删除率都成正比。从表 5.5 看出,采用综合强度 2 的结果对点群特征点的保持率达到了 100%,聚类数量在综合前后也保持不变,在聚类轮廓损失不大的情况下(综合强度 1 的损失率为 12%,综合强度 2 的损失率为 31%)点目标的删除率高达 52%,充分说明在保持了点群整体性的前提下,进一步改善了点群目标的清晰性。图 5.15 和图 5.16 从图形的角度反映了上述指标;图 5.15 反映了不同综合强度条件下综合结果对原始数据中主要聚类内点目标密度的保持情况;图 5.16 反映了不同综合强度条件下综合结果对原始数据中主要聚类轮廓的保持情况,同时说明了对点群目标区域分布范围的保持;图 5.15 和图 5.16 中的横坐标为聚类编号,它从线的一端开始,沿线前进方向重新依次编号,其数量反映了聚类数量的保持情况。

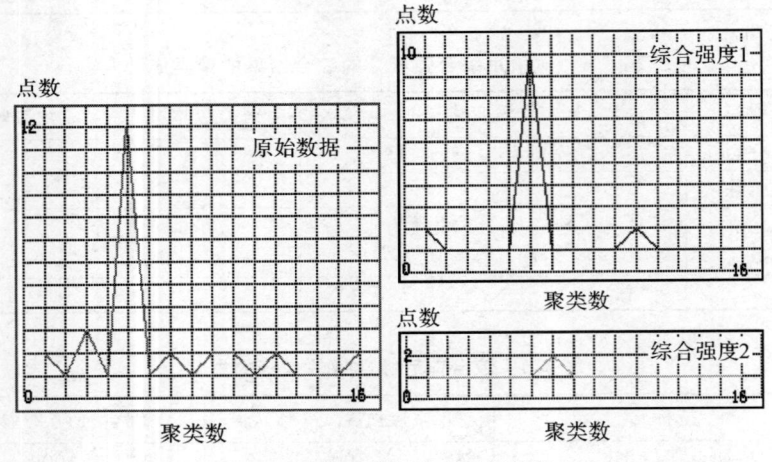

图 5.15 聚类及其包含点目标的数量

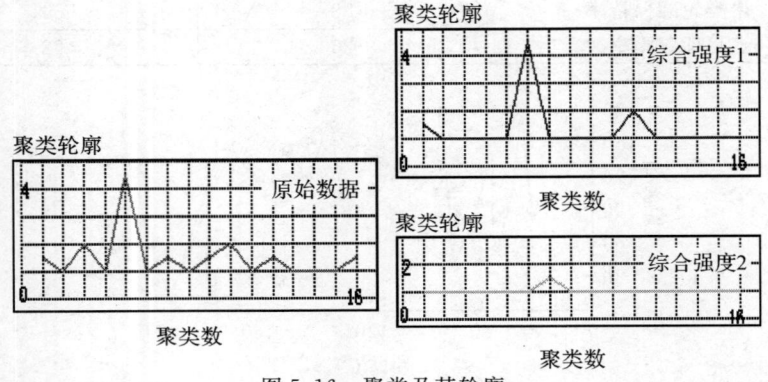

图 5.16 聚类及其轮廓

综上所述,基于极化变换的点群综合几何质量评估方法可以用量化的综合指标、图形表达等多种手段进行描述与评估,圆和聚类的特性以及它们相结合,使点群综合对整体性、保持清晰性等方面的要求得到多种方式的量化体现。因此,本方法具有以下特点:

(1)完成了数据空间到极化空间的映射,原始目标的分布状况体现得更为直观。

(2)原始数据分布在平面区域之中,而转化为极化空间的单根线状目标后,由原来对点群结果的评估转化为在兼顾圆特征前提下的对单根线要素的评估,评估更为详细和多样。

(3)量化了评估的手段。本方法在分析点群综合特点的基础上,给定了多个综合评估指标,从多个角度完成了对点群综合质量评估方法的量化,使得评估结果能够多角度量化衡量。

(4)该评估方法实现了全局出发的局部评估。既能够从整体上保持特征点,同时又从聚类角度出发,对局部进行评估,因此既考虑到了对综合整体性的评估,又考虑到了对综合详细性的评估。

(5)由于圆具有的特性,本算法主要是对线划单要素的距离进行计算,计算量小、速度快,不但适合进行数字制图生产过程中的质量评估,也非常适合GIS中空间数据多尺度快速表达的正确性评估。

至于线状要素综合质量的评估,可以参照本节中关于极化变换的点群综合几何质量评估方法。因为点群目标的特征点同时也是经过极化变换后线要素的特征点,因此,本节中对线要素评估的方法完全适用于实际线目标的质量评估。

§5.2 基于降维技术的建筑物综合几何质量评估

城市平面图形综合包括街网、街区、建筑物和其他地物等,而对城市建筑物进行综合是目前大比例尺城市制图综合中的主要组成部分。由于大比例尺城市图中建筑物多为面状要素,而这些面状要素占有了图面的大部分区域,因此,城市建筑物对图面表达的详细程度影响较大,这些都决定了大比例尺地图上对城市建筑物综合的重要性。现有的诸多算法都主要针对城市平面图的城市建筑物而言,并且,在大比例尺条件下,城市建筑物的综合主要是几何信息的改变,属性信息和语义信息的改变相对较小。因此,本节主要讨论大比例尺条件下城市建筑物综合的几何质量评估问题,而不涉及其他方面的质量评估。

城市建筑物群目标在分布上的分离性为其结构化描述带来了困难。分离就意味着无直接联系,要说有联系,那就是位于各个建筑物之间的空白地带,而这个空白地带作为建筑物集合的补集,在数据库中并没有明确定义与存储。正是建筑物之间分布上的分离性,导致对面目标综合质量评估很困难。长期以来,国内外对大比例尺城市建筑物综合的质量评估研究鲜有所见。

但是,抛开制图综合算法,就制图综合的本质要求而言,城市建筑物综合的质量评估和街网、街区综合的质量评估是相辅相成的,建筑物和空白区域也是相辅相成的。对于建筑物密集的大比例尺城市图而言,空白区域基本上可以看成是由街道组成的,因此,街道骨架线和建筑物可以看成是互补的几何空间。但是,在 GIS 图形描述中,骨架线和面状建筑物属于两个不同维数的概念,即面状建筑物属于面要素类型(二维要素),而街道骨架线属于线要素类型(一维要素)。充分利用这种相同互补空间之间的不平等维数转换,把面状建筑物的几何质量评估降格为对线要素的质量评估,就是本书所称的基于骨架线技术的质量评估。显然,该方法属于一种基于降维技术的质量评估。

5.2.1 采用降维处理的可行性分析

正是由于建筑物目标在分布上的分离性为其结构化描述带来困难,从而影响到直接对城市建筑物进行几何质量评估。但如果把城市建筑物转化为一维线状要素来处理,则质量评估的难度降低了。

由于面状建筑物形状可以被划分为凸状、凹状等为数不多的几种情形,因此,城市建筑物的轮廓结构比面状水系、植被等要素简单和规则。街道骨架线是空白区域的骨架线,如果不考虑建筑物内部的空白区域,则所有的空白区域是连通的。因此,街道骨架线是一条连通的复杂线要素,复杂程度与该区域的大小、建筑物密集程度、建筑物轮廓形态和分布情况等密切相关。

需要说明的是,在 4.6.2 节的三角网构网过程中,对建筑物和空白区域轮廓进行了足够的加密(线段中插入更多的内点)处理,并采用约束方式,保证面轮廓作为三角形的边,因此,这种三角剖分方法能够详细地反映建筑物轮廓的特征,面轮廓的每一处变化,都体现在三角网的改变中。由于建筑物和空白区域之间是互补关系,两者共同构建了整幅地图,而骨架线是从三角网中提取的,因此,建筑物轮廓的任何微小改变,必然会引起空白区域的相应变化,从而导致Ⅱ类骨架线的变化。因此,可以把对建筑物的几何质量评估转化为对Ⅱ类骨架线要素的几何质量评估。

5.2.2 对线要素进行顾及建筑物特征的几何质量评估

对每个建筑物进行几何质量评估主要包括建筑物删除和轮廓变化两种情况。建筑物是否应该被删除应该依据建筑物的重要性和面积等来判断,并且这种判断在编图规范中有明确的指标和规定,故比较容易掌握。而建筑物轮廓变化则是不确定的,随着综合算法的不同而不同,因此是几何质量评估的重点。

由于每个面状建筑物都被Ⅱ类骨架线所包围,因此,建筑物轮廓的变化将体现在Ⅱ类骨架线的变化上。建筑物的轮廓变化主要由化简、合并引起,而这种变化能通过Ⅱ类骨架线敏感地体现出来，建筑物位移也能依据Ⅱ类骨架线进行判断。

1. 通过Ⅱ类骨架线对建筑物轮廓化简进行评估

面要素轮廓变化在Ⅱ类骨架线中体现为以下两种情况：

(1) 骨架线小毛刺的消失，如图 5.17 所示。

(2) 骨架线小弯曲的消失，如图 5.18 所示。

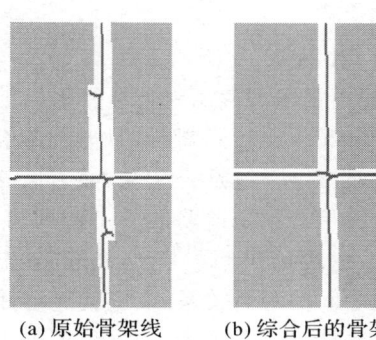

图 5.17　骨架线小毛刺的消失

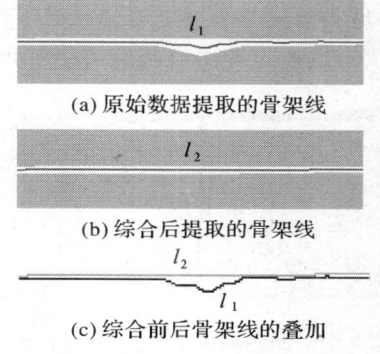

图 5.18　骨架线小弯曲的消失

情况一比较容易识别。因为建筑物轮廓引起的小毛刺一般很短，只要判断小于一定尺寸的骨架线分支数量的减少情况即可。

针对情况二，则需要通过对比算法来判断骨架线小弯曲的消失情况。如果建筑物轮廓没有化简，则其周围的Ⅱ类骨架线不会产生弯曲的变化。因此，判断综合前后骨架线是否重叠是关键，可以采用一条骨架线到另一条骨架线的距离来判断。

设从综合前数据中提取的Ⅱ类骨架线为 l_1，从综合后数据中提取的Ⅱ类骨架线为 l_2，l_2 的坐标串为 $C_2=\{(x_1,y_1),(x_2,y_2),\cdots,(x_i,y_i),\cdots,(x_n,y_n)\}$，其中($0<i<n,n\in \mathbf{N}$)。设 l_2 中任意一个坐标点 (x_i,y_i) 到 l_1 的距离为 L_i，则有如下准则：

准则 1　l_2 中至少存在一个坐标点 (x_i,y_i)，有 $|L_i|>0$，说明 l_1 和 l_2 不重叠；而对 l_2 中的任意一个坐标点 (x_i,y_i)，均有 $|L_i|=0$，说明 l_1 和 l_2 重叠。

在实际使用过程中，由于浮点计算、显示分辨率等限制，使得骨架线会产生微小的抖动，而准则 1 是严格理论意义上的约束，在实际使用中并不合适，于是，准则 1 经过修改，可以变为准则 2。

准则 2　l_2 中至少存在一个坐标点 (x_i,y_i)，有 $|L_i|>\delta$，其中($0<i<n,n\in \mathbf{N}$，$\delta \in \mathbf{R}$)，说明 l_1 和 l_2 不重叠；而对 l_2 中的任意一个坐标点 (x_i,y_i)，均有 $|L_i|\leqslant \delta$，说明 l_1 和 l_2 重叠。其中，δ 称为抖动系数，是很小的正实数，反映了骨架线抖动的程度。

可以依据准则 2 对综合前后Ⅱ类骨架线的重叠性进行检测，从而判断综合前后Ⅱ类骨架线的变化。综合前后骨架线之间夹带的空白区域面积大小体现了骨架线变化的幅度，从而可以用综合前后骨架线之间空白区域的面积大小反映骨架线弯曲变化的幅度,进而反映建筑物轮廓的变化。

计算综合前后骨架线之间空白区域的面积采用公式(5.1),即

$$A = \sum_{i=1}^{n-1}(|L_i|+|L_{i+1}|)\sqrt{(x_i-x_{i+1})^2+(y_i-y_{i+1})^2}/2 \quad (0<i<n) \quad (5.1)$$

式中,A 为面积。

2. 通过Ⅱ类骨架线对建筑物合并进行评估

城市建筑物合并需要注意以下两类情况:

(1)城区主要道路两侧的建筑物不能合并,如图 5.19 所示。

(2)同类目标需遵循就近合并的原则。

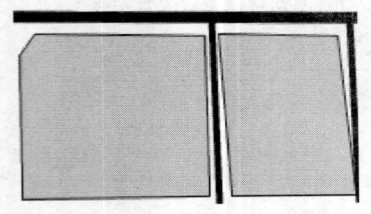

图 5.19 道路两侧的建筑物不能合并

对于情况一比较好判断,只需判断合并后的目标与城市主干道是否相交,或者直接判断合并的目标是否位于道路的同一侧即可;而对于情况二,建筑物中间没有主要道路,需要判断建筑物之间的距离关系,实施就近合并。

而一般计算面状目标之间距离的方法是计算面轮廓之间的最短距离。但这种计算方法在某些条件下是不科学的,例如面目标之间的最小距离很小,但平均距离却很大等情况,因此,如果按照最小距离来判断这类目标之间的距离显然是不合适的。

本方法按照骨架线到两侧面目标的平均距离指标来判断面目标之间的距离,如图 5.20 所示。对一条Ⅱ类骨架线,它是由 TIN 三角形所有内边中点的连线所组成的图形,因此,Ⅱ类骨架线到建筑物两边的距离相等。设 TIN 三角形中与建筑物轮廓重叠的边称为外边,则Ⅱ类骨架线到两侧目标之间的平均距离,可以近似地由生成骨架线的所有 TIN 三角形外边到与其相对顶点之间距离的平均值来表示,具体可按如下准则计算。

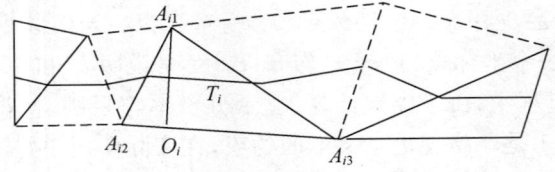

图 5.20 依据骨架线计算建筑物之间的距离

准则 3 对于任意一 TIN 三角形 $T_i(0<i<n, n\in \mathbf{N})$,其三个顶点分别为 $\{A_{i1}, A_{i2}, A_{i3}\}$,$T_i$ 三角形外边与相对顶点之间作一垂线,垂足为 O_i,其长度用 $|A_{i1}O_i|$ 表示,则Ⅱ类骨架线到两侧目标之间的平均距离(记为 $\bar{L}$)的计算公式为

$$\bar{L} = \frac{\sum_{i=1}^{n}|A_{i1}O_i|}{n} \quad (5.2)$$

如果该建筑物有多个相邻目标需要合并,则分别计算这些目标与该建筑物之间Ⅱ类骨架线的 $\bar{L}$,取 $\bar{L}$ 值最小的Ⅱ类骨架线两侧的建筑物进行优先合并。

图 5.21 中列出了依靠骨架线判断建筑物合并正确性的一个实例。其中,图 5.21(a)是对街道提取骨架线后,依据骨架线按照公式(5.2)进行距离计算,从而判断出图 5.21(b)是正确的合并方式,而图 5.21(c)则是错误的。

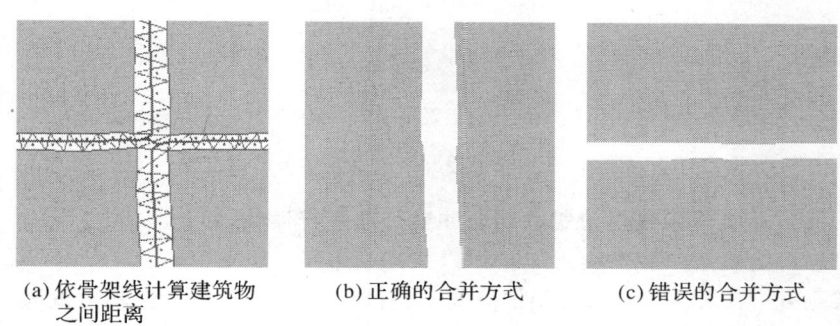

(a) 依骨架线计算建筑物之间距离　　(b) 正确的合并方式　　(c) 错误的合并方式

图 5.21　依据骨架线判断建筑物合并的正确性

3. 通过Ⅱ类骨架线对建筑物位移进行评估

依据Ⅱ类骨架线判断建筑物位移,可以采用类似Ⅱ类骨架线对建筑物轮廓化简评估的方法进行。

设从综合前原始数据中提取的Ⅱ类骨架线为 l_1,从综合后数据中提取的Ⅱ类骨架线为 l_2,l_2 的坐标串为 $C_2 = \{(x_1, y_1), (x_2, y_2), \cdots, (x_i, y_i), \cdots, (x_n, y_n)\}(0 \leqslant i < n, n \in \mathbf{N})$。$l_2$ 中任意一个坐标点 (x_i, y_i) 到 l_1 的距离记为 $L_i = \{D((x_i, y_i) \rightarrow l_1)\}$,则有如下准则:

准则 4　对于 l_2 中每一个坐标点 (x_i, y_i),都有 $|L_i| = |L_{i-1}| = |L_{i+1}| > 0 (0 < i < n, n \in \mathbf{N})$,说明 l_1 和 l_2 不重叠,并且处处平行。

在实际使用过程中,同样由于浮点计算、显示分辨率等限制,使得骨架线会产生微小的抖动,而准则 4 是严格理论意义上的约束,在实际使用中并不合适,于是,把准则 4 经过修改,可以变为准则 5。

准则 5　对于 l_2 中的任意坐标点 (x_i, y_i)、(x_j, y_j),都满足 $0 < |L_i - L_j| < \delta$ $(0 < i < n, 0 < j < n, n \in \mathbf{N}, \delta \in \mathbf{R})$,说明 l_1 和 l_2 不重叠,并且处处平行。其中,δ 称为平移系数,是很小的正实数,反映了骨架线平移的程度。

可以按照准则 5 对综合前后Ⅱ类骨架线之间是否产生平移进行判断,从而判断综合过程中建筑物是否产生位移。可以采用式(5.1)计算目标位移的幅度。

图 5.22 中是依据骨架线判断建筑物是否位移的一个实例。其中图 5.22(a)是对原始数据提取Ⅱ类骨架线,图 5.22(b)是对综合后的数据提取Ⅱ类骨架线,而图 5.22(c)则是通过对综合前后Ⅱ类骨架线的叠加来判断建筑物是否产生位移。

可以采用式(5.1)得出的计算值作为衡量目标位移的幅度。

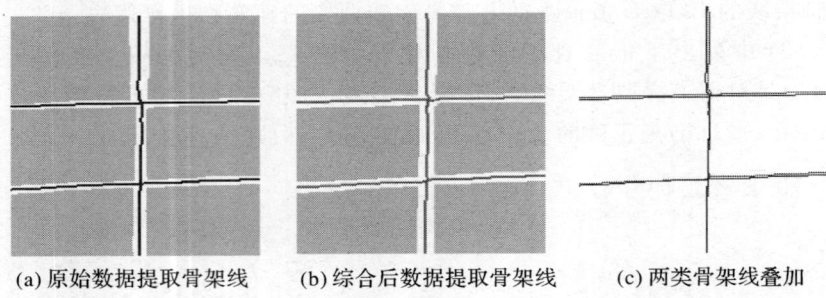

(a) 原始数据提取骨架线　　(b) 综合后数据提取骨架线　　(c) 两类骨架线叠加

图 5.22　依据骨架线判断建筑物是否产生位移

4. 通过Ⅱ类骨架线对建筑物综合冲突处理进行评估

判断综合是否产生冲突可以按照以下准则进行：

准则 6　如果某一Ⅱ类骨架线分支不是因为被其包围的建筑物的删除或合并而消失，则该骨架线所在区域产生冲突。

建筑物是否被删除直接可以通过对数据库中建筑物索引号的比较得到，而建筑物合并与否可以采用如下方法判断：

综合前该骨架线两边存在两个或多个建筑物，综合后该骨架线虽然不存在，但可以把综合前的该骨架线叠加到综合后的区域中，判断该骨架线两边存在建筑物的个数。

(1) 如果该骨架线两侧存在两个或多个建筑物，则表明综合后产生了冲突。

(2) 如果该骨架线两侧为同一个建筑物目标，即该骨架线与一个建筑物相交，则表明该骨架线因建筑物合并而消失，建筑物之间没有产生冲突。

5.2.3　算法实例

本书以图 5.23 所给的 1∶1 万某区域局部数据为例，对上述给出的大比例尺城市建筑物综合几何质量评估方法进行验证。

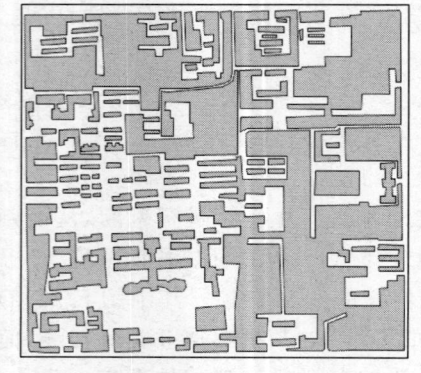

图 5.23　1∶1 万某城市图局部

图 5.24 对综合前与综合后的数据分别提取Ⅱ类骨架线并进行比较，分别从Ⅱ类骨架线的长度、分支数量、空白区域面积、骨架线小毛刺和小弯曲的数量减少量和减少幅度、合并是否满足编图规范要求、目标位移的数量和幅度等方面进行了详细的分析。图 5.24(a) 是从综合前数据中提取的骨架线，图 5.24(b) 是从综合后数据中提取的骨架线。图 5.24 同时放大给出了骨架线小毛刺消失、小弯曲消失、

骨架线位移的实例。例如,图5.24(a)中的a_1是原始数据的骨架线,在图5.24(b)中的a_2区域,由于建筑物轮廓化简而减少了一条骨架线小毛刺;图5.24(a)中的b_1是原始数据的骨架线,在图5.24(b)中的b_2区域,由于建筑物轮廓化简而使得骨架线的小弯曲消失或减少;图5.24(a)中的c_1是原始数据的骨架线,在图5.24(b)中的c_2区域,由于建筑物进行了位移或者街道拓宽,使得c_2中的骨架线产生了位移(两图重叠后或计算机通过计算能识别出来)。表5.6是对综合前后数据中提取的骨架线分别进行分析得到的结果。

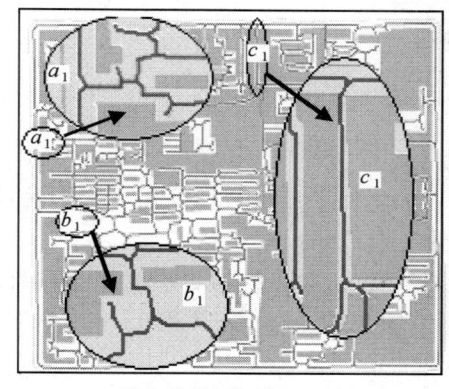
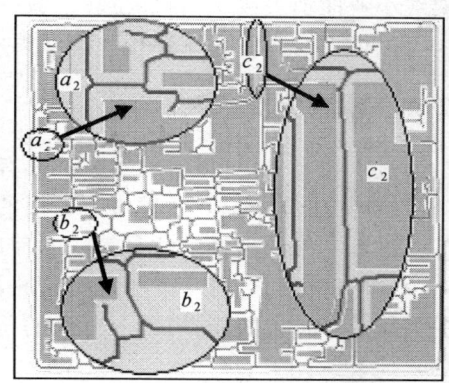

(a) 综合前数据提取街道骨架线　　　　(b) 综合后数据提取街道骨架线

图5.24　对综合前与综合后数据分别提取街道骨架线并进行比较

表5.6　综合前后骨架线分析结果

评价指标		评价值
街道骨架线总长度变化	综合前总长度/m	27 038.16
	综合后总长度/m	25 306.44
街道骨架线分支数量变化	综合前总数量/根	843
	综合后总数量/根	692
空白区域总体面积变化	综合前总面积/m^2	337 430.22
	综合后总面积/m^2	332 426.15
综合后小毛刺消失个数量/根		33
综合后小弯曲消失个数量/根		17
综合后骨架线弯曲变化的幅度/m^2		85.42
综合后跨道路合并的目标数/个		0
综合后违背就近合并原则目标数/个		0
综合后目标位移数量/个		4
综合后目标位移的幅度/m^2		54.67

从表5.6可以看出,骨架线总长度减少1 731.72 m,骨架线分支数量减少了

151根,空白区域面积减少了 5 004.07 m²。由编图规范可知,在地图目标间不产生冲突、不降低精度、不违背编图规则的前提下,图面信息量应该尽量保持。对于城市大比例尺地图上建筑物综合而言,综合空间目标的冲突、建筑物合并的原则等都可以通过上述方法进行判断,而建筑物精度由于有包围它的Ⅱ类骨架线作约束,也可以得到保证。因此,综合几何质量的高低可以作出如下判断:

在保证无冲突、高精度、满足编图规则等前提下,Ⅱ类骨架线总长度减少越多、Ⅱ类骨架线分支数量减少越多、空白区域面积减少越多、骨架线小毛刺消失越多、骨架线小弯曲消失越多、目标位移个数越少,则综合几何质量越高。

可以依据这种方式来评价综合结果中哪一种更优。

5.2.4 算法分析

通过上述实例,可以看出本算法具有如下特点:

(1)本算法属于空间目标维数变换的一种,实现了质量评估从面到线的转换,即从二维到一维的转换。这是算法的理论和技术基础。

(2)本算法采用TIN三角网提取的Ⅱ类骨架线,对建筑物轮廓的变化具有高度的灵敏性。这取决于TIN三角网的构网方法和约束条件,以及TIN三角网本身的几何表达能力。

(3)从空间关系和空间区域分布的角度揭示了大比例尺城市图上建筑物和街道之间的相互影响、互补共存的动态关联关系,进一步为采用TIN三角网技术提取Ⅱ类骨架线和依据Ⅱ类骨架线评估建筑物综合几何质量打下理论基础。

(4)依据观点(2)和(3),进一步分析得出Ⅱ类骨架线具有区别于一般骨架线的特殊性,即Ⅰ类骨架线和Ⅱ类骨架线一定是相互交替、间隔排列、互不相交,Ⅰ类骨架线之间一定互不相交,Ⅱ类骨架线是一条连通的多分支复杂曲线等。

(5)基于上述理论和技术基础,分别提出了通过Ⅱ类骨架线进行建筑物轮廓化简的几何质量评估、建筑物合并的几何质量评估、建筑物位移的几何质量评估、建筑物冲突处理的几何质量评估等4个方面的评估方法,并给出了详细的评估步骤和6条准则。

(6)对本方法采用1∶1万比例尺的城市图进行了验证,结果表明本算法量化的评估结果具有良好的可对比性和可操作性。

§5.3 基于降维技术的建筑物综合操作过程的反演

毫无疑问,制图综合算法模型对于制图综合而言是重要的。综合即意味着改变,制图综合使地图数据的几何信息、属性信息和语义信息都会有所改变。但人们往往只关注综合结果的合理性,而对如何获得结果的综合过程却考虑甚少。

事实上在计算机环境下,综合结果是用户所关心的,他们追求最优的综合结果,往往并不需要了解制图综合过程。但如果综合结果不令人满意时,或者无法达到所期望的目标时,用户期待检查综合过程的运行机制,了解综合操作的详细情况,以查清问题所在。更进一步,从制图综合系统开发人员和制图评估人员的角度讲,则往往更需要了解产生该综合结果的制图综合操作过程,因为只有对综合操作过程有了详细了解,才能真正分析出综合操作的优缺点,才能找到问题的根源。然而,深刻分析制图综合过程往往只有软件系统开发人员可能会做到,对于用户和制图分析人员而言,虽然他们处于生产的一线,但往往却因为无法获取源代码和系统框架流程,而无法进行制图综合过程运行机制的分析,从而不易观察出问题所在。

因此,如果能够凭借某种方法从制图综合的结果中获取综合过程的详细操作过程,则将大大有助于制图综合用户和制图评估人员正确评估综合结果,同时对制图综合系统的开发人员也有很大的帮助作用。这种凭借制图综合结果反向推测综合操作过程的研究,本书称为"对综合结果进行综合操作过程的反演(反向推断)"。

但是,空间目标和空间关系是复杂的,依据结果数据反演制图综合操作过程,这是国内外至今鲜有研究的课题。因此,通过城市大比例尺图上建筑物综合结果进行综合操作过程的反演是很值得研究的。

这里,充分利用二维要素面状建筑物与一维街道骨架线要素这两种互补空间之间的不平等维数转换,把对面状建筑物进行综合操作过程的反演转化为对线要素的综合操作过程的反演,本书称为"采用降维技术对建筑物综合结果进行综合操作过程的反演"。

5.3.1 骨架线表达的要求

降维处理就是指把面状要素用能代表其自身的骨架线代替,从而把对面要素的处理转化为对相关线要素的处理过程。这里,关键是面要素自身的骨架线(Ⅰ类骨架线)要能够代表面自身的特点,即骨架线要能反映出所在面要素的轮廓特征。同样,对于空白区域,也需要获取能够反映空白区域特征的骨架线(Ⅱ类骨架线)。

为了保证几何质量评估的精确性,不能采用主骨架线,必须采用能够反映建筑物详细轮廓结构的多层次细节的骨架线来表达,Ⅰ类和Ⅱ类骨架线能够满足这一要求。

5.3.2 利用建筑物综合结果进行综合操作过程的反演

城市建筑物综合主要有合并、删除、街道拓宽、轮廓整形等操作,等级变换只有在小于1:25万比例尺的图上才能进行。这些操作中,删除操作对综合结果的改变最大,其次是合并操作,街道拓宽由于要保持街道规定的宽度,对综合的改变较小,而轮廓整形只是进行轮廓细节的规则化,对综合结果的改变最小。在这些操作中,合并操作对建筑物面积的影响是正面影响,即合并操作把建筑物之间的空白区域面积转化为建筑物面积,从而该操作能扩大建筑物面积;删除和街道拓宽操作均会减小建筑物的面积,因此对建筑物面积是负面影响;轮廓整形算法的基本原则是在维护建筑物面积基本不变的基础上进行的,因此,只对建筑物轮廓的影响较大,而对建筑物面积基本无影响,该综合操作对骨架线的影响主要是分支数量和偏移量的影响,对骨架线长度和数量的影响很小。

Ⅰ类骨架线结构能够较好地反映所在面要素的轮廓细节。骨架线总数变化等于建筑物总数的变化(因为每个建筑物对应于一根骨架线);而每一根骨架线分支代表面要素的一个分支,骨架线分支数量就是面要素的分支数量,骨架线分支数量增加,表明进行了合并操作,而骨架线分支数量减少表明进行了街道拓宽或轮廓整形操作;骨架线产生偏移表明面要素进行了轮廓整形或街道拓宽操作。图5.25分别描述了骨架线分支与面要素轮廓分支之间的一一对应关系。

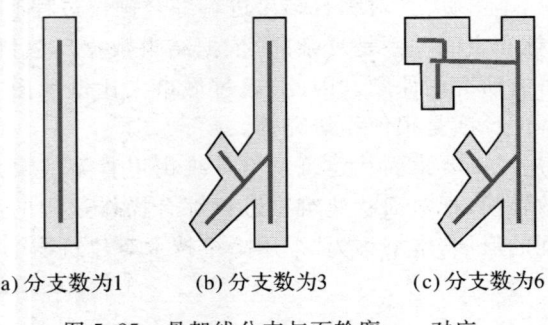

(a) 分支数为1　　(b) 分支数为3　　(c) 分支数为6

图5.25　骨架线分支与面轮廓一一对应

由以上分析可知,建筑物轮廓微小的变化均可以在骨架线中反映出来。依据上述分析,并考虑其所反映的居民地特征,可以提取出如表5.7所示的评价指标。

表5.7　建筑物降维处理的评价指标

评价指标	说　明
骨架线总长度变化	Ⅰ类骨架线总长度变化:骨架线总长度增加,则建筑物面积增加,表明综合操作以合并操作为主;反之,则以删除、街道拓宽操作为主。 Ⅱ类骨架线总长度变化:骨架线总长度增加,则建筑物面积减少,表明综合操作以删除、街道拓宽操作为主;反之,则以合并操作为主
面积变化	建筑物总体面积的变化:面积总体增大,表明综合操作以合并、轮廓整形操作为主;反之,则以删除、街道拓宽操作为主。 空白区域总体面积的变化:面积总体增大,则建筑物面积减少,表明综合操作以删除、街道拓宽操作为主;反之,则以合并操作为主

续表

评价指标	说明
骨架线数量变化	Ⅰ类骨架线包括总数的变化和每个骨架线分支数量变化： • 骨架线总数的变化等于建筑物总数的变化（一个建筑物对应一根骨架线），骨架线总数减少的程度，反映了合并、删除操作的频繁程度 • 骨架线分支数量仅仅就单根骨架线而言：一条骨架线分支数量增加，表明该目标进行了合并操作；一条骨架线分支数量减少，表明进行了街道拓宽或轮廓整形操作． Ⅱ类骨架线主要指骨架线分支数量变化：骨架线分支数量增加，表明该目标进行了删除操作；骨架线分支数量减少，表明进行了合并操作
骨架线偏移量变化	Ⅰ类骨架线偏移量变化：骨架线产生偏移表明建筑物进行了轮廓整形或街道拓宽操作． Ⅱ类骨架线偏移量变化：骨架线产生偏移表明进行了删除、街道拓宽或轮廓整形操作

其中，骨架线的偏移量可以近似采用综合前后骨架线之间的空白区域面积来衡量。图 5.26(a)为综合前的目标，提取的骨架线为 l_1；图 5.26(b)为综合后的目标，提取的骨架线为 l_2；图 5.26(c)为 l_1 和 l_2 的叠加，中间的空白区域就是 l_1 综合后的位移量。其计算方法如下：

设 l_2 的坐标串为 $C_2 = \{(x_1, y_1), (x_2, y_2), \cdots, (x_i, y_i), \cdots, (x_n, y_n)\}$，其中 $(0 < i < n, n \in \mathbf{N})$。$l_2$ 中任意一个坐标点 (x_i, y_i) 到 l_1 的距离记为 $L_i = \{D((x_i, y_i) \to l_1)\}$，则计算综合前后骨架线之间空白区域的面积采用式(5.1)来计算。

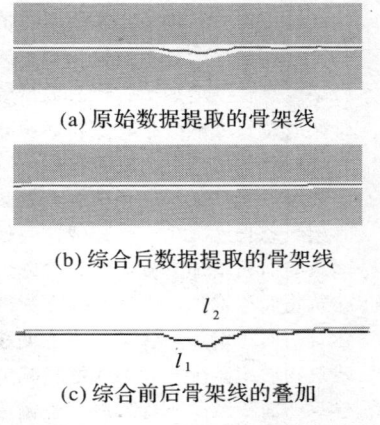

(a) 原始数据提取的骨架线

(b) 综合后数据提取的骨架线

(c) 综合前后骨架线的叠加

图 5.26 骨架线偏移量的计算

上述指标的变化必须在一定范围内浮动，不能超出规定值。体现在综合操作上，就是对于一幅待综合的原始图，无论合并、删除、街道拓宽还是轮廓整形等，执行次数均不能超过极限，否则得到的综合结果将达不到要求。

道路长度总和可以变化，但随着比例尺的缩小，道路应该进行拓宽，故道路面积不能变化太大；居民地面积变化不能太大，如果居民地面积扩大多了，则空白区域面积就减小了。

对表 5.7 中的Ⅰ类骨架线变化进行整理，得到表 5.8 所示的量化指标。表 5.8 采用骨架线变换的方式推断综合操作过程还存在一些不确定性，但是，综合操作之间不是相互独立的，而是相互影响的。由于Ⅰ类骨架线之间是相互独立的，因此为了进一步提取骨架线变化与综合操作过程之间较为确切的关系，可以对骨架线采用指标组合变化来判断对建筑物可能进行的操作,以消除推断的不确定性。对表 5.8 中的推断进行组合,得到表 5.9。

表 5.8　Ⅰ类骨架线的变化与综合操作之间的关系

Ⅰ类骨架线变化情况	对建筑物可能进行的综合操作
骨架线总长度增加	合并(主要)
骨架线总长度减少	删除(主要)、街道拓宽
建筑物面积增加	合并(主要)、轮廓整形
建筑物面积减少	删除(主要)、街道拓宽
骨架线数量减少	合并、删除
骨架线分支数增加	合并(对单目标)
骨架线分支数减少	街道拓宽、轮廓整形(对单目标)
骨架线偏移量变化	轮廓整形、街道拓宽

表 5.9　采用组合的方式判断建筑物进行的主要操作

Ⅰ类骨架线变化情况	可能进行的主要操作
骨架线总长度增加＋建筑物面积增加	合并(主要)
骨架线总长度增加＋骨架线数量减少	合并(主要)
骨架线总长度减少＋建筑物面积减少(减幅大)	删除(主要)
骨架线总长度减少＋建筑物面积减少(减幅小)	街道拓宽(主要)
骨架线总长度减少＋骨架线数量减少	删除(主要)
骨架线总长度减少＋骨架线产生偏移	街道拓宽(主要)
建筑物面积增加＋骨架线数量减少	合并(主要)
建筑物面积增加＋骨架线分支数减少	轮廓整形(对单目标)
建筑物面积增加＋骨架线产生偏移	轮廓整形(主要)
建筑物面积减少＋骨架线数量减少	删除(主要)
建筑物面积减少＋骨架线产生偏移	删除(主要)
骨架线总长度增加	合并(主要)
骨架线分支数增加	合并(对单目标)
骨架线分支总数增加	合并(主要)

表 5.8 和表 5.9 中标注的"对单目标"的指标说明该骨架线变化只针对单个目标而言,即对于单个目标,该评估是精确的,可以推断出对该目标所采用的综合操作算子,但对多目标群体是不适用的。而没有标注"对单目标"的指标则是对多目标适用的,即对多个目标,该方法对多次综合操作的评估是概略的,不完全精确,但能从整体上评估其可能进行的主要操作。这是对所有目标的主要综合操作的推断,这些目标还可能进行其他综合操作,只是推测出来的综合操作是主要的综合操作。

有了上述指标,可以对综合后的数据进行综合操作过程的反演。图 5.27 是对图 5.23 的综合结果。这里,假设用户或制图分析人员不知道图 5.23 是经过何种综合手段得到图 5.27 所示的综合结果,因此需要进行分析。事实上,绝大多数情况下,用户或制图分析人员也不可能知道综合结果是采用何种综合手段得来的。

采用表 5.9 所示的评估指标对图 5.27 和图 5.23 的数据进行对比分析,可以得到两组数据,一组数据是表 5.9 中标注有"对单目标"的指标值,这组值是可以计算推断得到的。同时由于"删除"操作可以直接依据综合前后建筑物 ID 值对比判断,故其值

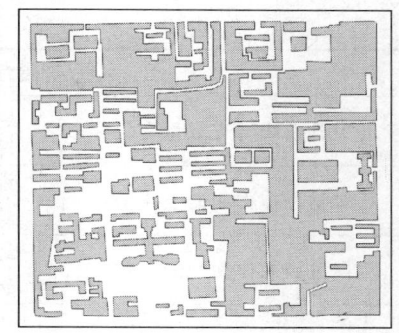

图 5.27 综合后的结果

也可以直接得到。表 5.7、表 5.8 和表 5.9 中带阴影的指标为对图 5.23 数据推断时涉及的判断,其结果如表 5.10 所示。另一组数据是表 5.9 中没有标注"对单目标"的指标值,凭借这些指标值可以推断出采用的主要综合操作,其值如表 5.11 所示。

表 5.10 对图 5.27 进行综合操作的推测结果一

综合操作	次数	说明
合并	14	2 个面合并为 1 个面:11 次 3 个面合并为 1 个面:2 次 5 个面合并为 1 个面:1 次
轮廓整形	6	6 个面进行了轮廓整形
删除	9	9 个面被删除

表 5.11 对图 5.27 进行综合的推测结果二

评价指标		值
Ⅰ类骨架线总长度变化	综合前总长度/m	20 237.59
	综合后总长度/m	20 880.30
Ⅰ类单根骨架线信息	综合前最长骨架线/m	1 075.29
	综合前最短骨架线/m	6.43
	综合前平均骨架线/m	197.78
	综合后最长骨架线/m	1 497.63
	综合后最短骨架线/m	10.72
	综合后平均骨架线/m	281.38
Ⅱ类骨架线总长度变化	综合前总长度/m	27 038.16
	综合后总长度/m	25 306.44
Ⅰ类骨架线数量变化	综合前总数量/根	102
	综合后总数量/根	74
	综合前分支总数量/根	603
	综合后分支总数量/根	647

续表

评价指标		值
Ⅱ类骨架线分支数量变化	综合前总数量/根	843
	综合后总数量/根	692
建筑物总体面积的变化	综合前总面积/m²	480 171.56
	综合后总面积/m²	485 175.63
空白区域总体面积的变化	综合前总面积/m²	337 430.22
	综合后总面积/m²	332 426.15
Ⅰ类骨架线偏移量变化/m²		65.35
Ⅱ类骨架线偏移量变化/m²		375.40

对表 5.11 的结果依据表 5.7、表 5.8 和表 5.9 进行联合分析，可以得出表 5.12 所示的推断结果。

表 5.12 对表 5.11 结果的进一步分析

结 果	推 断
Ⅰ类骨架线增加 3 213.54 m Ⅰ类骨架线数量减少 28 根 Ⅰ类骨架线分支数量增加 44 根 Ⅱ类骨架线总长度减少 8 658.63 m Ⅱ类骨架线分支数量减少 151 根 建筑物面积增加 125 101.7 m² 空白区域面积减少 125 101.7 m² Ⅰ类骨架线偏移量变化 1 633.68 m² Ⅱ类骨架线偏移量变化 17 384.88 m²	·Ⅰ类骨架线总长度增加，以合并操作为主； ·Ⅱ类骨架线总长度减少，以合并操作为主； ·建筑物总体面积增加，以合并、轮廓整形操作为主； ·空白区域总体面积减少，以合并操作为主； ·Ⅰ类骨架线总数量减少，以合并、删除为主，总数量减少 27.45%； ·Ⅱ类骨架线分支数量减少，以合并操作为主，减少率为 17.91%； ·Ⅰ类骨架线偏移，进行了轮廓整形、街道拓宽操作，偏移量变化占图幅总面积 0.007 99%； ·Ⅱ类骨架线偏移，进行了删除、街道拓宽、轮廓整形操作；偏移量变化占图幅总面积 0.045 91%
Ⅰ类骨架线中最长骨架线比综合前的长 Ⅰ类骨架线中最短骨架线比综合前的长 Ⅰ类骨架线中骨架线长度平均值比综合前的长	建筑物综合后趋于变大，综合操作以合并为主
总结果	以合并、轮廓整形、删除操作为主，同时进行了街道拓宽操作

而实际上把图 5.23 综合到图 5.27，制图人员在制图综合过程中有意义的综合操作为：合并操作 14 次，删除操作 9 次，轮廓整形操作 6 次，街道拓宽操作 8 次。具体而言，合并操作中把两个面合并为 1 个面的操作 11 次，把 3 个面合并为 1 个面的操作 2 次，把 5 个面合并为 1 个面的操作 1 次。9 次删除操作全部对单个目

标进行,6次轮廓整形操作全部对单个目标进行。街道拓宽共对8条街道进行。

从实际结果和推断结果看,对单个目标推断的正确率为100%,对整体区域目标的推断也能够依据判断指标进行较好的评价和拟测,且推测结果正确,主导性强。

§5.4 本章小结

对制图综合结果进行质量评估,是一项十分有意义的研究。本书提出了一套新的几何质量评估方法,主要研究成果如下:

(1)提出基于圆极化变换的点要素几何质量评估方法。该方法利用极化变换,把点群巧妙地转化为极化空间中的单根线要素进行处理,提出了点群特征点保持、整体性保持两个方面的要求和具体措施,并给出了详细的量化评估指标,即特征点保持率、聚类数量保持率、聚类轮廓保持率、点目标删除率等。试验结果表明,这些量化指标可以很好地衡量点群综合的质量。此法也可用于线要素的几何质量评估。

(2)提出基于降维技术的建筑物几何质量评估方法。该方法依据街道骨架线和建筑物之间的关系,提出通过街道骨架线对建筑物综合操作进行几何质量评估的6条准则,分别用于对建筑物化简进行几何质量评估、对建筑物合并进行几何质量评估、对建筑物位移进行几何质量评估以及对建筑物冲突处理进行几何质量评估等。实验结果证明了其正确性。

(3)提出基于降维技术的综合操作过程的反演方法。这是制图综合软件开发人员、制图分析人员和用户均面临和关心的一个实际问题,即从制图综合结果数据中能否反演出制图综合的综合操作过程,以便对制图综合过程出现的问题进行更深刻的剖析。在计算机条件下如何依据综合结果自动地推断综合操作过程,是一个全新的研究。本书依据街道骨架线与建筑物之间的关系,提出骨架线总长度变化、建筑物面积变化、骨架线数量变化、骨架线偏移量变化等4个评估指标,并找出了这些指标与综合操作之间的关系,从而依据这些指标的变化来推断所进行的综合操作过程,取得了满意的结果。

(4)以上提出的几何质量评估方法都采用量化"对比评估"的思想,即量化地提取综合前后数据的指标差异,通过相对比较来判断综合后取得的效果和综合的力度。这种不过分追求综合绝对评价指标,而给出相对综合百分比的评估方法,使得制图综合过程控制中对综合结果能够进行灵活的把握和控制,从而依据不同的综合目的和要求,设置不同的综合力度,具有更大的灵活性和实用性。

第 6 章 制图综合过程控制与推理

制图综合过程具有极强的智能性,其中包含了大量的专家经验和积累的知识。首先,由于制图综合的目标之间并不是孤立的,不能为了单个目标而综合单个目标,需要考虑目标所在群组的整体环境。其次,目前的制图综合算法并不能适应所有的综合要求。只有不同的制图综合任务采用不同的综合算法,才能达到满意的结果。第三,制图综合过程中,往往并不是一次就能得到满意的综合结果,需要经过反复综合、撤销等操作,才能达到较好的结果。

因此,需要有一套能够从全局把握制图综合整个过程的理论和方法,来控制制图综合的综合环境、综合算法和工作流程。要使制图综合系统产生好的效果,就必须对制图综合系统的组成结构进行研究,而制图综合系统本身很复杂,其操作是一个反复动态调用过程,中间需要反复调用不同的综合算法、模型和算子等,反过来讲,综合算子又必须依靠综合算法的支持。因此,如果充分合理地利用所有的算法、模型、算子和知识等,形成科学系统的运行流程,并对流程实行智能控制,自动制图综合系统的能力将得到飞跃,制图综合结果将有质的提高。这一过程本书称为"制图综合的过程控制"。研究制图综合过程控制,是全面提高制图综合自动化水平和制图综合质量的重要手段。

§6.1 已有研究成果分析

目前,国内详细研究制图综合过程控制的内容很少。国外研发了"爬山算法(hill-climbing)"(Barrault et al, 2001)(图 6.1),该模型从理论角度提出了制图综合通过循环匹配获取最优解的过程。这是一个较成功的制图综合模型,已被广泛接受。

但这个模型目前还比较简单,其约束条件只有 3 个,分别为距离约束、类别约束和子类目标约束,其约束能力还很弱,属于试验模型,离实用还有较大差距。同时,爬山算法仅对居民地综合进行了试验,还没有推广到整个制图综合中来。

爬山算法有时称为"贪婪局部搜索"法,因为它只是选择邻居状态中最好的一个,而事先不考虑之后下一步往哪个方向走。因此,该算法的速度较快,通常很容易改进一个循环的状态,也往往有较好的效果。但是,爬山算法经常遇到如下问题:

(1)局部极大值。局部极大值是一个比它的每个邻居状态都高的峰顶,但是比全局最大值要低。然后被卡在局部最大值处无处可走。

(2) 山脊。山脊造成了一系列的局部极大值,爬山算法处理这种情况是很难的。

(3) 高原。高原是在状态空间中评价函数值平坦的一块区域。它可能是一块平的局部极大值,不存在上山的路,或者是一个山肩,从山肩还有可能取得进展。爬山算法的搜索可能无法找到离开高原的道路。

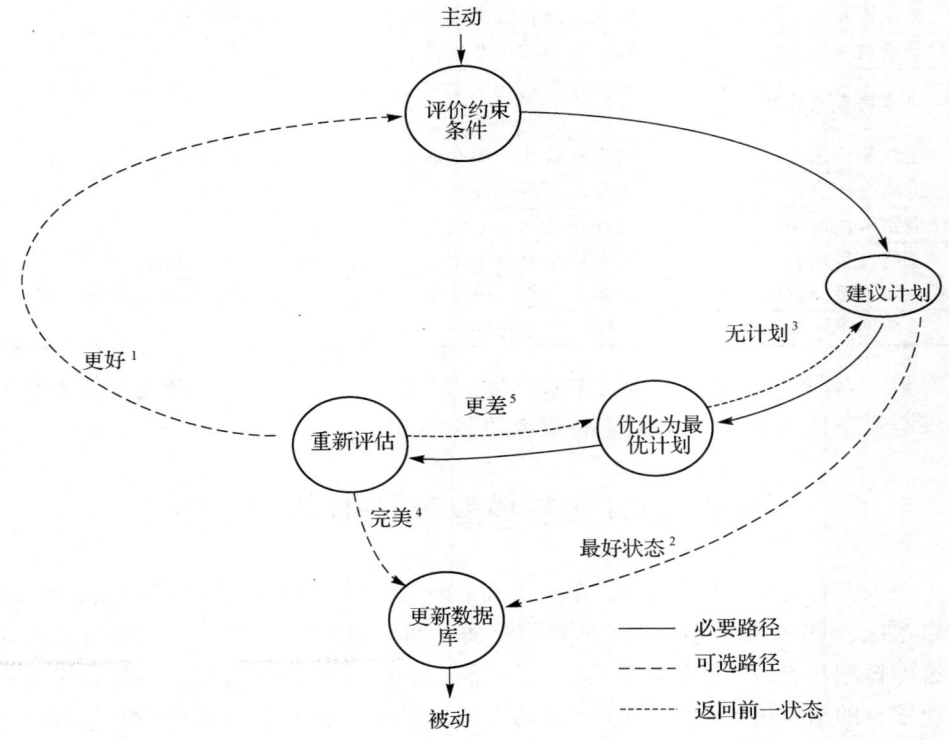

图 6.1　基于 Agent 生命周期的合成"爬山算法"模型

更好[1]—Agent 的当前状态处于优化态势,形成的新计划能够优化下一步的状态;

最好状态[2]—当前状态为满足约束条件的最好状态(但不一定完美),可满足综合后(数据库)更新;

无计划[3]—没有合适的计划能够优化当前状态,将返回到上一个状态(采用上一个状态的计划);

完美[4]—当前状态已经满足所有的约束要求,可满足综合后(数据库)更新;

更差[5]—Agent 的当前状态处于退化态势,将提炼当前状态的其他计划。

另外,爬山算法从来不"下山",即不会向比当前节点低的(或耗散高的)方向搜索,它有可能就会停留在局部极大值上。因此,它是不完备的。

还有其他的采用了知识(约束)进行过程研究的项目(PaulHardy et al,2003),比如欧洲的研究成果 Clarity 中,采用了 Agent 和 Java 技术等对制图综合的过程进行了一定的研究,并把上述"爬山算法"引入系统的过程处理中,初步实现了对制图综合过程的处理和控制,但对目标处理还只局限于居民地和交通层,所采用的约束条件也有限,见表 6.1。

表 6.1 Clarity 系统中的约束条件

约束名称	描 述
建筑物尺寸	确保建筑物尺寸大于一个临界值
建筑物粒度	确保最终建筑物细节层次大于一个临界值
建筑物相对粒度	确保建筑物细节层次大于一个相对临界值
建筑物直角化程度	确保建筑物相邻边组成的角度满足近似直角的一个度数范围
建筑物构造	确保建筑物被综合后能保留之前的形态结构
道路自相交	确保综合后道路符号不能产生自相交
道路网内部拓扑关系	确保道路网中心线不产生自相交
道路符号闭合	确保道路符号不产生自相交,从而不会产生闭合
触发下级 Agent 工作	使得上一级 Agent 触发下一级 Agent 独立自治地进行工作
道路网下一级 Agent	在同一个道路网眼中触发下一级 Agent

目前,计算机的计算速度在多数环境下已经不是瓶颈问题,应该把怎样提高制图综合质量摆在第一位,这是本章研究的基本出发点。

§6.2 BDI 控制模型和 CBR 推理模型

在人工智能和工作流领域,许多相关的研究工作,如神经网络模糊控制系统、专家系统、BDI 控制模型、CBR 推理模型等一批智能模型取得了较好的成果。这些智能模型具有以下共同特点:具有学习能力,可以对一个过程或其环境的未知特征所固有的信息进行学习,并将得到的经验用于进一步估计、分类、决策或控制;具有组织综合能力,对复杂的任务和分散的信息具有处理、组织、协调和综合决策能力;具有适应能力,即具有较强的鲁棒性,如果系统中某部分出现故障,仍能正常工作;具有优化能力,在整个控制过程中,能通过不断优化参数和寻找最佳结构的形式,来获得整体的最优控制性能。

6.2.1 BDI 控制模型

BDI 控制模型源于 Bratman 哲学分析的"意图中心论",它从"意识立场"出发,试图借鉴人类思维属性的概念来解释复杂系统的运行行为。它主要包括信念(belief)、愿望(desire)、意图(intention)、规划(plan)4 个基本元素和一个解释器(interpreter),而一般把信念、愿望和意图当做基本的思维属性(即 BDI),强调理性平衡的概念,BDI 控制模型认为:

(1) 人类目前只有有限的计算能力和信息资源,而且关于世界的知识也不可能是完全的。

(2) 应该用全局的观点看待问题,协调当前和将来的活动。

BDI 控制模型是一个十分有效的认知模型,被用于诸多重要领域。例如以 Rao 为代表的澳大利亚学者在 1991 年提出的过程推理系统(procedure reasoning system, PRS),被认为是迄今为止最完备的 BDI 系统。一个典型的基于知识的 BDI 逻辑结构示意图如图 6.2 所示。

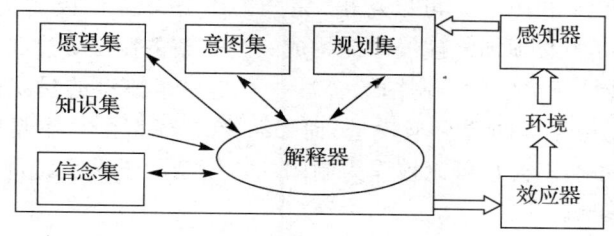

图 6.2 基于知识的 BDI 逻辑结构示意图

从该示意图可以看出,该 BDI 模型是一个典型的星状模型,解释器是整个 BDI 控制模型的驱动和控制中心。结合制图综合的实际情况,对上述模型加以改造,就可以成为制图综合领域的基于知识的 BDI 综合模型,如图 6.3 所示。

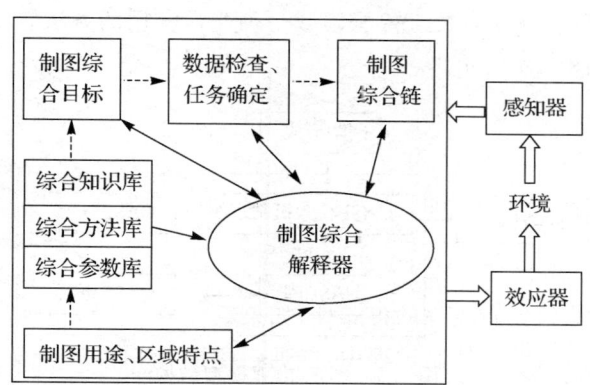

图 6.3 基于制图综合知识的 BDI 综合模型

BDI 控制模型和制图综合模型之间存在异同,相同之处在于:

(1) 均采用知识(规则)作为动作依据。

(2) 均认为只有有限的计算能力和信息资源,不可能进行无限量的计算。

(3) 均认为对环境预测不可能是完全的。例如,制图综合中对制图综合规律的理解和认识,也是逐步积累的。

(4) 均认为在同样的状态下,不会出现两个以上的结果。在制图综合中,如果明确了制图综合环境和综合要求,则在相同的知识库、算子库和算法库等支持下,制图综合结果应该是唯一的。

不同之处在于：

（1）BDI 控制模型认为应该用全局的观点看待问题，协调当前和将来的活动。但实际上，制图综合过程中必须从目标群、目标个体、目标单元三个不同的角度来看待问题，即制图综合过程中既要考虑全局环境，同时也要考虑局部甚至单个目标的情况。

（2）比较图 6.2 和图 6.3 可以看出，完全采用 BDI 控制模型进行制图综合是不可行的，图 6.3 中必须加上虚线才能构成一个完整的制图综合工作流程，这是由制图综合的复杂性所决定的。制图综合过程不是一个典型的星状模型，而是一个环状和星状模型相结合的混合型模型，而 BDI 控制模型是一个星状模型。因此，从本质上讲，BDI 控制模型可以被作为制图综合模型的子模型对待，而不能作为完整的制图综合模型。

6.2.2 CBR 推理模型

基于案例（case based reasoning，CBR）的推理是借助过去类似问题的经验获得当前问题解的一种推理模型。早在 1982 年的《Dynamic Memory》一书中就给出了在计算机条件下建立 CBR 系统的初步方法。经过近 30 多年的不断发展和完善，CBR 推理模型已经成为人工智能领域一种非常实用的方法。一个典型的 CBR 推理模型结构如图 6.4 所示。

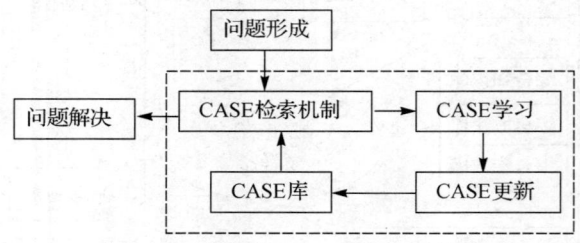

图 6.4　CBR 推理模型结构

同产生式推理系统相比，CBR 系统是以一种完全不同的方式来解决问题的。一个 CBR 系统主要包括 CASE 检索机制、CASE 学习、CASE 更新、CASE 库 4 个部件。这些部件的功能分述如下：

——CASE 库。提供支持问题求解的一组 CASE，它是系统过去解决所有问题的经验集合。因此，CASE 库随着系统的不断使用而不断丰富和强大。

——CASE 检索机制。主要负责从 CASE 库中查找一个与当前问题相匹配的 CASE。如果这个 CASE 满足问题描述的要求，则依据 CASE 提供的解决方案来解决问题；反之，则对该 CASE 进行修改，使之能够完全满足问题描述的要求，并把此 CASE 作为成功的 CASE 去更新 CASE 库。

由此可以看出,一个 CBR 系统具有以下特点:

(1)检索是 CBR 系统的整个推理核心。

(2)学习是 CBR 系统的基本功能。

(3)CBR 系统解决问题依赖于 CASE 库。

(4)CBR 系统把知识的获取简化为建立 CASE 描述方法和从专家那里收集 CASE,因此,可以杜绝知识获取中知识的畸变,有利于克服专家系统构造中的瓶颈问题。

显然,制图综合中需要 CASE 库的支持。但如果脱离了制图综合算法、模型和推理等的作用,制图综合也无从谈起。而 CBR 推理模型在解决问题方面过分地依赖于 CASE 库的支持,没有考虑制图综合中需要大量的算法、模型、智能推理等内容,因此,CBR 推理模型还不能完全满足制图综合的要求。但可以在制图综合过程中采纳 CBR 推理模型的自身学习能力和 CASE 库的内容,把 CBR 推理模型作为制图综合模型中的一个子模型对待。

§6.3 自动制图综合链理论与技术模型

6.3.1 自动制图综合链的定义与描述

对于给定的原始数据,可以认为是给定的制图综合任务。一个给定的制图综合任务可以分解为数个子任务,而一个子任务可能又包含更多的子任务,如图 6.5 所示。因此,任务之间存在着"父—子"隶属关系。上一级任务称为"父任务",其节点称为"父节点";而下一级任务称为"子任务",其节点称为"子节点"。

相应地,一个自动制图综合链中包含了许多子链,每个子链又包含了许多节点。因此,制图综合链之间也存在着"父—子"关系,上一级的制图综合链称为"父链",而下一级的链称为"子链"。父链与子链之间的关系其实就是"父任务"与"子任务"之间的关系。

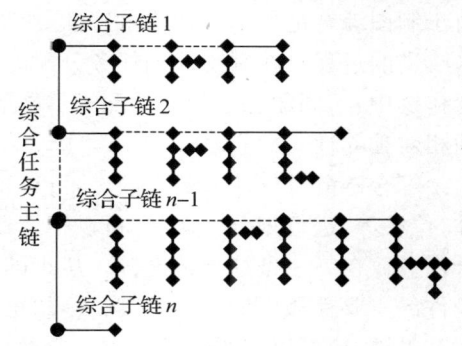

图 6.5 自动制图综合链组织结构示意图

同时,在每一个子链中,存在着许多子任务,这些子任务之间存在着"子—子"平等关系,即这些任务之间只有先后关系,没有隶属关系,把相邻任务中的前一个任务称为"前临任务",后一个任务称为"后临任务"。

把制图综合任务节点按照一定的层次和顺序串联起来,并转化为可以描述和执行的链表,就形成了自动制图综合链(钱海忠 等,2005c)。自动制图综合链具有以下特点:

(1)综合链的复合性。制图综合中的每一条综合链都代表了一个复合的制图综合任务。每一条综合链中包含许多节点,而每个节点又可能包含一条子综合链,依此类推。因此,综合链是一条复合链。

(2)综合链的单向性。一条父链可以包含多条子链,但一条子链只能有一条父链。也就是说,在制图综合任务的分解过程中,任务是单向分配的,即每一条综合链是单链,综合链之间的各个节点之间是"串联"关系。之所以设置综合链为单向关系,是因为制图综合任务是与制图综合操作联系在一起的,而制图综合的执行过程并不是并发过程,制图综合的操作之间存在着密切的先后关系,必须等待某一步综合操作完成后,才能执行下一步综合操作。

(3)综合链的多态性。制图综合链中的每一步综合操作都可能会对下一步的综合操作产生影响,不同的制图综合操作顺序会产生不同的综合效果。

(4)综合链的不可精确求解性。制图综合问题可以看做是一种最佳逼近问题,是逼近理论应用的一个特殊领域(毋河海,2000a)。因此,自动综合是一种逐步逼近和求精的过程。但在当前条件下,自动综合还远未达到完美的地步,因此目前这种逐步求精的过程可以说是一种不可求精确解的问题。正确务实地认识这一问题,对制图综合问题的研究与开展(包括制图综合系统的研究与实现),具有积极的作用。

(5)综合链的可分解性。制图综合链是一条复合链,可以分解为一系列子链。由于制图综合链的不可精确求解性,所以制图综合的每一步操作都可以看做是一次改进的过程。在制图综合任务分配时,可以把相同的综合任务集中于一个综合操作链中,不同的综合任务分配于不同的综合链中,这样,可以保持同级别综合链的相对独立性。

综合链的分解从大的方面讲,可以依据综合算子,如选取、等级转换、化简、合并、位移等,进行划分。例如,可以把选取的综合任务放在一条综合链内,化简的综合任务放在另一条综合链内等。从小的方面讲,在某一综合算子中可以按照约束条件的重要性顺序或者待处理目标的重要性顺序等进行综合任务的划分。

另外,还可以按照数据聚类和要素属性等进行划分。例如,如果对区域进行了聚类分析,则可以把每一个聚类中的任务作为综合链的一条子链。如果按要素属性进行划分,则可以把一个要素层作为综合链的一条子链。

在自动制图综合链理论的支持下,可以通过基于知识的地理空间数据检查、基于数据检查的综合任务提取、制图综合链的自动生成与执行等过程,实现对原始数据的自动综合。

6.3.2 基于知识的地理空间数据检查

基于制图综合知识的地理空间数据检查是 GIS 和制图综合数据质量评估的重要内容。这里所指的数据，特指地理空间矢量数据。进行基于知识的地理空间数据检查，其意义主要体现在：

(1) 对综合前的空间数据进行检查，可以获得待综合区域的区域特点、重点综合内容和综合方法等相关信息，为后续的制图综合提供综合依据。

(2) 对综合后的空间数据进行检查，可以判别综合结果是否满足综合要求。

(3) 无论是 GIS 系统，还是与 GIS 相关的系统，都需要对空间数据进行质量评估。而制图综合数据检查经过适当变化，是一种对空间数据质量进行评估的有效手段。

由此可以看出，只有依据制图综合知识去检查制图综合所生成的目标比例尺数据，才能判断综合结果是否符合目标比例尺综合知识库规定的要求，从而进行局部有针对性的制图综合与编辑修改，而目前对这方面的研究很少。由于数据检查过程中需要依靠制图综合知识进行判断和推理，因此，制图综合知识是数据检查的基石，具有很强的针对性和科学性。

本节将详细阐述制图综合知识的概括和归纳方式，以及在制图综合知识支持下进行数据检查的方法。

1. 模糊型知识与精确型知识在空间数据检查中的差异

数据检查实际上是检查数据是否符合知识要求的过程。本书 2.5 节中把知识分为精确型知识和模糊型知识；由于两者之间的描述存在较大差异，因此检查方法是不一样的。具体地说，模糊型知识所描述的对象为整体或局部多个对象，而精确型知识描述的是单个对象；模糊型知识不具有明确的自身特征，一般仅以唯一标识号来标识，而精确型知识均可用与之相关的目标编码进行标识；模糊型知识的综合阈虽然可以量化描述，但其描述的对象是模糊的，并不定位到具体目标，而精确型知识的综合阈仅针对与之相关的目标进行精确性描述。模糊型知识与精确型知识的对比如表 6.2 所示。

表 6.2 模糊型知识与精确型知识的比较

对比指标	模糊型知识	精确型知识
描述的对象	全局或局部多个	单个
自身特征	ID 标识	与所描述的对象相连
综合阈	量化描述，不针对具体目标	量化描述，针对具体单个目标

正是由于模糊型知识具有以上特点，所以不能通过简单的比较和判断来完成基于模糊型知识的数据检查过程，必须通过相关综合算子、算法进行大量的计算和

推断,才能判断数据是否符合模糊型知识的要求。

而精确型知识由于具有对单个目标明确的量化综合阈,故基于精确型知识的数据检查过程是对数据的遍历和遍历过程中对知识库中知识反复调用和比较的过程。

2. 数据检查的顺序

数据检查的顺序就是数据在被遍历的过程中出现的先后顺序。确定数据检查顺序的原则一般为重要的数据层先检查,次要的数据层后检查,依次类推。要素选取的优先级代表了该要素的重要性程度,故要素优先级顺序可以作为数据检查的顺序。本书把数据检查的顺序从高到低依次排列,如表 6.3 所示。

表 6.3 数据的检查顺序

层 名	检查顺序	层 名	检查顺序
测量控制点	1	境界与政区	10
水域、陆地	2	航空要素	11
海上区域界线	3	工农业社会文化设施	12
助航设备及航道	4	管线	13
海底地貌及底质	5	陆地地貌及土质	14
水文	6	植被	15
礁石沉船障碍物	7	地磁要素	16
陆地交通	8	军事区域	17
居民地及附属设施	9	注记	18

确定数据的检查顺序,使得重要性高的数据保持其主导性,次要的数据参考主要数据进行检查,从而可从整体上保证数据检查的结果能够按照数据和知识的重要性从高到低排列,为系统或用户进行其他操作提供了方便。

3. 基于模糊型知识的数据检查

基于模糊型知识的数据检查主要从宏观上对数据进行检查,以获取数据的全局性信息。有些知识经过制图人员的目视,在很短时间内就可以获取,但由于计算机视觉发展水平还远没有达到接近于人的智能化水平,故计算机往往不能识别,这也是制约制图综合自动化的主要因素。但也有些模糊型知识可以通过计算机计算和推理得到,比如图面适宜面积载负量的计算、统计制图数据中各类要素的信息等。另外,还有些信息也可以通过一些复杂的计算模型得到,如对目标间空间关系的探测可以借助 Delaunay 三角关系探测模型得到等。

因此,基于目前制图综合的研究现状,本书认为进行基于制图综合知识与人机协同相结合的制图综合数据检查是切实可行的。把计算机能够进行的数据检查交由计算机完成,而对计算机难以完成的,或者计算复杂、运算量大而制图人员容易识别的检查过程则由制图人员完成。具体的分工应依据制图综合知识库的数据结构而定,即知识库中能够由计算机执行的由计算机完成,其他工作由制图人员完成。依据本书中定义的知识库结构,把模糊型知识的检查工作划分为以下两类。

1)数据检查前需要制图人员提供的模糊型知识

计算机识别这些知识具有很大的困难,但制图人员能在很短时间内识别出来,故可以在数据检查前先由制图人员提供如表6.4所示的知识。

表6.4 制图人员提供的模糊型知识

模糊知识指标	具体信息
数据检查目的	待检查的制图数据将被用来进行何种目的的地图生产或用于何种GIS之中
数据比例尺	当前数据属于何种比例尺数据
数据区域特点	北方地区、干燥地区、黄土地区、水网地区、高原地区、地物稀少地区、居民地稀少地区、居民地密集地区等
道路网特点	道路网属于何种类型,如属于平原地区、山区,还是城区道路网等
水网特点	树枝状、网状、羽毛状、放射状、格状、扇状、环状等

2)需要计算机获取的模糊型知识

主要是待检查数据的总体载负量,以及针对局部区域的具有量化综合阈的知识。而总体载负量的计算对制图综合影响较大,它主要指面积适宜载负量,也可以用数值载负量表示,即单位面积内制图物体的数量。超过规范规定的指标就要进行制图综合。

随着比例尺的缩小,一幅地图所包括的区域呈几何级数急剧扩大,所包含的地物数量也呈几何级数增加。无控制的指数式增长就意味着信息爆炸或系统崩溃,而实际上客观过程的发展不是孤立的,而是相互联系和相互制约的,图形密度的增大受到图解表现力和视觉分辨力的限制与制约(毋河海,2000a)。实践表明,不同比例尺条件下的地图载负量是有一定限制的,而地图载负量随比例尺的总体变化趋势可用逻辑数学手段来描述。地图载负量的数学描述模型有多种:典型的有Logistic模型、Gompertz模型,还有毋河海提出的带导数三次多项式方法等(毋河海,2000a)。

例如,用Logistic模型来描述图面载负量的数学描述模型为

$$y=\frac{L}{1+ae^{-bt}} \quad (L>0, a>0, b>0) \quad (6.1)$$

式中,L 为该比例尺下的地图理论最大载负量;参数 a 和 b 为控制参数,通过改变 a 和 b,可以在一定程度上改变计算结果。如果采用线性回归的方法,可以求出参数 a 和 b。

由式(6.1),有 $L/y=1+ae^{-bt}$,进而有 $L/y-1=ae^{-bt}$,然后对其取对数,得

$$\ln(\frac{L}{y}-1)=\ln a-bt \quad (6.2)$$

当上限值 L 确定时，方程简化为线性方程。将式(6.2)中的变量 t 用 x 代替，并改写为 $\ln a - xb - \ln(L/y - 1) = 0$。进而形成误差方程 $v_i = \ln a - x_i b - \ln(L/y_i - 1)$ 和 $v_i^2 = [\ln a - x_i b - \ln(L/y_i - 1)]^2$。

令 $Q(a,b) = \Sigma v^2 = \Sigma([\ln a - x_i b - \ln(L/y_i - 1)]^2)$，由此得

$$\left. \begin{aligned} \frac{\partial Q(a,b)}{\partial a} &= \Sigma 2 \cdot [\ln a - x_i b - \ln(\frac{L}{y_i} - 1)] \cdot \frac{1}{a} \\ \frac{\partial Q(a,b)}{\partial b} &= \Sigma 2 \cdot [\ln a - x_i b - \ln(\frac{L}{y_i} - 1)] \cdot x_i \end{aligned} \right\} \quad (6.3)$$

函数 $Q(a,b)$ 的极值条件是两个偏导数等于 0，由此得出两个方程，即

$$\left. \begin{aligned} n \cdot \ln a - (\Sigma x_i)b &= \Sigma \ln(L/y_i - 1) \\ (\Sigma x_i) \cdot \ln a - (\Sigma x_i^2)b &= \Sigma x_i \ln(L/y_i - 1) \end{aligned} \right\} \quad (6.4)$$

由式(6.4)解出 a 和 b。然后把参数 a 和 b 代入式(6.1)，即可以求出地图载负量。

表 6.5 则给出了 F. Toepfer 量测的地图总体载负量数据，图 6.6 是其图形化描述。地图载负量的变化，当其他条件(地图用途、区域特征等)相同时，比例尺就是一个决定性的因素。

表 6.5 地图载负量与比例尺关系

比例尺	载负量(%)
1:1 万	3.7
1:2.5 万	5.7
1:5 万	12.1
1:10 万	17.5
1:20 万	19.4
1:50 万	22.6
1:100 万	23.3

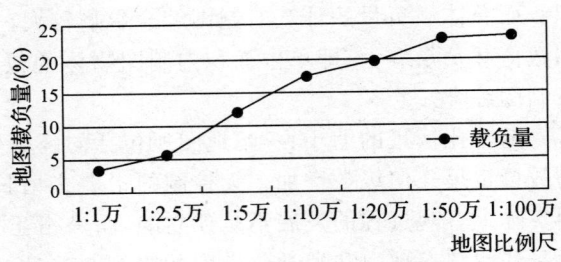

图 6.6 地图载负量随比例尺的变化趋势图

而对于给定的地图，则计算地图总体载负量的步骤为：

(1)分别统计各个要素层的载负量。

(2)各要素层载负量相加。

因此，载负量计算的关键是求出各个图层的适宜面积载负量。

对于某一要素层，其面积载负量由两部分组成，即该层要素的符号面积和相应的注记面积。设第 i 层要素的载负量为 S_i，其计算方法如下(毋河海，2004)

$$\left. \begin{aligned} S_i &= Q(r + p) \\ Q &= Kq \\ K &= (M/10^6)^2 \end{aligned} \right\} \quad (6.5)$$

式中，r 为该层要素符号的平均面积；p 为该层要素名称注记的平均面积；Q 为图上 1 cm² 内的要素个数；S_i 为图上 Q 个要素的面积载负量；K 为图上 1 cm² 转换成实

地 100 km² 的转换系数，q 为实地要素的平均密度，M 为比例尺分母。

如果待检查的图幅有 n 层要素，则该图幅的总面积载负量为

$$S = S_1 + S_2 + \cdots + S_i + \cdots + S_n \tag{6.6}$$

如果所给数据的图面载负量超过规定的载负量标准（表 6.5），则需要进行整体综合，删除次要的目标以降低图面的载负量。

4. 基于精确型知识的数据检查

精确型知识由于具有比模糊型知识简单的描述，而且描述的对象单一，综合阈精确，故可以通过计算机条件下的循环计算、推理完成。基于精确型知识的数据检查过程就是对数据遍历和遍历过程中对知识库中知识反复调用的过程。在对知识调用过程中，主要参考综合环境，通过比较知识中的综合阈和数据的属性，提取出不符合综合知识要求的数据（称为问题数据），同时提取出与这些问题数据相关的知识记录。在提取出来的这些知识中包含了大量与问题数据有关的综合操作和综合算法，以及这些操作和算法的属性。所有这些信息都来源于知识库，对认识待综合数据所在区域的特点和提高计算机条件下制图综合自动化程度至关重要。典型的基于精确型知识的数据检查流程如图 6.7 所示。

```
Source:Data,Knowledge Lib              //资源：数据、综合知识库
Method:"Compare"                       //方法：比较
Group〈Data〉                           //提取待检查的数据
Set〈GC〉                               //设置综合环境
Order(Data ID) with Data Attribute     //数据按重要性排序
For(Data ID from 0 to max)             //遍历数据
  For(Knowledge ID from 0 to max)      //遍历知识
    If(Data Attribute< Knowledge GQ)   //数据与知识的条件比较
    Then Put Data ID to Lib1           //问题数据入库 1
         Put Knowledge to Lib2         //相关联知识入库 2
Order(Lib2) with Impt                  //库 2 中知识按重要性排序
Generalize(GO,GA) from Lib2            //从库 2 中提取综合操作、算法等信息
                                       （供制图综合过程参考）
```

图 6.7 基于知识的数据检查过程

图 6.7 显示了一个完整的数据检查流程，即：

(1) 资源(source)表示数据检查需要有数据源和制图综合知识库的知识。

(2) 需要有数据检查的方法，图 6.7 中给出了综合条件量化比较(compare)的方法。

(3) 数据检查是在特定综合环境下进行的，因为不同的综合环境具有不同的综合要求，如干燥地区和水网地区的综合要求差别很大，而知识库中的知识也具有综合条件约束，因此设置综合环境(set)是必须的。设置的综合环境包括数据综合目

的、数据比例尺、数据区域特点、道路网特点、水网特点、图面载负量等信息。

（4）对数据进行重要性排序(order)，这样有利于数据检查和数据综合的实施。

（5）对数据和知识进行遍历比较，提取出问题数据和与问题数据相关联的知识记录。这是一个双重循环的过程。第一个循环对数据进行遍历(For(Data ID from 0 to max))，然后针对每个数据对象，进行第二个循环，即对知识进行遍历，把每一个数据对象与所有知识进行匹配(For(Knowledge ID from 0 to max))，寻找与它相关联的知识记录。由于精确型知识的唯一标识号就是与之相关的数据对象的要素编码，因此，这是把数据对象和知识记录联系起来的桥梁。这样，每个数据对象都可以对知识库中的记录进行遍历，以寻找具有相同标识号的知识记录。找到相关知识后，把数据的属性和知识记录中附带的综合阈进行比较。

综合阈有多个，如本书中定义的综合阈有长度阈、宽度阈、电压阈、面积阈、比高、高程等 6 个方面，并且这些综合阈的标准取值在知识库中均有定义，如在 1∶2.5 万地形图中街区的面积小于 12 mm^2 时必须删除，而街区之间的距离小于 0.3 mm 时要求进行合并等。

同时，通过对数据进行信息提取或计算，也可以得到另外一组综合阈值，然后把对数据计算得到的综合阈值与知识中的综合阈值比较，在 6 个综合阈中，只要有一个方面不符合条件，即被认为该数据是问题数据，将被放入问题数据库中(Lib1)，同时与该数据相关的知识记录也被放入相关数据库中(Lib2)，并按照知识的重要性对知识进行排序(Order(Lib2) with Impt)。

比如数据属性中带有要素宽度、电压、比高、高程等信息，可以直接和综合阈中规定的信息进行比较，即

data.width＞knowledge.GQ.width

data.voltage＞knowledge.GQ.voltage

data.relative_elevation＞knowledge.GQ.relative_elevation

data.height＞knowledge.GQ.height

而长度、面积则需要通过计算得到，然后再进行比较，即

data.GetLength()＞knowledge.GQ.length

data.GetArea()＞knowledge.GQ.area

（6）从提取出的知识记录中提取综合阈、综合操作、综合算法等信息，提供给制图综合人员和制图综合软件，为进行自动制图综合作准备。

5．实验

图 6.8 是基于知识的数据检查的部分实验数据，图 6.9 是数据检查的系统界面。图 6.9 上部是"设置综合环境"区域，用于设置数据检查的综合环境，其右侧的【读取数据】和【读取知识】按钮分别载入需要检查的数据和知识库中的知识。读取的数据在图 6.9 中的区域 1 中显示出来，共有 4 层数据，分别为"工农业、社会、文

化设施"、"居民地及附属设施"、"陆地交通"和"水域/陆地"等。区域1的右侧显示的是待检查的居民地及附属设施层的数据。而从知识库中读取的知识则在区域2中显示。区域2中的左侧显示了知识库中知识按层组织的树结构,右侧是选中的居民地及附属设施层的知识。单击【开始检查】按钮,即可按图6.7所示的流程进行数据检查。检查完成后问题数据在【数据层】列表中显示,同时,与问题数据相关的知识被列在了【关联知识层】列表中。图6.10是该数据检查的输出结果。

图6.8 基于知识检查的实验数据

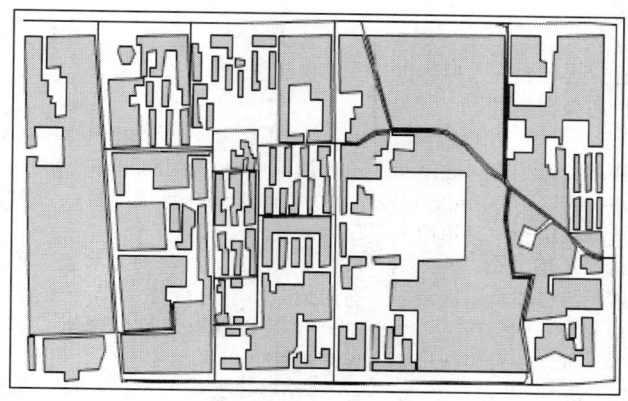

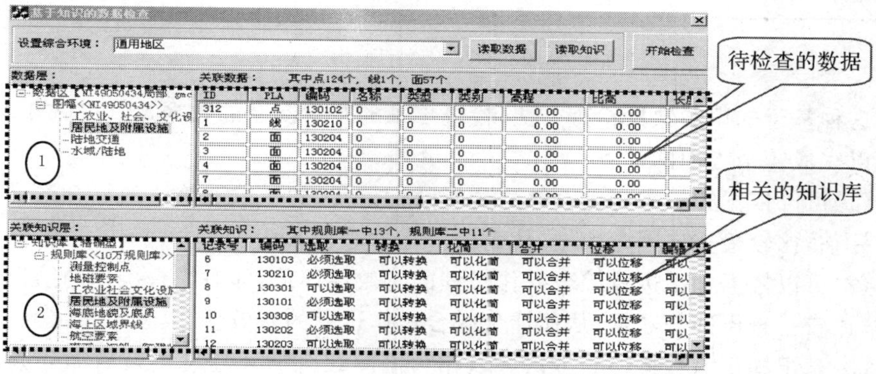

图6.9 基于知识的数据检查系统界面

从图6.10可以看出,数据检查结果分为两部分,分别是基于模糊型知识的信息和基于精确型知识的信息。模糊信息中涵盖了数据检查目的、待检查数据的区域特点、目标比例尺、道路网类型、水网特点等信息,这些信息需要通过人机交互的方式,即系统"设置综合环境"进行设置,而图面载负量则是系统计算得到的。从基于精确型知识的数据检查结果可以看出,按照目标优先级顺序进行数据检查,提取出与问题数据相关的记录也是按照数据重要性顺序进行排列的。如知识编号为

"2"的数据编码为"130102",而"130102"编码代表独立房屋,它比小居住区("130203")和街区边线("130210")等都重要,因此排序靠前。同时,这些提取出来的知识中包含了大量的与问题数据有关的综合操作和综合算法信息(如"0.4〈1/1/3〉"表示对面积大于 0.4 mm^2 的独立房屋可以采用 TIN 算法和数学形态学算法进行选取)。

```
模糊信息:
   目的:1万   编图   2.5万/   区域特点:北方地区＊城区图/   比例尺:大比例尺/
道路网类型:城区道路网/   水网特点:无/图面载负量   8.2
基于精确型知识的检查结果:
   2   130102   0 0 0  0.4〈1/1/3〉  0 0   可以选取   可以转换   可以化简   可以
合并   可以位移   可以编辑   通用图   通用地区   独立房屋(单幢房屋)
   11  130203   0 0 0  0.4〈1/1〉    0 0   可以选取   可以转换   可以化简   可以合
并   可以位移   可以编辑   通用图   通用地区   小居住区
   24  130203   0  0.02〈3/1/3〉  0 0 0   可以选取   可以转换   可以化简   可以
合并   可以位移   可以编辑   通用图   通用地区   小居住区
   25  130203   0  0.02〈3/1/3〉  0 0 0  可以选取   可以转换   可以化简   可以
合并   可以位移   可以编辑   通用图   通用地区   小居住区
   21  130210   0.8〈2/1/2〉  0 0 0 0   必须选取   可以转换   可以化简   可以
合并   可以位移   可以编辑   通用图   通用地区   街区边线
……
```

图 6.10 数据检查的输出结果

这种基于知识的数据检查方法,检查出来的是有问题的数据及其关联知识,因此可以完成 4 个方面的任务:

(1)可以依据知识进行综合算法的有效性评价,即对综合算法的综合结果数据进行评估,比较检查出问题数据,从而评价算法的有效性。

(2)可以依据知识进行综合操作过程的有效性评估,即对综合操作的结果进行评估,比较检查出问题数据,从而评价综合操作过程的有效性。

(3)基于知识的数据检查方法可以作为制图综合循环控制中最后循环判断的依据。即如果在制图综合过程控制中,依据上述方法检查是否仍有问题数据存在(即综合后的数据是否已经满足知识库的要求),如果问题数据消失,或基本消失,则结束综合过程循环;否则,综合过程控制系统继续调整算法和参数,重新开始执行综合操作,直到满足知识库的要求为止。

(4)在综合之前可以对待综合的数据进行基于知识的数据检查,发现问题数据,而这些问题数据正是进行制图综合的主体。因此,可以采用基于知识的数据检查方法提取综合任务。

6.3.3 基于数据检查的综合任务提取

依靠知识进行制图综合任务的自动提取,并转化为计算机可以识别和执行的制图综合工作流,由计算机自动执行,从而充分提高制图综合的智能化和自动化水平(Qian Haizhong et al, 2006a)。

可以看出,把数据检查的任务输出格式略加改变,就可以实现基于数据检查的综合任务提取。

下面以图 6.11 所示的 1∶1 万数据为例,按照上述方法进行数据检查。

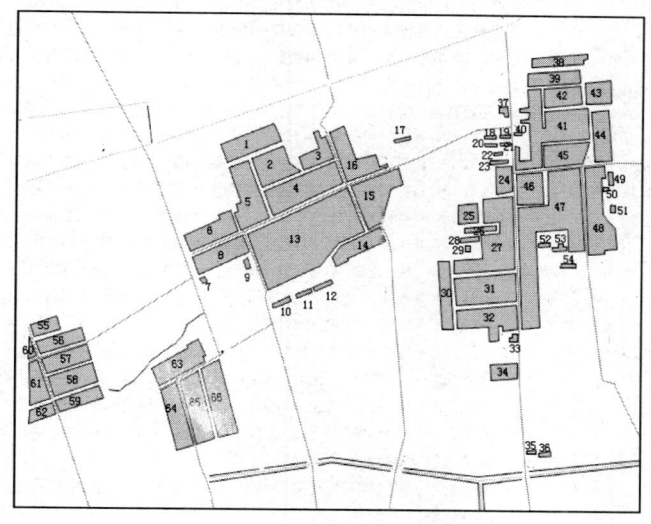

图 6.11　1∶1 万居民地原始数据

图 6.12 是对图 6.11 中的居民地层进行任务提取的结果,其中在 1∶2.5 万目标图比例尺数据中街区面积小于 12 mm² 时必须删除,而街区之间的距离小于 0.3 mm时要求进行合并。图 6.12 中列出了需要进行删除和合并操作的所有综合任务信息。

通过对空间数据进行检查,我们可以获得问题数据以及与问题数据相关的所有知识,如图 6.12 所示。而知识中包含有目标自身的特征、综合阈、相关综合环境、相关综合操作以及执行操作所需的综合算法等信息。依据这些信息,可以很好地满足地图自动综合技术方法的实现(2W+1H)所提出的要求,即综合环境下的综合阈是解决综合操作的条件问题;综合环境下的目标自身特征由于能够唯一标识与该知识相关的数据,所以可以解决何处需要综合的问题;而综合环境下的综合操作和所需的综合算法解决了综合中怎么做的问题。因此,提取制图综合任务后,为进行下一步的自动制图综合奠定了技术基础。

```
5   130204  0  0.3(3/1)    0 0 0    必须选取  不可转换  可化简    可合并    可位移    可编辑  通用图  通用街区  与6相邻
6   130204  0  0.3(3/1)    0 0 0    必须选取  不可转换  可化简    可合并    可位移    可编辑  通用图  通用街区  与5相邻
7   130204  0  0   0 12 0 0    必须删除  不可转换  不可化简  不可合并  不可位移  可编辑  通用图  通用街区  面积小
9   130204  0  0   0 12 0 0    必须删除  不可转换  不可化简  不可合并  不可位移  可编辑  通用图  通用街区  面积小
11  130204  0  0.3(3/3)    0 0 0    必须选取  不可转换  可化简    可合并    可位移    可编辑  通用图  通用街区  与12相邻
12  130204  0  0.3(3/3)    0 0 0    必须选取  不可转换  可化简    可合并    可位移    可编辑  通用图  通用街区  与11相邻
18  130204  0  0.3(3/3)    0 0 0    必须选取  不可转换  可化简    可合并    可位移    可编辑  通用图  通用街区  与19相邻
19  130204  0  0.3(3/3)    0 0 0    必须选取  不可转换  可化简    可合并    可位移    可编辑  通用图  通用街区  与18相邻
20  130204  0  0.3(3/3)    0 0 0    必须选取  不可转换  可化简    可合并    可位移    可编辑  通用图  通用街区  与21相邻
21  130204  0  0.3(3/3)    0 0 0    必须选取  不可转换  可化简    可合并    可位移    可编辑  通用图  通用街区  与20相邻
22  130204  0  0   0 12 0 0    必须删除  不可转换  不可化简  不可合并  不可位移  可编辑  通用图  通用街区  面积小
23  130204  0  0.3(3/1)    0 0 0    必须选取  不可转换  可化简    可合并    可位移    可编辑  通用图  通用街区  与24相邻
24  130204  0  0.3(3/1)    0 0 0    必须选取  不可转换  可化简    可合并    可位移    可编辑  通用图  通用街区  与23相邻
26  130204  0  0.3(3/1/3/4) 0 0 0   必须选取  不可转换  可化简    可合并    可位移    可编辑  通用图  通用街区  与27/28相邻
27  130204  0  0.3(3/1/3/4) 0 0 0   必须选取  不可转换  可化简    可合并    可位移    可编辑  通用图  通用街区  与26/28相邻
28  130204  0  0.3(3/1/3/4) 0 0 0   必须选取  不可转换  可化简    可合并    可位移    可编辑  通用图  通用街区  与26/27相邻
29  130204  0  0   0 12 0 0    必须删除  不可转换  不可化简  不可合并  不可位移  可编辑  通用图  通用街区  面积小
31  130204  0  0.3(3/3)    0 0 0    必须选取  不可转换  可化简    可合并    可位移    可编辑  通用图  通用街区  与32相邻
32  130204  0  0.3(3/3)    0 0 0    必须选取  不可转换  可化简    可合并    可位移    可编辑  通用图  通用街区  与31相邻
35  130204  0  0.3(3/1)    0 0 0    必须选取  不可转换  可化简    可合并    可位移    可编辑  通用图  通用街区  与36相邻
36  130204  0  0.3(3/1)    0 0 0    必须选取  不可转换  可化简    可合并    可位移    可编辑  通用图  通用街区  与35相邻
39  130204  0  0.3(3/1/3/4) 0 0 0   必须选取  不可转换  可化简    可合并    可位移    可编辑  通用图  通用街区  与41/42/45相邻
40  130204  0  0   0 12 0 0    必须删除  不可转换  不可化简  不可合并  不可位移  可编辑  通用图  通用街区  面积小
41  130204  0  0.3(3/1/3/4) 0 0 0   必须选取  不可转换  可化简    可合并    可位移    可编辑  通用图  通用街区  与39/42/45相邻
42  130204  0  0.3(3/1/3/4) 0 0 0   必须选取  不可转换  可化简    可合并    可位移    可编辑  通用图  通用街区  与39/41/45相邻
45  130204  0  0.3(3/1/3/4) 0 0 0   必须选取  不可转换  可化简    可合并    可位移    可编辑  通用图  通用街区  与39/41/42相邻
47  130204  0  0.3(3/1/3/4) 0 0 0   必须选取  不可转换  可化简    可合并    可位移    可编辑  通用图  通用街区  与52/53相邻
48  130204  0  0.3(3/1/3/4) 0 0 0   必须选取  不可转换  可化简    可合并    可位移    可编辑  通用图  通用街区  与49/50相邻
49  130204  0  0.3(3/1/3/4) 0 0 0   必须选取  不可转换  可化简    可合并    可位移    可编辑  通用图  通用街区  与48/50相邻
50  130204  0  0.3(3/1/3/4) 0 0 0   必须选取  不可转换  可化简    可合并    可位移    可编辑  通用图  通用街区  与48/49相邻
52  130204  0  0.3(3/1/3/4) 0 0 0   必须选取  不可转换  可化简    可合并    可位移    可编辑  通用图  通用街区  与47/53相邻
53  130204  0  0.3(3/1/3/4) 0 0 0   必须选取  不可转换  可化简    可合并    可位移    可编辑  通用图  通用街区  与47/52相邻
57  130204  0  0.3(3/3)    0 0 0    必须选取  不可转换  可化简    可合并    可位移    可编辑  通用图  通用街区  与58相邻
58  130204  0  0.3(3/3)    0 0 0    必须选取  不可转换  可化简    可合并    可位移    可编辑  通用图  通用街区  与57相邻
65  130204  0  0.3(3/3)    0 0 0    必须选取  不可转换  可化简    可合并    可位移    可编辑  通用图  通用街区  与66相邻
66  130204  0  0.3(3/3)    0 0 0    必须选取  不可转换  可化简    可合并    可位移    可编辑  通用图  通用街区  与65相邻
```

图 6.12 对原始居民地数据进行任务提取后得到的结果

6.3.4 制图综合链的自动生成与执行

制图综合任务本身不具备被计算机直接识别和执行的能力，因此，需要把制图综合任务转化为制图综合链。这就需要对给定的制图综合任务进行分解，然后把这些提取出来的综合任务按照制图综合链的分解和组织原则进行组织和管理，形成制图综合链，从而被计算机执行。

已于前述，图 6.12 中列出了对图 6.11 中居民地进行任务提取后的信息，但图 6.12 的信息还只是任务列表，或者是任务集合，没有组织方式，不能被计算机直接识别。因此，需要对图 6.12 的信息进行进一步的提取和挖掘，以达到计算机识别的目的。在知识库、算法库等的支持下,可以从图 6.12 的任务中提取出图 6.13 所示的综合链。

```
综合任务主链
├── DataIndex1
│   ├── Task: SimpleDelete ── Group 1 ⟨7 9 22 29 40⟩
│   
│   综合子链1
│   
├── DataIndex2
│   ├── Task: SimpleMerge
│   │   ├── Group 1 ⟨5 6⟩
│   │   ├── Group 2 ⟨11 12⟩
│   │   ├── Group 3 ⟨18 19⟩
│   │   ├── Group 4 ⟨20 21⟩
│   │   ├── Group 5 ⟨23 24⟩
│   │   ├── Group 6 ⟨31 32⟩
│   │   ├── Group 7 ⟨35 36⟩
│   │   ├── Group 8 ⟨57 58⟩
│   │   └── Group 9 ⟨65 66⟩
│   │   
│   综合子链2
│   │
│   └── Task: ComplexMerge
│       ├── Group 1 ⟨26 27 28⟩
│       ├── Group 2 ⟨39 41 42 45⟩
│       ├── Group 3 ⟨47 52 53⟩
│       └── Group 4 ⟨48 49 50⟩
```

图 6.13　居民地综合任务转化为综合链

(1) 首先把综合任务按操作算子进行划分。图 6.14 中的操作主要有两个,即删除和合并。因此,把综合任务分为两个区,即 DataIndex1(删除算子区)和 DataIndex2(合并算子区)。

(2) 在每个区域内把综合任务按照综合操作对象所在群进行细分。把同一个操作的所有对象作为一个任务群,一个任务群只需要一次操作(包括复合操作)即可。例如任务 5 和任务 6 属于同一个任务群。

图 6.13 是把图 6.12 中的综合任务转化为综合链后的结果,从中可以看出图 6.13 与图 6.5 的综合链原型表达是一致的。DataIndex1 和 DataIndex2 组成了综合任务的主链,而每个 DataIndex 中又包含了子链,以此类推。

图 6.14 则是把图 6.13 中的综合链转化为可执行代码的结果。通过制图综合专业编译器,图 6.14 的代码可以直接被计算机自动执行,从而完成制图综合任务。图 6.15 是经过自动综合后的结果。

需要说明的是,制图综合链中操作的顺序是动态生成的,需要具体数据具体对待。总的来说,影响全局的操作应该先执行。综合操作的顺序和综合任务的顺序密切相关,综合任务重要,则先执行。而综合任务的重要性可以通过比较与综合任务相关联的综合知识来确定,全局性知识先执行,同等级别的综合知识中也有知识的重要性排序问题。

```
START
DataIndex 1
Task：SimpleDelete
    Group 1〈7 9 22 29 40〉
DataIndex 1
DataIndex 2
Task：SimpleMerge
    Group 1〈5 6〉Operate 〈3/1〉
    Group 2〈11 12〉Operate 〈3/3〉
    Group 3〈18 19〉Operate 〈3/3〉
    Group 4〈20 21〉Operate 〈3/3〉
    Group 5〈23 24〉Operate 〈3/1〉
    Group 6〈31 32〉Operate 〈3/3〉
    Group 7〈35 36〉Operate 〈3/1〉
Group 8〈57 58〉Operate 〈3/3〉
Group 9〈65 66〉Operate 〈3/3〉
Task：ComplexMerge
    Group 1〈26 27 28〉Operate 〈3/1/3/4〉
Group 2〈39 41 42 45〉Operate 〈3/1/3/4〉
Group 3〈47 52 53〉Operate 〈3/1/3/4〉
Group 4〈48 49 50〉Operate 〈3/1/3/4〉
DataIndex 2
END
```

图 6.14　居民地综合链的执行代码

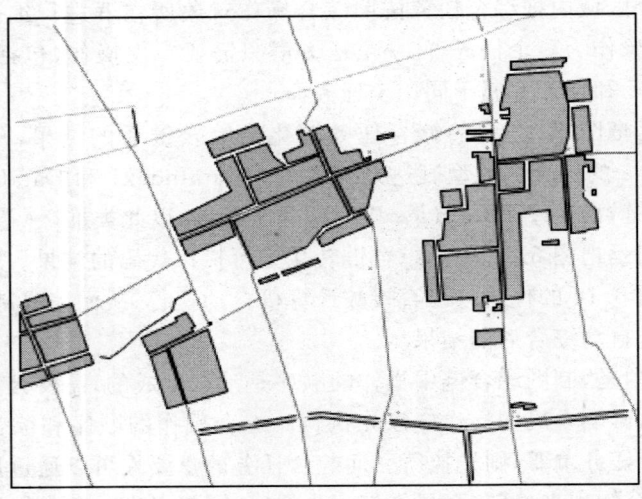

图 6.15　执行综合链后自动综合的结果

6.3.5 基于制图综合知识的综合操作监控

制图综合过程中,考虑到不同用户所掌握的制图综合知识的程度不同,一个自动综合系统要面向大众用户,如果能够开发出依靠专家知识对用户的综合行为进行实时监控的系统,对综合用户的操作过程进行全程监控,则可以避免用户的误操作,这对提高制图综合质量有很大的帮助。而本书已经建立了制图综合知识库,知识库中存在对目标操作的信息,故可依据综合知识库进行实时监控,如果遇有违背综合知识的操作,则强行中断其操作行为,从而避免因用户误操作而影响制图综合的质量。本书设计的监控模型主要由感知、日志、分析引擎、动作和知识库等组成(钱海忠 等,2004a)。

(1)感知模块。能实时感知外界变化,并将感知信息传送给分析引擎和日志库。

(2)日志模块。将感知模块实时传递的信息全部记录和保存下来,一方面作为用户行为的记录,另一方面还具有快速查询和定位的作用。

(3)分析引擎模块。对接收到的信息依赖知识库进行全面分析,产生分析结果,并形成动作指令,发送给动作模块。

(4)动作模块。把分析引擎的指令转化为动作作用于被监测对象,包括干预动作、表示动作和请求动作。

(5)知识库。它是一个巨大的智囊体,分析引擎必须依靠知识库才能有所分析、有所反应。分析引擎的每次分析和反应,都必须从知识库中找到依据。

监控模型的工作原理是:感知模块实时监测现场环境,将数据处理后传送给日志库和分析引擎;分析引擎根据知识库中的规则和方法等,通过动作模块干预现场环境(即被控制对象),并实时显示被监控对象的系统状态,如图 6.16 所示,相关实例见第 7 章。

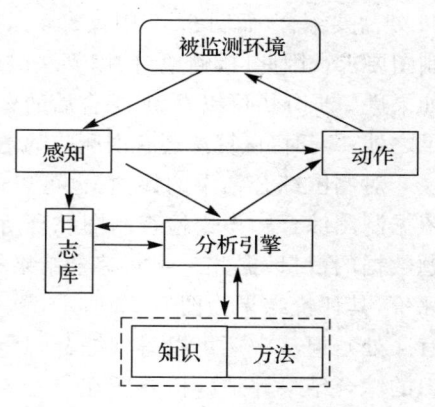

图 6.16 监控模型的工作原理

6.3.6 基于制图综合知识的综合算法和综合结果评估

综合算法的比较是相对比较。但是相对比较也需要有相同的基础,脱离了相同的基础,即使是相对比较也不科学。因此,相对比较是指在相同环境和条件下的比较。相同环境主要指相同的制图用途、比例尺和制图区域特点等。而用同一经典数据对不同算法进行同一综合环境下的综合操作,最能反映出综合算法的综合能力和水平,是最有说服力的。

设图 6.11 的原始居民地要素层数据采用 TIN 算法进行综合,其综合结果为

图 6.15 所示。利用本章 6.3.3 节中的综合任务提取方法,提取出原始数据的综合任务,同时,也可以对综合后的数据再次进行基于知识的数据检查,以察看其是否符合知识库的要求。重要的是,可以把对原始数据提取的综合任务和对综合后数据再次提取的综合任务进行相互比较,以分析该算法综合的效果。

设对综合前的数据(图 6.11)进行综合任务提取,提取的任务称为任务集 1 (图 6.12),并对综合后的数据(图 6.15)进行任务提取,提取的任务称为任务集 2 (图 6.17),对比任务集 1 和任务集 2,可以比较出该综合算法对问题数据的解决能力。这种对比完全是在相同环境下进行的,可以对比发现综合任务的解决程度。如果任务集 2 中的任务比任务集 1 中的任务少得多,说明该综合算法具有较强的解决综合任务的能力,反之,则说明该综合算法的综合能力较低。

```
27 130204 0 0 0 0.4⟨3/1/3/4⟩ 0 0 必须选取 不可转换 可化简 可合并 可位移 可编辑 通用图 通用街区 面积增大
41 130204 0 0 0 0.4⟨3/1/3/4⟩ 0 0 必须选取 不可转换 可化简 可合并 可位移 可编辑 通用图 通用街区 相交
52 130204 0 0 0 0.4⟨3/1/3/4⟩ 0 0 必须选取 不可转换 可化简 可合并 可位移 可编辑 通用图 通用街区 误删除
53 130204 0 0 0 0.4⟨3/1/3/4⟩ 0 0 必须选取 不可转换 可化简 可合并 可位移 可编辑 通用图 通用街区 误删除
```

图 6.17 对综合后的数据再次进行任务提取后得到的结果

对比图 6.12 和图 6.17,可以发现图 6.12 中有 36 条记录,说明原始数据中有 36 处需要综合,而图 6.17 中仅有 4 条记录,说明综合后的数据中仍然有 4 处不符合制图要求。因此,概略地讲,该算法的综合率为 89%,说明该算法的综合能力较强。如果进一步分析可以发现,综合后的数据中出现了几何相交的情况,这是该算法的不足之处。同时,该算法还有误删除的情况,这些都可以作为对该算法评价的依据。

对制图综合结果的评估,也可以借鉴上述对制图综合算法评估的方法进行,即依据制图综合知识去检查制图综合所生成的目标比例尺数据,判断综合结果中问题数据的数量,据此来判断综合结果的可靠性。例如对图 6.15 中的综合结果进行评价,其评价结果为图 6.17 所示,说明目标比例尺数据总体上存在的问题较少(仅有 4 处),但从中还可以得到综合问题所在,以及进一步综合的依据,这就是基于知识的综合结果评估的优异所在。

6.3.7 基于制图综合知识的综合任务存储

一个成功的制图综合链可以作为一个 CASE 进行存储,这样,如果最终没有获取符合知识库要求的完美综合结果,则可以从综合链 CASE 库中寻找一条最优的综合链执行,以获取最优的综合结果。因此,综合链的存储可以辅助系统获取最优综合结果。综合链由综合任务组成,其关键是综合任务的存储,故制图综合链的存储不能简单地按照字符串存储的方式进行。并且制图综合过程中要求存储模型具有结构化的存储结构和方便的检索方法,以便于制图综合推理的开展。因此,寻找一种结构化存储模型,是提高制图综合任务结构化存储的关键。

第 6 章 制图综合过程控制与推理

1. 任务之间关系的表示

任意一个任务之间的结构关系可以有多种,比如一个典型的关系,如图 6.18 所示。图中包含了 6 个任务,这 6 个任务之间的关系如表 6.6 所示。无论任务之间关系如何复杂,规定它们之间的关系必须是"连通"的,也就是说,同一个结构中的每个任务之间必须存在着直接或间接的关系。

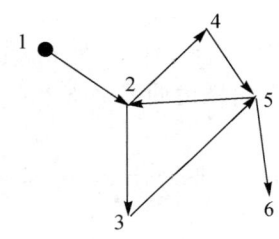

图 6.18 典型的任务关系结构

表 6.6 采用表结构表示任务之间的关系

任务编号	前临任务	本任务	后临任务
1	—	1	2
2	1	2	3
3	5	2	4
4	2	3	5
5	2	4	5
6	3	5	6
7	4	5	2
8	5	6	—

这里,假设任务 1、任务 2、任务 3 之间是单向串联关系,任务 2、任务 4、任务 5 之间是单向串联关系,任务 3、任务 5、任务 6 之间是单向串联关系,任务 4、任务 5、任务 2 之间是单向串联关系。

从图 6.18 可以看出,由于任务之间存在 $1:n$ 关系、$n:1$ 关系和 $n:n$ 关系,因此,任务之间的关系是复杂的。为了挖掘出综合任务之间的各项关系,需要对综合任务进行进一步的量化描述。本书采用阶跃函数(式 6.7)对综合任务进行量化,则图 6.18 的任务结构可以采用矩阵表示,如式(6.8)所示。

$$E_{ij} = \begin{cases} 1 & \text{当 } i \text{ 是 } j \text{ 的前临任务,或者 } i \text{ 是 } j \text{ 的父任务} \\ 0 & \text{当 } i \text{ 不是 } j \text{ 的前临任务,或者 } i \text{ 不是 } j \text{ 的父任务} \end{cases} \tag{6.7}$$

$$E = \begin{pmatrix} 0 & 1 & 0 & 0 & 0 & 0 \\ 0 & 0 & 1 & 1 & 0 & 0 \\ 0 & 0 & 0 & 0 & 1 & 0 \\ 0 & 0 & 0 & 0 & 1 & 0 \\ 0 & 1 & 0 & 0 & 0 & 1 \\ 0 & 0 & 0 & 0 & 0 & 0 \end{pmatrix} \tag{6.8}$$

该矩阵表明,共有 6 个综合任务($R_1, R_2, \cdots, R_6$)。用分解矩阵表示任务结构时,可得出以下规律:

(1) 对于 n 个任务,矩阵中至少有 $n-1$ 个非零值。

(2) 由全零元素组成的行(列)所对应的任务一定是任务中最前端或最后端的任务。

(3) 矩阵主对角线上方连续非零元素描述了制图综合任务之间的串联关系。

例如 $E_{1,2}=E_{2,3}=E_{3,5}=E_{5,6}=1$ 表达了任务 1、任务 2、任务 3、任务 5、任务 6 之间的串联关系。

(4)结构矩阵一行中多个非零元素表示任务之间的并列关系,非零元素的数目等于并列分支数目。

如 $E_{2,3}=E_{2,4}=1$ 描述了任务 3 和任务 4 之间的并列关系,这两个任务都是从任务 2 中并列派生而来。非零值的个数为 2 个,表明任务 2 的分支数目为 2 个。

(5)结构矩阵一列中多个非零元素表示任务之间的共同指向关系,且非零元素的数目等于指向该列任务的其他任务的个数。

如 $E_{1,2}=E_{5,2}=1$ 描述了任务 1 和任务 5 都指向任务 2,且非零值为 2 个,表明有两个任务(任务 1 和任务 5)指向任务 2。$E_{3,5}=E_{4,5}=1$ 同样说明任务 3 和任务 4 同时指向任务 5。

(6)结构矩阵中主对角线以下的非零数值表示了该任务是返回任务。例如,任务 $E_{5,2}$ 是一个从任务 5 返回给任务 2 的任务。

2. 制图综合任务的表示

制图综合任务是普通任务中的一种特殊任务。任何两个相邻任务之间都可以描述为"父—子"隶属关系或"子—子"平等关系,综合任务之间的"父—子"关系构成了任务的层次结构,而"子—子"关系构成了任务的平面结构。利用这两种关系,可以将多个任务联结起来,形成完整的制图综合关系。相应地,制图综合任务的描述也需要从任务的平面结构和层次结构两个方面进行。

1)制图综合任务的平面结构表示

由于制图综合任务分解具有单向性,因此,在同一条综合链的平面任务中,任务的分解是一个典型的单链结构。图 6.19 描述了平面任务的简单单向结构,表 6.7 是它的表结构表达,式(6.9)是其矩阵表示。

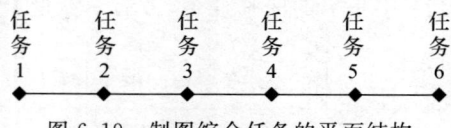

图 6.19 制图综合任务的平面结构

表 6.7 平面任务的表结构表示

任务编号	前临任务	本任务	后临任务
1	—	1	2
2	1	2	3
3	2	3	4
4	3	4	5
5	4	5	6
6	5	6	—

$$E = \begin{pmatrix} 0 & 1 & 0 & 0 & 0 & 0 \\ 0 & 0 & 1 & 0 & 0 & 0 \\ 0 & 0 & 0 & 1 & 0 & 0 \\ 0 & 0 & 0 & 0 & 1 & 0 \\ 0 & 0 & 0 & 0 & 0 & 1 \\ 0 & 0 & 0 & 0 & 0 & 0 \end{pmatrix} \quad (6.9)$$

该矩阵表明,图 6.19 所给的综合任务中共有 6 个任务。用分解矩阵表示任务平面结构时,可得出以下规律:

(1) 对于 n 个任务,矩阵中只有 $n-1$ 个非零值。

(2) 由全零元素组成的行(列)所对应的任务一定是任务中的最前端或最后端的任务。

(3) 矩阵主对角线上方与主对角线平行的连续非零元素描述了制图综合任务之间的串联关系。

(4) 结构矩阵中不存在并列关系。

(5) 结构矩阵中不存在共同指向关系。

(6) 结构矩阵中主对角线以下的数值均为 0,表示没有返回任务。

2) 制图综合任务的层次结构表示

一个典型的层次任务结构如图 6.20 所示,层次任务的树状结构如图 6.21 所示,而表 6.8 是其表结构表示,式(6.10)是采用矩阵方式对层次任务的描述。

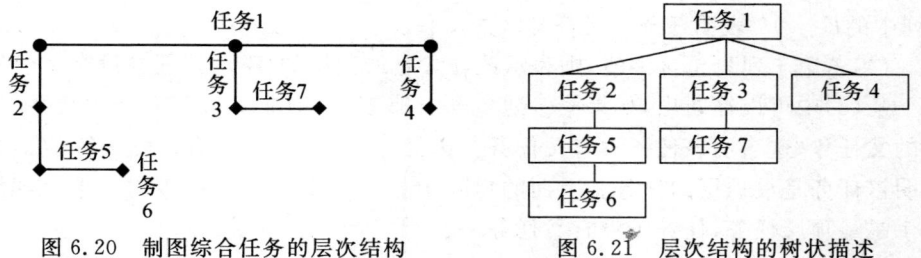

图 6.20　制图综合任务的层次结构　　　图 6.21　层次结构的树状描述

表 6.8　层次任务的表结构表示

任务编号	父任务	本任务	子任务
1	—	1	2
2	—	1	3
3	2	1	4
4	1	2	5
5	1	3	7
6	1	4	—
7	2	5	6
8	5	6	—
9	3	7	

$$E = \begin{pmatrix} 0 & 1 & 1 & 1 & 0 & 0 & 0 \\ 0 & 0 & 0 & 0 & 1 & 0 & 0 \\ 0 & 0 & 0 & 0 & 0 & 0 & 1 \\ 0 & 0 & 0 & 0 & 0 & 0 & 0 \\ 0 & 0 & 0 & 0 & 0 & 1 & 0 \\ 0 & 0 & 0 & 0 & 0 & 0 & 0 \\ 0 & 0 & 0 & 0 & 0 & 0 & 0 \end{pmatrix} \qquad (6.10)$$

该矩阵表明,图 6.20 所给的综合任务中共有 7 个任务。用分解矩阵表示任务层次结构时,可得出以下规律:

(1)若某一任务 i 被分解为多个子任务,则第 i 行必然包含有对应的多个非零数值,非零数值的个数就是子任务的个数,且这些元素是同一个非零值。例如,$E_{1,2}=E_{1,3}=E_{1,4}=1$ 表明任务 2、任务 3、任务 4 都是任务 1 的子任务。

(2)若任务 i 没有子任务,则第 i 行只包含零值。例如第 4 行、第 6 行、第 7 行全部由零值组成,表明任务 4、任务 6、任务 7 没有子任务。

(3)任何一列都只能最多有一个非零数值,非零数值所对应的行是该任务的父任务。

制图综合任务具有单向性,故每个子任务均只有一个父任务,任何一列都只能最多有一个非零数值。并且,非零数值所对应的行是该任务的父任务。例如,第 2 列中的 $E_{1,2}=1$ 表明任务 1 是任务 2 的父任务。

(4)若第 j 列只包含零值,则表示该任务是最顶层的任务,该任务没有父任务。

从(3)中可以推断出,如果第 j 列包含有非零值,则非零值所对应的行是该任务的父任务,这表明该任务具有父任务。因此,只有该列的所有值均为零值,才能表明该任务是最顶层的任务。上面的矩阵中只有第 1 列的所有值均为零,表明任务 1 是最顶层任务,任务 1 没有父任务。

采用表结构和矩阵结构对制图综合任务进行描述,均很方便。但采用矩阵进行描述,有上述许多规律可循,这对于制图综合链的分析与推理相当重要,因此,本书采用矩阵方式进行存储。

6.3.8 完整的自动制图综合链模型

自动制图综合链具有上述功能后,就具备了一个完整的制图综合过程控制模型的依据和能力。但是,要使其运转起来,还必须赋予其良好的数据结构和流程。

1. 制图综合 Agent 数据结构

在制图综合各个模块中,均以 Agent 思想和技术进行封装。基本的 Agent 结构如下述程序所示。

```cpp
// 自动综合 Agent 的种类
enum AGENT_GENE_TYPE
{
    AGENT_GENE_KNOWLEDGE,          // 自动综合知识库 Agent
    AGENT_GENE_ALGORITHM,          // 自动综合算法库 Agent
    AGENT_GENE_MONITOR,            // 自动综合监控 Agent
    AGENT_GENE_DATAPREPARATION,    // 数据组织、管理与转换 Agent
    AGENT_GENE_QUALITYCHECKING,    // 自动综合质量评估 Agent
    AGENT_GENE_TASKPRODUCING,      // 自动综合任务提取 Agent
    AGENT_GENE_TASKEXECUTING,      // 自动综合任务编译、执行 Agent
    AGENT_GENE_CASEMANAGE          // 自动综合任务 CASE 存储 Agent
};

// Agent 通信单元
struct GENE_SMSG
{
    UINT AgentID;                  // Agent 标识号
    AGENT_GENE_TYPE m_eFrom;       // Agent 类型
    char*  MSG;                    // 信息体
    char*  COMMAND;                // 指令
};

// Agent 基本结构信息
class AgentBasic
{
    protected:
        GENE_SMSG    m_msg;        // 要素编号
        UINT m_iUpID;              // 所在上一级 Agent 组的编号
        UINT m_iHappiness;         // 满意度(1 不满意 2 基本满意 3 很满意)
        UINT m_iStep;              // 时间轴线,记录操作的步骤
        UINT m_iRunState;          // 运行状态,计算/挂空
    public:
        virtual void GMF_ListenKnowledgeLib();   // 知识库信息
        virtual void GMF_InitObj();              // 设置变量的初始值
        virtual void GMF_CountObjHappiness();    // 计算目标的综合满意度
        virtual void GMF_SaveObjInformation();   // 保存中间计算结果,便于中断后读入继续执行
        virtual void GMF_PublishInformation(const char * msg);// 公布自身信息到信息池
        virtual void GMF_RearchPubInformation(char * msg);// 从信息池中搜索信息
};
```

```cpp
// 一个 Agent 个体结构
class GMC_Agent:public AgentBasic
{
    public:
        void GMF_GetClassInfo();        // 获取其分类信息
        void GMF_GetTopologicInfo();    // 获取其相邻 Agent 的信息
        void GMF_GetImportance();       // 获取其自身的重要性
        void GMF_GetClusteringInfo();   // 获取其被聚类的信息
        void GMF_Evaluate();            // 自身综合评估
    protected:
        void GMF_ExecuteListen();       // 自动执行 Agent 实时探测的信息
        void GMF_Kill();                // 注销自己（生命周期强行结束）
    public:
        void GMF_Start();               // Agent 生命周期开始
        void GMF_End();                 // Agent 生命周期结束
        void GMF_Listen();              // Agent 侦听外界变化
        void GMF_Communicate(const char * msg);// Agent 单元与外界交互
};


// Agent 信息交互结构
struct INFOUNIT
{
    UINT AgentID;
    char*  msg;      // 公布的信息，由知识的格式组成
};


// Agent 系统公共信息池
class MultiBlank
{
    public:
        typedef CArray<INFOUNIT, INFOUNIT>m_strPublicBank;  // 公共黑板
    public:
        void GMF_ClearAll();
        void GMF_SaveAll();
};
```

```
//主控 Agent 结构
class HomeAgent
{
    public:
        void InitObjs();                                    //Agent 运行前的初始化
        void GMF_ClusterObjs();                             //目标聚类(以道路/河流为界)
        void GMF_AgentRegister(const char * msg);           //Agent 个体注册
        void GMF_AgentUnRegister(const char * msg);         //Agent 个体强行注销
        void GMF_AgentsManager();                           //Agent 管理器
        void GMF_Start();                                   //Agent 生命周期开始
        void GMF_End();                                     //Agent 生命周期结束
};
```

这里，AgentBasic 是一个最基本的公共 Agent 结构，其他 Agent 都继承该结构。而 GMC_Agent 是一个典型的具有生命周期的 Agent 个体。制图综合的各个模块(参考§3.5 中的 Agent 分类)在 GMC_Agent 结构的基础上，可以进行进一步的继承、封装和开发。因此，本系统是多 Agent 系统，属于人工智能中的群智能体。MultiBlank 为公共信息池，用于各个 Agent 个体之间信息的发布和交互。在众多 Agent 个体中，必须要有一个主控 Agent 来全面管理和控制所有其他 Agent 个体的主要行为，否则，所有 Agent 个体就会"群龙无首"。HomeAgent 个体就是主控 Agent，用于管理和控制其他所有 Agent 个体。

2. 自动制图综合链的流程

工作流程在工业自动控制过程中非常常见，其核心是综合推理过程。一个典型的综合推理过程，可以用 SR＝(公共显示牌,知识库,推理库,推理机,评估器)来表示，如图 6.22 所示。

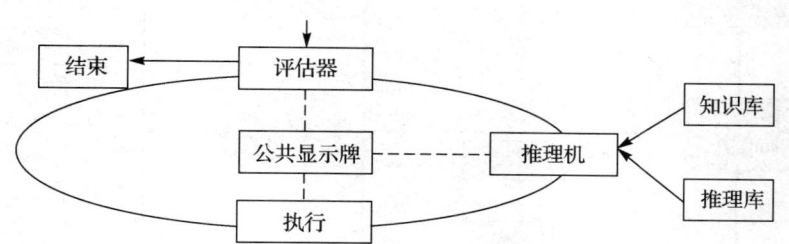

图 6.22　工作流中典型的综合推理过程

潘云鹤院士也提出了有见解的综合推理模型，如图 6.23 所示。

很显然，对于制图综合而言，上述通用的推理模型是不够的，必须具有更详细和更多的环节与内容。因此，本书提出了基于自动制图综合链的制图综合过程控制模型(钱海忠,2006;Qian Haizhong et al,2008)，如图 6.24 所示。

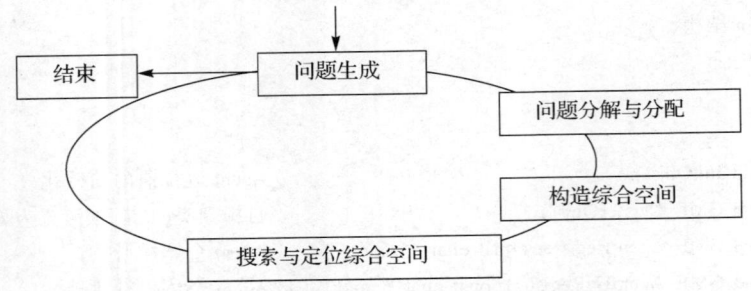

图 6.23 潘云鹤提出的综合推理模型

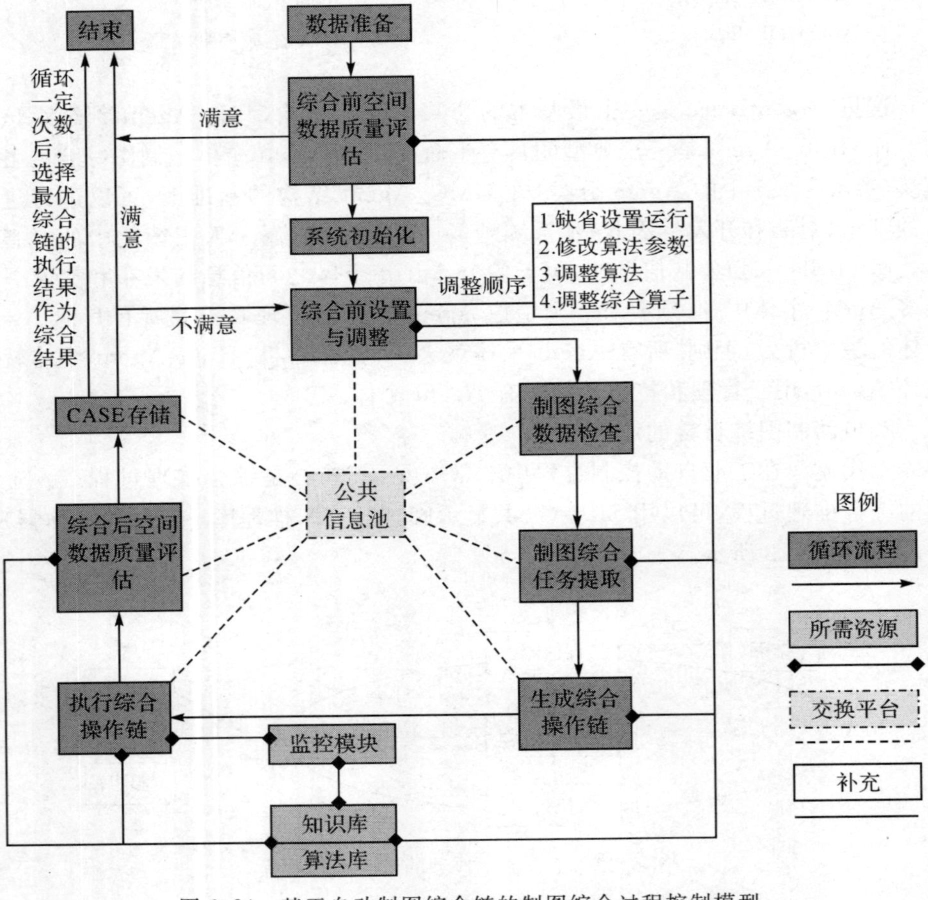

图 6.24 基于自动制图综合链的制图综合过程控制模型

(1)数据准备。包括对数据图幅号、数据单位、数据范围和所属区域等进行检查;把数据调入系统;对数据按照主要道路、河流进行聚类。

(2)对原始数据进行数据质量评估,如果原始数据符合制图要求,则不需要进行制图综合,直接结束。

(3)系统初始化。包括知识库调入、算法库调入、显示模块调入、符号库调入、默认参数初始化和系统公共信息池初始化等。

(4)综合前设置与调整。包括制图用途、源比例尺、目标比例尺和数据所属区域特点等的设置;综合算子、综合算法和综合参数库等的设置与调整等。

(5)基于知识的数据检查。

(6)基于数据检查的综合任务提取。

(7)制图综合链的生成。

(8)制图综合链的执行。

(9)对综合后的数据进行质量评估。获取综合后数据的质量评估信息,并判断是否符合综合结果要求。若不满足,则返回步骤(4),对综合算子、算法、参数等进行调整,并重新执行步骤(4)以后的各个步骤;若满足要求,则直接执行步骤(12)。

(10)制图综合链的 CASE 存储。把生成的制图综合链作为 CASE 存入 CASE 库中,并接受与其他循环中生成的综合链 CASE 的比较。

(11)如果系统执行一定数量的循环次数后,还没有获取满足知识库要求的自动综合结果,则从 CASE 库中选出最优的制图综合链执行,把执行结果作为最终的综合结果。

(12)结束。

上述步骤就是制图综合链的主要流程。在综合链的执行过程中,制图综合监控模块实时监控综合链的每一次操作,确保综合操作的正确性。

可见,本书提出的自动制图综合过程控制模型,是一个循环控制的过程,它把每一次循环中成功执行的制图综合链作为一个 CASE 存储,并把当前执行的自动制图综合链与 CASE 库中已有的自动制图综合链进行比较匹配,逐步优化并获得更优的自动制图综合链及其综合结果,从而实现了自动制图综合过程控制及优化。

综合链的整个执行过程被系统自动记录下来,用户可以方便地分析制图综合链的整个执行过程。本书"附录"中详细列举了一个制图综合链的执行过程记录,依据该综合链的执行过程记录,可以方便地查看综合链的每一步操作。这一过程记录也可以通过人工编辑后重新输入系统,以综合链的形式被重新执行。同时,也可作为系统多级"回退"操作的依据。

其中,在综合链的每次循环开始处,都要进行系统的综合前设置与调整(步骤(4)),这时,系统需要根据前面的循环结果对系统参数、算法、算子等进行自动调整,以获取最优的综合结果。综合前设置与调整的具体执行顺序如下:

(1)初始时(首次循环)采用系统的缺省设置;

(2)如果综合结果不满足要求,则对综合算法的参数进行调整,并再次进行综合;

(3)如果综合结果还不满足要求,则采取具有相同功能的其他算法,并重新执行步骤(1)和(2);

(4) 如果综合结果还不满足要求，调整综合算子，并重新执行步骤(1)、(2)和(3)；

(5) 如果结果满足要求，则结束；否则，从 CASE 库中选出综合质量最好的制图综合链并执行，把自动执行的结果作为最终的自动综合结果。

之所以需要在自动综合链循环过程中反复进行算法及其参数、算子等设置，是因为借助计算机进行自动制图综合，不可能一次就全部完成，需要反反复复的多次重复。这种特点体现在综合链上，主要是综合链的多态性和不可精确求解性。即综合的每一步操作都会对下一步操作产生不可预见的影响，不同的操作顺序得到的综合结果是不一样的，地图综合是一个最佳逼近问题。设置不同的自动综合算子、算法和参数会得到不同的综合链。

比如对 TIN 合并算法，其距离参数 TIN.length=0.3 mm 时，面 1、面 2 将被合并为一个群（图 6.25），即 Group⟨1,2⟩。但当 TIN.length=0.5 mm 时，面 1、面 2、面 3 将被合并为一个群，即 Group⟨1,2,3⟩。从而综合结果随着参数的变化而变化。

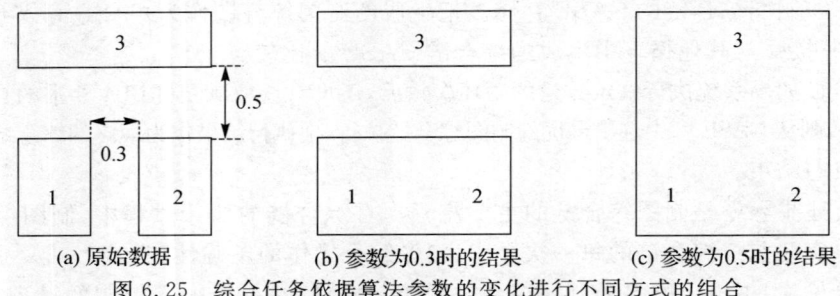

(a) 原始数据　　　　(b) 参数为0.3时的结果　　　　(c) 参数为0.5时的结果

图 6.25　综合任务依据算法参数的变化进行不同方式的组合

3. 制图综合链中各模块之间的关系分析

结合图 6.24，可以分析得到制图综合链各模块之间的关系。

1) 制图综合知识库

在制图综合系统中，制图综合知识库是一个基石，制图综合算法、综合链的生成及执行、综合质量评估等都需要知识库的支持。可以说，离开了知识库，制图综合的自动化就无法进行。

2) 制图综合算法库

算法是系统功能最基本、最直接的体现。好的算法可以极大地提高系统的功能和性能。从结构关系上讲，首先，制图综合算法库与制图综合知识库有密切联系，因为算法需要知识库中大量知识、参数的支持。其次，制图综合算法与制图综合链之间也有密切联系，因为制图综合链在提取综合任务时，需要寻找合适的制图综合算法对综合任务的支持；算法是对空间数据实施综合行为的主体，如果制图综合链中缺少了算法，则制图综合链就缺少了对空间目标综合的能力，制图综合链也就失去了意义。最后，制图综合算法需要制图综合质量评估模块对其进行评价，这样才能评估制图综合算法的功能差异，做到取其所长，避其所短。

3）制图综合质量评估

质量评估对系统是必需的,其必要性可归纳为如下几个方面:第一,提供对空间原始数据的质量评估,以判断是否需要进行制图综合。第二,可以通过对制图综合算法的综合结果评估来评估制图综合算法的功能差异。第三,综合质量评估可以对整个制图综合链的执行结果进行评估,一方面判断该制图综合链的执行结果是否符合要求,如果不符合,则需要修改综合链中的操作算子、算法、参数等,重新进行制图综合链的生成和执行;另一方面也是判断制图综合链本身质量的一种方法,可以据此选择综合链 CASE 库中最优的综合链作为最终的综合链执行,得到最终的自动综合结果。

4）制图综合监控模块

该模块依据知识库中的规定,实时判断用户交互或综合链自动执行时的每一次操作,如果发现有违反知识库规定的操作,则强行中止该操作。

5）制图综合链的 CASE 存储

该模块负责把每次循环生成的制图综合链作为一个 CASE 进行存储。系统循环一定次数后,如果不能得到完全满足要求的综合结果,则从制图综合链 CASE 库中选择一条最优的综合链执行,把得到的综合结果作为最终的自动制图综合结果。由于制图综合链中包含了其他所有模块的信息,因此,制图综合链 CASE 模块也和其他所有模块相关。

6）自动制图综合链

制图综合链是整个制图综合系统运行的组织者,上述所有模块都是制图综合链的一个子模块,制图综合链把这些模块有机地组织起来。制图综合链作为提高制图综合系统智能化、自动化的一种新思路和新方法,是制图综合在人工智能领域的拓展。制图综合链从原始数据中提取出问题数据,依靠知识库和算法库的支持,把它们转化为制图综合链,并进一步转化为计算机可以执行的代码。可以看出,制图综合链具有高度的智能性,是整个系统控制与运行的枢纽,是系统自动化的关键。

从制图综合链各个模块之间的相互关系来看,制图综合知识库是最基本的模块,其他模块均需要它的支持。制图综合算法库是系统综合行为的具体体现者。制图综合监控模块在知识库的基础上监控用户的操作。制图综合知识库和算法库由制图综合链被动地调用,或者称为嵌入式调用,而制图综合监控模块实时主动地监控每一步综合操作。因此,知识库、算法库、监控模块这三个模块是制图综合链主流程的基础。制图综合质量评估负责检查综合链执行结果的质量是否满足要求,它是系统循环执行的驱动器。制图综合链的 CASE 存储模块具有完成综合链的存储和选择最优综合链的功能。制图综合链则把所有模块进行有机整合,是整个系统的组织者和运行者。质量评估模块、综合链 CASE 存储模块与综合任务提取、综合链生成与执行等模块一起构成了综合链的主流程。

§6.4 自动制图综合过程的可视化编辑与回溯

6.4.1 自动综合链的特点分析

自动综合链体现了对自动综合过程的模拟与理解。根据6.3节归纳,可得自动综合链具有以下5条特性:
(1)综合链的复合性;
(2)综合链的可分解与可聚类性;
(3)综合链的单向性;
(4)综合链的多态性;
(5)综合链的不可精确求解性。

上述综合链的5个特性均是对自动综合过程的归纳与总结。其中,前4条特性暗示了自动综合过程的机理和特点,可以作为自动综合过程可视化的必要理论基础。即:
(1)综合链的复合性。自动综合过程可视化后首先应该是一条复合的链状图形。
(2)综合链的可分解与可聚类性。该链状图形应该由一系列属性上类似的子链构成。
(3)综合链的单向性。每条可视化图形及其子图都有一个方向并且只有一个方向。
(4)综合链的多态性。对任何数据进行自动综合,其综合过程可以有多种可视化表达形式,不同的表达形式可能会导致不同的综合结果。

目前,自动综合还是一个最佳逼近问题,只有更好,没有最好,但可以选择更好的自动综合结果作为最终结果。因此,综合链的不可精确求解性通过对自动综合过程的可视化来发现隐藏的、难以发现的问题,然后通过自动综合过程的可视化控制来改进或解决发现的问题,从而获取更优的自动综合结果。

6.4.2 自动综合链向可视化自动综合链发展

1.自动综合链与自动综合过程可视化控制之间的差异

虽然自动综合链能够为自动综合过程可视化提供基础理论支撑,但还远无法满足自动综合过程可视化控制的需求。它们之间的区别在于:自动综合链采用工作流技术,研究重点侧重于对自动综合流程的优化,即不断地循环自动综合过程,在循环中穷举自动综合的各类参数,最终选择一个最优的自动综合结果作为最后的综合结果。因此,自动综合链模型是一个优化模型,并没有涉及自动综合过程的可视化控制。因此对自动综合过程需向可视化控制发展,需要通过对自动综合过程的可视化调试来发现问题,通过对自动综合过程的可视化交互来改正问题,通过挖掘自动综合过程中的规律来进行自适应自动综合,从而提高自动综合质量与自动化水平。

2. 自动综合链向可视化自动综合链拓展

自动综合链阐述了自动综合过程的机理,成为自动综合过程可视化的必要理论基础。在此基础上,寻求自动综合过程的可视化模型,把自动综合过程可视化地表达出来,并加以控制。这种自动综合过程的可视化控制模型,在本书中称为"可视化自动综合链"。依据自动综合过程的单向性特性,设计了如图6.26所示的可视化自动综合链示意图。把每一步自动综合操作抽象、概括为一个节点,如果该操作是复合操作,即包含多个子操作,则称为复合节点。体现在图6.26中就是:每个正方形代表一个单节点,每个菱形代表一个复合节点。如果菱形中间为"+"号,表示未展开的节点,如果菱形中间为"-"号,表示节点已经展开。箭头表示自动综合过程的前进方向。

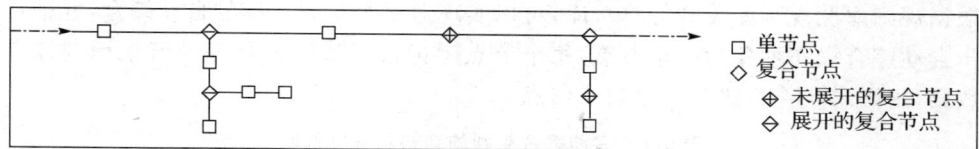

图 6.26 可视化自动综合链示意图

图6.26所示的可视化自动综合链,是对自动综合过程的高度概括和可视化表达,它非常直观地体现出上述自动综合特性中的复合性、可分解与可聚类性、单向性。而多态性体现为:对同一个数据集,可以依据自动综合规则、算法、算子等按不同的要求生成多条不同的可视化自动综合链。不可精确求解性体现为:依据多态性,从多条不同的可视化自动综合链中选择最优的一条,把其执行结果作为最终的自动综合结果。由于自动综合的困难性,该结果不一定是理想中的综合结果,但应该是理想结果的最优逼近。

可视化自动综合链中的每个节点都包含了该节点所采用的自动综合规则、算子、算法及其参数等信息。后续对自动综合过程的控制,就转化为对可视化自动综合链的可视化控制。至此,我们把复杂的自动综合过程抽象为计算机可以识别与描述的可视化自动综合链模型。

6.4.3 可视化自动综合链的生成机理

本书在研究自动综合知识库时,对知识提出了如下的划分:从整体上把知识按照其针对的目标是否单一,划分为精确型知识和模糊型知识。精确型知识针对单一的地理目标,因此可以对单个目标进行精确描述。例如,1:10万地形图上,水系中的常年河,图上长度大于10 mm的必须选取;模糊型知识往往不针对单一目标,而是对多个目标整体的描述,如图面载负量等就属于模糊型知识。精确型知识是知识库的主体。

作为知识的一种结构化特例,规则往往是对精确型知识的一种格式化描述。因为从计算机格式化描述和存储的角度讲,规则还无法描述抽象、缺乏约束和格式化支持的模糊型知识。因此,自动综合规则库还不能覆盖自动综合的所有过程。这就要求我们在生成"可视化自动综合链"过程中从两个方面进行研究,即:规则库支持下的自动综合过程的生成,以及规则库无法支持的自动综合过程的生成。

1. 规则库支持下的自动综合过程的生成

制图综合规则主要来源于制图综合编图规范和制图专家的经验积累。以表 6.9 所举的某比例尺自动综合规则为例(其中第 1 行为规则的结构,第 2 行为规则的一个实例,第 3 行为补充说明),可以看出,自动综合规则中包含了空间目标的编码和长度、宽度、面积、比高、高程等自动综合过程中所需的综合参数信息,以及是否允许"选取"、"化简"、"合并"、"位移"、"等级变换"等自动综合操作信息。我们根据规则库及规则库关联的算法库,可以实现对每个空间目标的自动综合,并把每步自动综合操作抽象为一个节点,每个节点中记录了该综合过程中所采用的综合数据、规则、算子、算法及其参数等信息。

表 6.9 自动综合规则的结构及举例说明

结构描述	记录号 目标编码 长度下限 长度上限 宽度下限 宽度上限 电压下限 电压上限 面积下限 面积上限 比高 高程 选取 转换 化简 合并 位移 编辑 地图用途 区域特点 说明
举例	1 130210 0.8〈3/1/3〉0 0 0 0 0 0 0 0 0 必须选取 可以转换 可以化简 可以合并 可以位移 可以编辑 通用图 北方地区 街区边线 无
说明	其中:〈1〉选取 〈2〉化简 〈3〉合并 〈4〉位移 …… 〈/1〉TIN 算法 〈/2〉遗传算法 〈/3〉数学形态学算法 〈/4〉Agent 算法 ……

由于规则库中每条记录都针对单一的空间目标,因此其每一步的自动综合操作也是简单操作,而不是复合操作,体现在可视化自动综合链中也应该是一个单节点。据此,我们可以得出如下推断:如果自动综合过程中,仅仅依托自动综合规则库而生成的可视化自动综合链是一条简单的综合链,是由一系列节点按照一定的时间、操作顺序组合而成的一条直线,不会存在任何分支,即该"可视化自动综合链"的形状类似于图 6.26 中从左至右的有向直线,但不存在往下的分支。

2. 规则库无法支持的自动综合过程的生成

规则库无法描述的模糊型知识,它用于描述多个目标自动综合的综合要求,例如对一定区域内点、线、面多目标的选取,需要遵循开方根规律来确定选取个数,还需要考虑到图面载负量等要求。再如,水网地区针对树状、网状、羽毛状、放射状、格状、扇状、环状等不同的水网特点,有不同的综合要求等。针对这些多目标的自动综合,规则库无法格式化描述,只能直接采用自动综合算法进行,这就需要自动综合算法库的支持。并且,算法中往往需要对空间目标进行分类、分级、聚类等预处理,然后针对不同类型和级别的空间目标分别进行自动综合。因此,其每一步自动综合处理的对象为多个空间目标,且包含了多个综合操作过程,体现在可视化自动综合链中是一个复合节点,该复合节点中包含了多个子节点,每一个子节点为一个综合操作。据此,我们可以判断:如果自动综合过程中,包含了规则库无法支持的自动综合过程,则其生成的可视化自动综合链是一条复合的综合链,会存在分支。图6.26所描述的即为一条复合的可视化自动综合链。

6.4.4 可视化自动综合链的调试与交互编辑

1. 自动综合过程可视化调试

在上述自动综合过程可视化的基础上,对其进行可视化调试,发现自动综合过程中隐含的、深层次问题。自动综合过程可视化调试包括对可视化自动综合链的查询与预览等。

(1)可视化自动综合链的节点查询。一方面,实现对任意节点的查询,包括查询该节点采用的自动综合规则、操作算子、算法及其参数等。如果该节点为复合节点,还需要查询该节点所包含的子节点信息等。另一方面,实现对可视化自动综合链的局部或全局进行查询,包括查询该过程中节点的个数、操作算子和算法统计、时间统计、综合前后目标的变化等。

(2)可视化自动综合链的综合结果预览。把可视化自动综合链中感兴趣的部分提取出来并运行,获取该子综合链的综合结果。这样,用户可以查询并明白可视化自动综合链中这部分子综合链的综合机理和综合效果,同时也能发现其综合过程中出现的问题。

2. 自动综合过程可视化交互编辑

在可视化自动综合链调试的基础上发现问题,通过可视化交互编辑来纠正问题。自动综合过程的可视化交互编辑,要区别于一般GIS中对图形、图像的交互式编辑。它是指对可视化自动综合链中节点的交互编辑,包括编辑节点中的规则、算子、算法及其参数等信息,并能够改变节点之间的逻辑关系、顺序关系等,从而实现对自动综合过程的可视化控制。

通过对可视化自动综合链调试,可以获取其所采用的自动综合规则、算法、算子、参数及它们之间的逻辑关系等信息,并对自动综合过程中的问题进行准确定位。这就彻底克服了以往自动综合的"黑匣子"模式,用户可以进入自动综合过程这一崭新的可视化环境,并实现对其过程的可视化调试与交互。同时,可视化自动综合链中的每个节点对应着相应的自动综合算子、算法及其参数等,因此,对可视化自动综合链中节点的交互编辑,实际上就转化为对自动综合算法、算子及其相关的算法参数等的操作,而正是通过这种操作,我们可以实现对自动综合过程的可视化控制,并解决自动综合过程中的各类问题。

图6.27为可视化自动综合链的界面,整个自动综合过程被划分为系列节点存储在该综合链中。可以对自动综合链的每个节点进行查询、分析等操作,如

图 6.28 即为查询自动综合链某节点的操作时间、作用图层、采用的综合算子与算法以及相应的综合量化结果,同时综合前后的图形目标也在视窗中对比显示出来。通过这种查询与调试,我们可以发现综合过程中存在的问题。

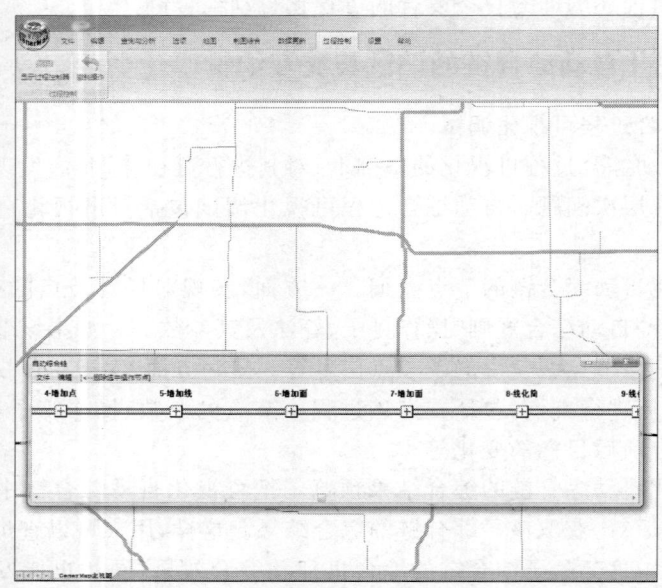

图 6.27 可视化自动综合链的界面

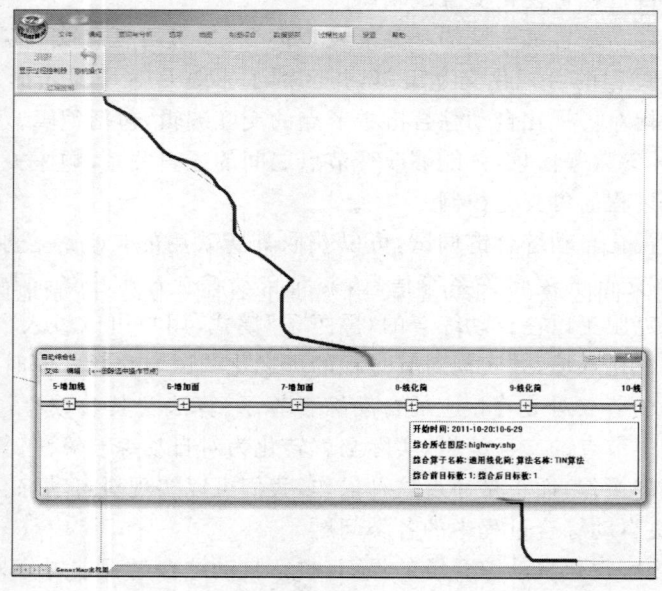

图 6.28 可视化自动综合链的查询

6.4.5 自动综合过程的可视化回溯与存储

当通过可视化调试发现综合过程中存在的问题后,还需要对问题进行改正。改正综合结果的方法有两种,一种是通过人机交互编辑进行,另一种是通过综合过程的回溯来完成。对综合过程回溯可以准确、快速地把综合结果回溯到综合前的状态,该方法简单、直接和方便。

制图综合结果回溯的主要功能包括:

(1) 撤销当前最后一步综合操作。如果对当前最后一步综合操作结果不满意,可以撤销该步骤的综合结果。该方法可以重复进行,从而可从后往前,逐步回溯综合过程。

(2) 撤销综合过程中的任意单步操作。通过调试发现综合过程中某一步综合操作存在问题,点击该步骤并撤销该步的综合操作及综合结果,从而使得该步骤的操作对象回溯到综合前的状态。

(3) 撤销所有综合操作。把所有的综合操作及综合结果全部取消,使得所有对象回溯到综合前的状态。

(4) 综合过程信息的无损存储。把所有的制图综合操作过程、结果以制图综合链的方式存储到数据库或文件中。当作业人员一次完不成编图任务时,可以存储已有的综合劳动成果,下次可继续作业,也可为后续更深层次的自动综合过程分析、自学习和优化提供支持。

(5) 综合过程信息的读取。把已经存储到数据库或文件中的自动综合过程信息读取出来,并在此基础上继续查询、交互编辑、分析、作业等。

6.4.6 自动综合过程的自适应控制

我们借助可视化自动综合链的调试与交互,可以获取任何区域被认为是满足用户要求的、逼近理想结果的最优可视化自动综合链,而该可视化自动综合链中包含了针对空间要素所采用的最理想的综合规则、操作、算法及其参数等信息。因此,我们通过对不同区域(如北方地区、干燥地区、水网地区、高原地区、黄土地区等)空间数据的大量实验,可以建立分门别类的可视化自动综合链库,这是一个经验库,可以不断扩充和更新。

进一步对该库中不同的可视化自动综合链进行分析,挖掘不同区域中每一类空间目标进行自动综合所采用的规则、算子、算法及其参数等信息,并加以总结、提炼,形成每个区域自动综合的内在规律。这样,当用户需要对某空间数据进行自动综合时,该可视化自动综合链库将首先依据该空间数据的区域特点,提取相匹配的可视化自动综合链,并从中抽取最适合的自动综合算子、算法等,来引导用户去自适应生成该空间数据自动综合所需的可视化自动综合链,或者由系统自动自适应生成推荐的可视化自动综合链,供用户使用。用户只要执行该可视化自动综合链,就可完成对该空间数据的自动综合。当然,如果用户在使用该自适应生成的可视化自动综合链时发现问题,也可以通过对其可视化调试和交互来改正问题,并把修正后的可视化自动综合链更新到可视化自动综合链库中去,以丰富和增强可视化自动综合链库的自适应能力。

图 6.29 描述了依托可视化自动综合链库进行空间数据自适应可视化控制并进行自动综合的流程。

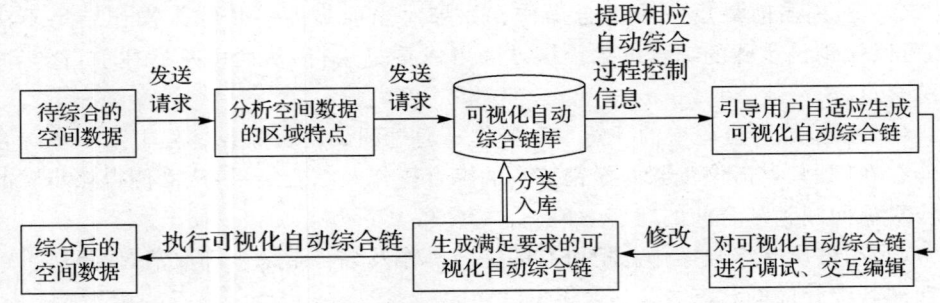

图 6.29　依托可视化自动综合链进行自动综合过程的自适应控制

§6.5　本章小结

制图综合向智能化方向发展是一个必然的趋势,自动制图综合过程控制是一个难度很大但又必须研究解决的问题。本章在分析制图综合过程控制的研究现状,特别是 BDI 控制模型和 CBR 推理模型优缺点的基础上,提出了完整的自动制图综合链理论和实现方法,并通过制图综合链进行制图综合过程控制。本章的主要内容如下:

(1)提出"自动制图综合链"新概念,给出其完整定义,分析了制图综合链的特点,建立了制图综合链的完整理论体系,为进行基于综合链的任务生成、存储、计算机识别与执行奠定了基础。

(2)提出基于知识的空间矢量数据检查、基于数据检查的综合任务提取、制图综合任务的自动生成与执行、基于制图综合知识的综合操作监控、基于制图综合知识的综合算法和综合结果评估、基于制图综合知识的综合任务 CASE 存储等完整的实现制图综合链模型的方法与技术,保证了制图综合过程控制的可自动实现性和有效性。

(3)深入研究了综合链的存储模型,提出制图综合链的 CASE 存储机制,把每个成功的制图综合链作为一个 CASE 对待,为建立制图综合 CASE 库提供了保证。并且制图综合 CASE 库将随着系统的不断运行而得到不断优化和丰富。

(4)提出了制图综合链流程,实现了制图综合知识、算法、质量评估等的高度集成,并大大提高了制图综合的自动化程度。考虑到制图综合过程的复杂性和反复性,流程中设计的循环检测操作体系是一个逐步求精的过程,即通过制图综合链的循环执行与学习,来不断优化制图综合的整个过程。它解决了计算机自动制图综合过程中最优结果的获取问题,满足了制图综合的实际需求。提出的实时监控模型,保证在实施制图综合过程控制时,能大大减少用户的误操作,从而提高了制图综合结果的正确率。

(5)提出了制图综合链的发展方向,即向可视化自动综合链发展,在可视化环境下进行自动综合过程的智能控制。

第 7 章 制图综合系统 GenerMap

优秀的制图综合软件可以独立作为系统运用于制图生产和多源数据库的派生,也可作为部件嵌入 GIS 系统中,从而真正解决 GIS 中的空间数据多尺度快速表达问题。

制图综合系统具有一般 GIS 软件开发的共性,软件工程的一般理论和方法也适用于制图综合系统的开发。同时,制图综合系统开发与 GIS 系统又有明显的区别,其最大区别在于,制图综合不但需要具有 GIS 系统的基本功能,更主要的是需要具备下列功能(钱海忠,2006):

(1)具有对制图综合算法评价与管理的能力。
(2)具有对空间数据智能化识别和自动编绘的能力。
(3)具有循环控制与逐步求精的能力。
(4)具有对综合结果进行质量评估的能力。

因此,制图综合系统应该针对以上几个方面进行重点研究。

§7.1 系统设计原则

从制图综合系统所需具备的功能需求来看,制图综合系统的设计应该从系统的高实用性、综合结果的高正确率、综合操作的简单性、系统的高集成性、系统的扩展性几个角度考虑(Qian Haizhong et al,2011)。

7.1.1 系统的高实用性

从目前制图综合的理论和技术发展水平而言,实现完全自动化的自动综合系统是不现实的。由于计算机在模拟人脑思维方面的限制,使得制图综合这一具有高度科学性、技术性、经验性和艺术性的地图学核心理论很难依赖计算机来实现完全的自动化。基于这种情况,设计制图综合系统时需要注重功能的实用性,务必要具有常见的功能和解决常见问题的实际能力。因为从实际作业情况来看,编图过程中的绝大多数操作均是常见操作,把这些操作过程的自动化或计算机辅助自动化,将能够极大地节省作业时间,增强作业精度和效果。比如,两个建筑物的合并操作,在交互编辑环境下需要编图人员首先打散两个面的边线,然后把它们之间连接起来,再重新组成一个面,最后把另外两个面删除。这一组操作大概最快需要1 min,而如果采用自动合并算法,则最慢会在几秒钟以内完成。可以看出,工作效率得到了极大提高。因此,如果原本一个月的编图任务则可以在几天内完成,这就是制图综合系统的优势所在。因此,系统的高实用性是评价制图综合系统的重要方面。

7.1.2 综合结果的高正确率

如果制图综合结果不正确,或者正确率不高,达不到用户使用的要求,则无论制图综合系统开发过程多么先进,方法多么科学,都将会付之东流。用户最注重的是结果,而结果也是评价制图综合系统价值的最根本出发点。因此,在迫不得已的情况下,可以以牺牲综合自动化程度为代价,换取其结果的正确性。如在制图综合过程中加入编图人员必要的交互手段,来保证综合结果的正确性。

提高综合结果准确率的途径有很多,但以下几个方面对综合结果的正确性影响较大。

1. 综合算法的正确评价

只有对制图综合算法进行正确评价,才能正确地使用它们。目前制图综合算法很多。同 20 世纪中后期致力于制图综合的纯算法研究相比,目前算法的复杂程度、人性化程度以及综合质量都有了很大提高,相当一部分综合算法针对单要素单目标的综合效果都达到了比较理想水准,并且已经形成了较为丰富的自动综合算法库。但是,各种算法都有其优点和不足,对不同制图用途、区域特点和比例尺的适应程度也都不一样。而要充分认识算法的这些特点,就需要对算法进行评价,这也是正确运用该算法的关键。

2. 综合操作的正确使用

同样,综合操作对综合结果的影响也很大。制图综合是一门技术,同时也是一门艺术,无论从大的方面,还是微小的细节,都强调操作(工序)的先后次序问题。对同一目标,采用不同的操作组合得到的结果往往是不同的。因此,对不同的区域、用途和比例尺,往往都需要考虑综合操作的合理使用。部分操作在编图规范中有明确的要求,但也有许多操作需要在实践中学习和积累。

3. 知识库的支持性

知识库的作用在制图综合中显得格外重要。因为制图综合本身就需要人工智能的支持,而知识库不但能够提供综合操作的依据,还与综合算法、质量评估等各个方面相关联。建立完整而科学的知识库,是制图综合系统成败的重要因素。

4. 综合结果的正确评价

数字制图条件下,评价综合结果也是制图综合系统的重要任务。只有对综合结果进行正确的评价,才能发现综合过程中出现的问题,才能判断综合结果是否满足综合要求。针对不同的制图区域特点、地图比例尺和用途要求,综合评价的具体要求和方法也有所不同。

5. 综合过程的控制性

在手工制图条件下,制图综合的整个过程(选取、化简、概括和位移)一次完成,以后不可能进行大范围的修改。而在数字制图条件下，虽然计算机的综合能力远达不到人类思维所具有的境界，但计算机可以利用其计算和存储能力进行综合的逐步求精，即如果对综合结果评估后认为达不到要求，则依据评估中发现的问题重新开始综合，直到结果满足要求为止。这种对制图综合进行逐步求精的过程，就是本书所称的制图综合过程控制。

7.1.3 综合操作的简单性与智能性

在手工制图条件下，制图综合操作带有很强的经验性和艺术性，通常不同的编绘人员对同一幅图的编绘结果是不同的。为了减少自动制图综合过程中综合操作的不确定性，增加计算机条件下综合结果的趋同性，可以从以下两个方面进行处理。

1. 简化综合操作，强调操作的简单性

让用户做一些流程性的综合设置，复合性的综合操作尽量避免让用户去做。因为不同的综合操作顺序所得到的综合结果往往是不一样的。而综合流程设置属于单向操作，多数人一般会有比较接近的认可，可以预先设置。因此，增加综合流程设置，是提高制图综合质量的有效途径。

2. 增加综合操作的智能性

当确定必须由用户进行交互式综合操作时，可以考虑操作的学习性和智能性。如果操作具有了学习能力，则可以通过不断的学习，增加对目标的认识。如果以后遇到类似情况，可以从学习记录中优先借鉴已有的处理方法。因此，学习性是增加智能性的手段，智能性是学习的结果。用户在进行类似操作时，可以依据学习过程中积累的知识智能地给出建议或直接辅助操作。

当然，以上这些是需要以大幅度增加系统开发人员的工作量为代价的。因为实现综合操作过程的自动化往往需要花费系统开发人员很多的时间和精力。而增加操作的智能性也需要系统开发人员大量的工作，甚至是大量的基础性工作作保障。

7.1.4 系统的高集成性

综合本身就有集成的意思，因此一个制图综合系统必须是一个高度集成的系统。系统的集成性体现在以下几个方面。

1. 模块之间的集成

功能的高度集成是任何系统所期望的，但对于制图综合系统而言，则显得更加需要，这是由制图综合系统的模块复杂性和功能专一性所决定的。GIS系统本身可以很复杂，但GIS系统的功能却很多，所以GIS系统的模块越复杂，其包含的功能越多，系统整体的应用性就越强。但是制图综合系统的功能非常专一，就是满足空间数据不同详细程度的显示、存储和生产等。因此，制图综合系统的关键功能就是空间数据的多尺度表达问题。但为了实现这个功能，必须要有诸多功能模块、多

个学科领域的交叉和融合。而如何把如此多的模块(比如诸多的数据处理、算子集、算法集、知识库、质量评估、智能过程控制等)集成到一个专业单一的系统中来，就必须研究解决模块之间的集成问题。

2．系统界面的集成

良好的界面是任何系统所期望的。长期以来，用户一直认为制图综合系统是一个很难把握和使用的系统，原因就在于系统把自身复杂的一面完全暴露在用户面前，系统的复杂模块被功能化，然后功能界面化，出现了界面复杂的现象。用户往往需要把握全面的制图综合知识和技术，并进行一定的培训，才能对制图综合系统进行各种操作。而实际上这与制图综合系统的功能专一性是不相符合的。从用户的角度考虑，用户往往期望制图综合系统就像傻瓜相机一样，一个按钮就能解决全部问题。当然制图综合系统目前还达不到如此境界，但应该向这个方向努力。例如本系统把所有的算法都集成到一个界面中。

系统集成的工作量很大，但回报的将是系统的较强实用性，可为用户节省大量的时间。

7.1.5 系统的扩展性

制图人员对制图综合系统的另一个期待，是希望系统具有良好的可扩展能力。这种扩展能力主要包括以下几个方面。

1．系统本身功能的可扩展性

能够让用户按照自己的意愿定制制图综合功能，这是满足用户需求的方式之一。如果用户感到系统中缺乏某些功能模块，则用户自己进行这些模块的开发，并能够嵌入到系统中来，这样的系统才是具有可扩展性的系统，也是系统生命力所在。

2．对外提供功能调用接口

有些软件开发人员可能只需要制图综合系统的部分功能，不需要整个制图综合系统。制图综合系统能够支持二次开发，即能够在其他系统中调用制图综合系统的部分功能，这样，不同级别的用户就可以根据不同的需求在不同的软件中使用制图综合的不同功能，这也是制图综合系统应该具备的能力。

3．支持多种数据格式

为了提高制图综合系统的实用化程度，系统应该支持多种常见数据格式的输入和输出。目前，各地方、各部门的数据采集格式、标准都不一样，还没有实现完全统一的标准数据格式。在这种情况下，要求制图综合系统对 MapInfo、ArcInfc、Microstation、AutoCAD 等常见软件数据格式提供支持。

§7.2 系统实现及实验

本节以本书设计的制图综合系统 GenerMap 为例介绍制图综合系统。

7.2.1　系统功能

制图综合软件 GenerMap 的设计，包括需求分析、设计、开发、运行和维护等步骤，如图 7.1 所示。系统主要包括数据打开与管理、数据显示与控制、数据查询与修改、图形编辑、综合设置、多要素自动综合、地图交互式综合、制图综合知识库、制图综合监控、地图数据的标准化输出等模块，系统组成如图 7.2 所示。

需求分析
结　果
系统分析
框架设计
详细设计
时
间
产品测试
运行维护
文档管理

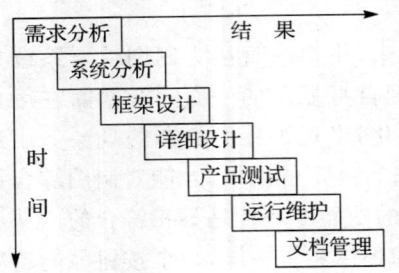

图 7.1　GenerMap 系统实现步骤

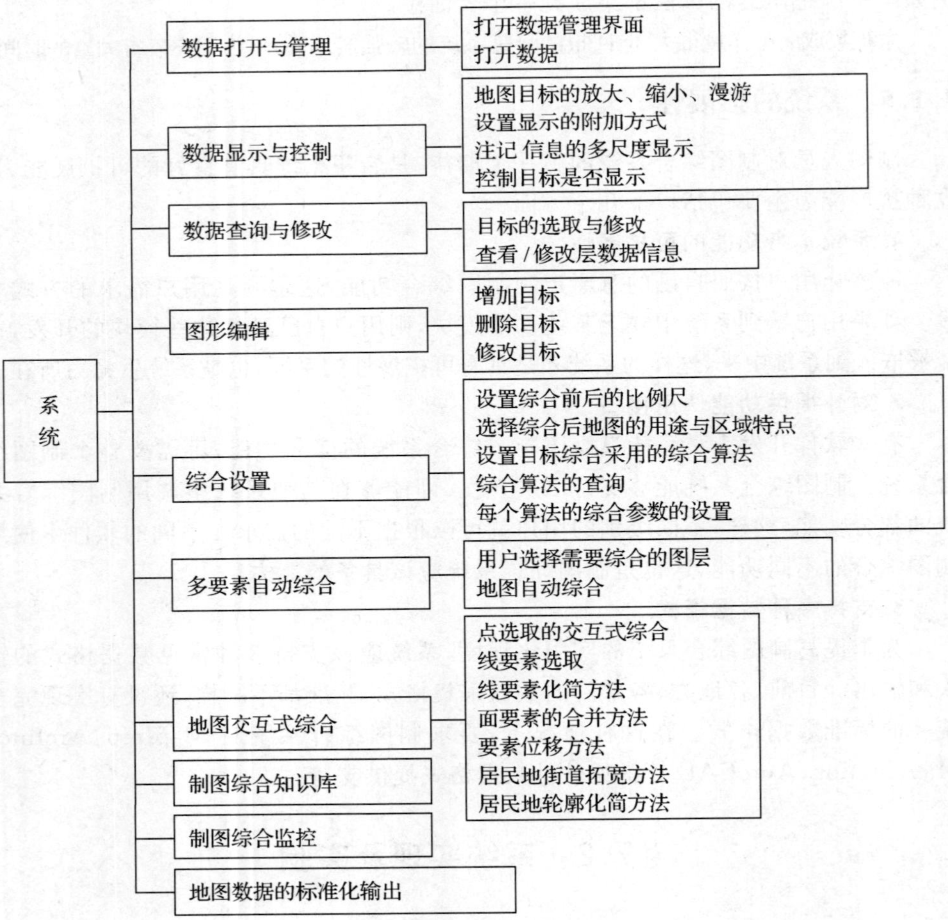

系
统
数据打开与管理
打开数据管理界面
打开数据
数据显示与控制
地图目标的放大、缩小、漫游
设置显示的附加方式
注记 信息的多尺度显示
控制目标是否显示
数据查询与修改
目标的选取与修改
查看 / 修改层数据信息
图形编辑
增加目标
删除目标
修改目标
综合设置
设置综合前后的比例尺
选择综合后地图的用途与区域特点
设置目标综合采用的综合算法
综合算法的查询
每个算法的综合参数的设置
多要素自动综合
用户选择需要综合的图层
地图自动综合
地图交互式综合
点选取的交互式综合
线要素选取
线要素化简方法
面要素的合并方法
要素位移方法
居民地街道拓宽方法
居民地轮廓化简方法
制图综合知识库
制图综合监控
地图数据的标准化输出

图 7.2　GenerMap 系统组成

所有制图综合模块均采用动态链接库(Dynamic Link Lib，DLL)方式提供，并对算法动态调用。

7.2.2 系统的技术支持

1. 制图综合知识库

本系统中首先建立了一套完整的知识库，其内容包括编图规范要求和专家经验的总结及综合操作过程自学习经验积累等。

知识库在本系统中非常重要，以知识库为基础就相当于系统的行为有了行动准则。知识库提供对综合设置、综合算法、综合操作、综合结果评估、综合操作实时监控、综合过程控制等一系列支持。

另外，进行系统自学习和存储。把优秀的综合解决方案作为 CASE 存储起来，以后如果遇到类似情况，则可以把已有的解决方案作为参考，达到学习的目的。

2. Agent 技术

本系统将 Agent 技术作为 GenerMap 系统各个算法、模块开发的支持技术，并成为各个模块之间的桥梁，也使得多个模块能紧密地集成在一起。

3. 实时监控技术

依托知识库中的各种编图知识，系统建立了能够实时监控用户操作的功能，可以实时保证综合操作的正确性，从而提高了系统的准确率。

4. 制图综合质量评估体系

综合即意味着改变，只有对综合结果的这种改变进行合理的评估，才能判断制图综合算法的综合能力，才能评价综合结果的科学性和合理性。系统建立了较为完整的几何质量评估体系，保障了系统的需求。

5. 逐步求精的过程控制体系

系统提出了制图综合过程控制理念。依托知识库、算法库和 Agent 等技术支持，对给定的综合源数据进行基于知识的数据检查，得到综合任务，并进行有效的组织，形成能够执行的制图综合链。执行该综合链就能够完成综合任务。

对于给定的数据，首先进行制图综合数据检查，如果没有问题数据出现，则直接结束。如果提取了问题数据和与之相关的知识，则可以参考已有的 CASE 库、知识库、算法库等生成制图综合链，并交付计算机执行。执行过程中，制图综合监控模型依托知识库等进行实时监控，以维护用户操作的正确性。综合链执行完成后，重新进行综合结果的数据检查，如果符合知识库的要求，则把该综合链作为成功的 CASE 入库保存或更新 CASE 库中已有的 CASE，以此作为经验供以后借鉴，并结束任务；反之，可以调整算法参数、算法、算子等，再次进行综合链的生成。依此类推，循环执行，直至得到满足知识库要求的最优结果。

6. 将时间作为贯穿作业过程的主轴线

由于系统综合链的设计具有单向性，因而制图综合操作是串联的，这种操作采用时间为轴线进行管理就非常方便、合理。通常把某一时间点所进行的综合操作作为一个单元进行记录。由于在数据库中只对数据进行标记操作，而不进行实际的修改和删除等，因此，可以顺着时间轴线进行"回退"等操作。图7.3描述的是时间轴线的单元记录结构。

```
综合操作名称（选取、化简、合并、位移等）
与操作相关的算法名
与算法相关的参数列表
与操作相关的知识 ID 列表
综合操作时间（这是主轴线）
本次操作的数据层名
本次操作的数据对象 ID 列表
```

图 7.3　时间轴线的单元记录结构

7.2.3 数据综合顺序

空间数据在综合过程中，各个数据层之间存在着较强的先后关系，因此，数据层综合的先后顺序对综合结果也有较大的影响。其原则是重要的数据层先综合，次要的数据层后综合；影响全局的数据层先综合，影响局部的数据层后综合。本系统把数据层的综合先后顺序设置为如表7.1所示。

表 7.1　数据层的综合顺序

综合顺序	层　　名	综合顺序	层　　名
1	A 测量控制点	5	K 境界与政区
2	F 水域/陆地	6	P 航空要素
	G 海底地貌及底质	7	B 工农业社会文化设施
	I 水文	8	E 管线
	N 助航设备及航道	9	J 陆地地貌及土质
	O 海上区域界线	10	L 植被
	H 礁石沉船障碍物	11	M 地磁要素
3	D 道路网	12	Q 军事区域
4	C 居民地	13	R 注记

7.2.4 系统开发环境

WindowsXP 或 Windows7。
Microsoft Visual Studio＋STL 库。
Oracle 9i。
BCG10.0。

7.2.5 系统运行实例

图 7.4 为自动综合系统 GenerMap 的主界面。

第 7 章 制图综合系统 GenerMap

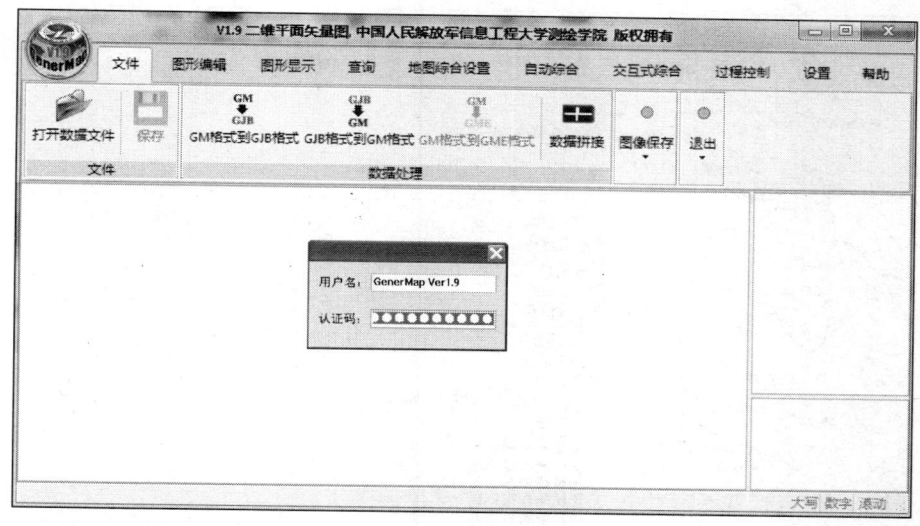

图 7.4 GenerMap 系统界面

1. 系统自动综合前的设置

（1）设置源数据比例尺和目标数据比例尺，如图 7.5 所示。

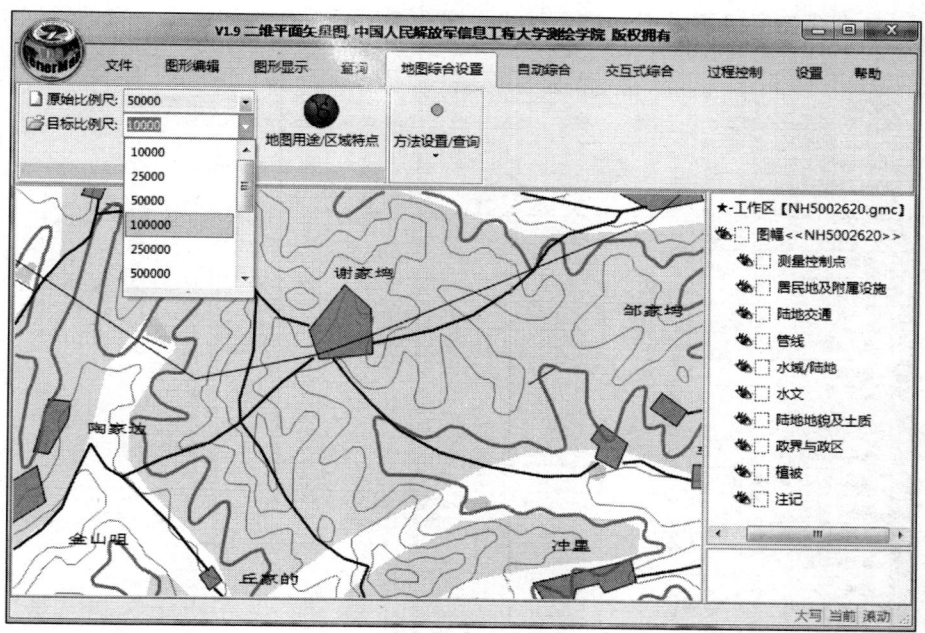

图 7.5 设置源数据比例尺和目标数据比例尺

（2）设置地图用途与区域特点，如图 7.6 所示。

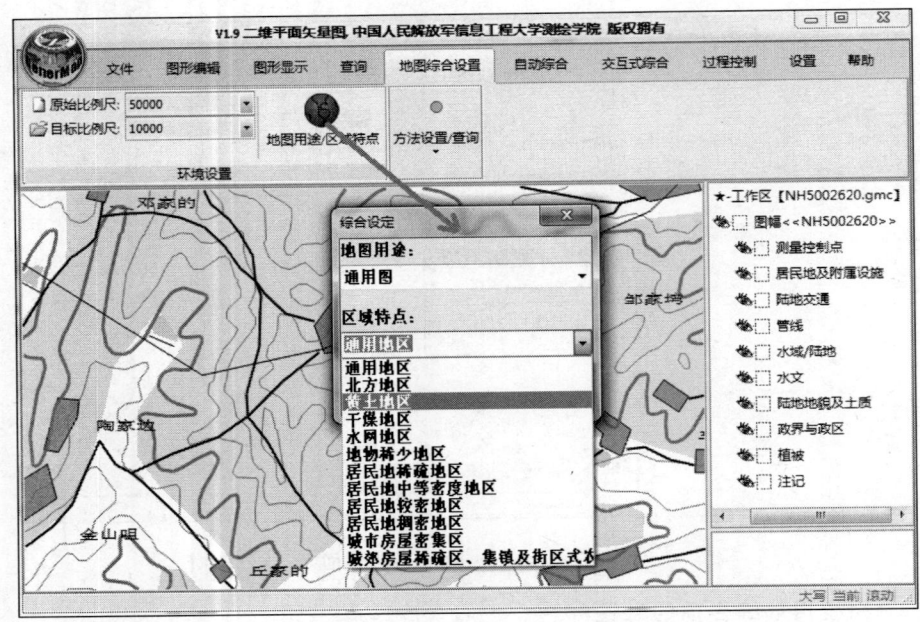

图 7.6　设置地图用途与区域特点

(3) 设置各层目标采用的综合算法。图 7.7 所示对话框列出了所有的数据层

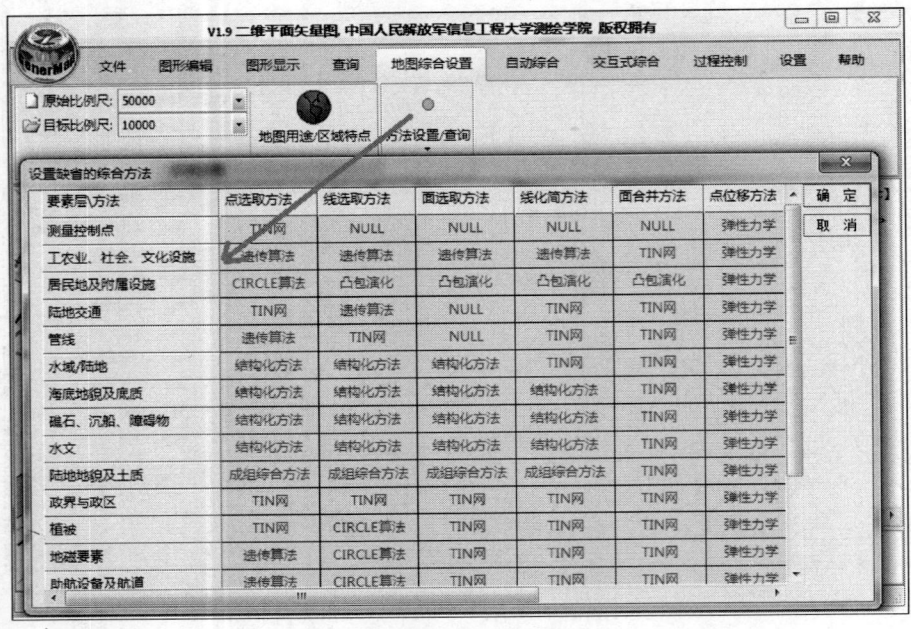

图 7.7　设置各层数据采用综合算法的界面

名,第一行列出了本系统所采用的综合算子.对话框列出了本系统所有的综合算法。每个单元格的内容是该单元格所对应的数据层采用相应的综合算子所需要的综合算法。

例如,如图7.8所示,"居民地及附属设施"层的面合并算子所采用的算法被设置为"TIN网"算法。

图7.8 对各要素层综合算子所采用的综合算法进行设置

(4)设置各个算法的参数。图7.9至图7.15为部分算法的参数设置,用户可以在系统允许的范围内设置算法的五级参数(详细参见本书第4章)。而参数的范围在参数库中被限定,用户设置的参数不能超出这个限定的范围。

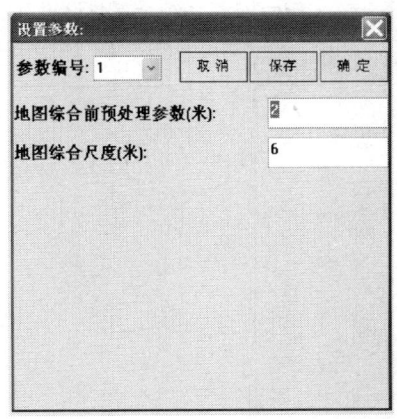

图7.9 地貌综合算法的参数设置对话框

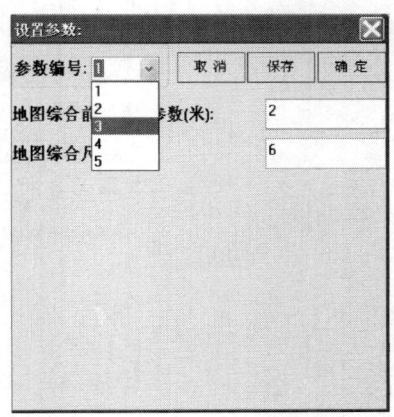

图7.10 地貌综合算法参数设置对话框

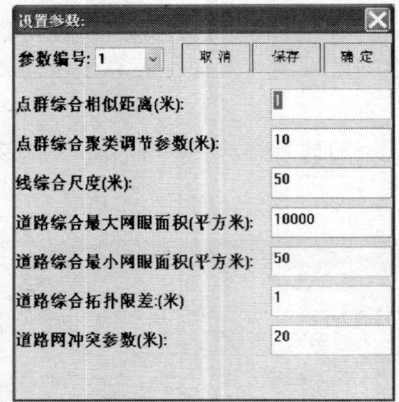
图 7.11 遗传算法参数设置对话框

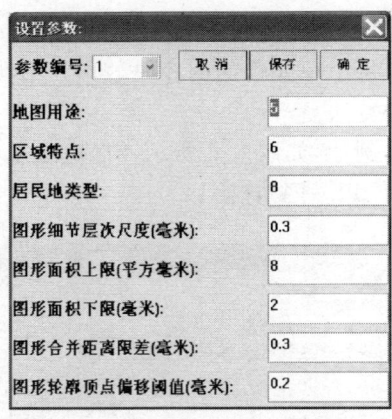
图 7.12 居民地综合参数设置对话框

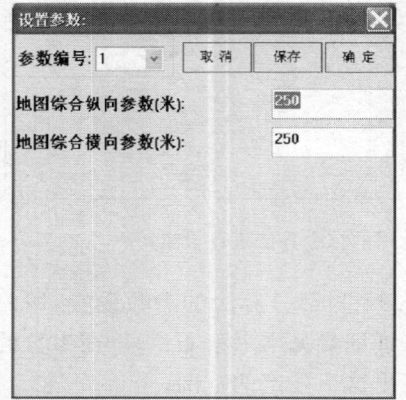
图 7.13 水系综合参数设置对话框

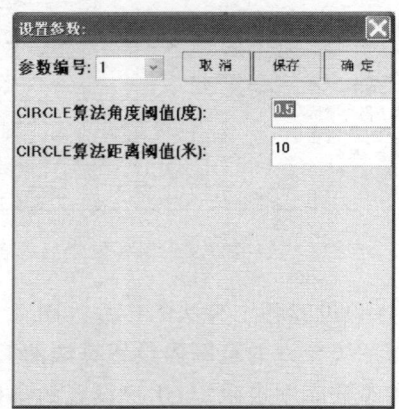
图 7.14 CIRCLE算法综合参数设置对话框

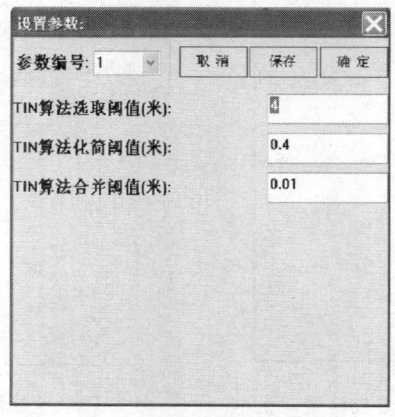
图 7.15 TIN算法综合参数设置对话框

2. 自动综合

（1）打开自动综合图层设置界面，如图 7.16 所示。

（2）用户选择需要综合的图层，如图 7.17 所示。用户可以选择所有的图层（即整幅图），也可选择其中几个图层进行综合。

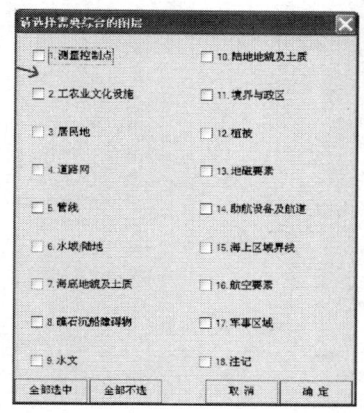
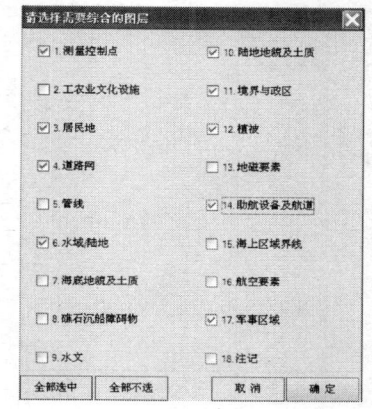

图 7.16 打开自动综合图层设置界面　　图 7.17 选择需要进行自动综合的数据层

（3）对已经选择的图层，如图 7.18 所示，采用自动综合链流程进行全自动综合，综合界面及综合结果如图 7.19 所示。

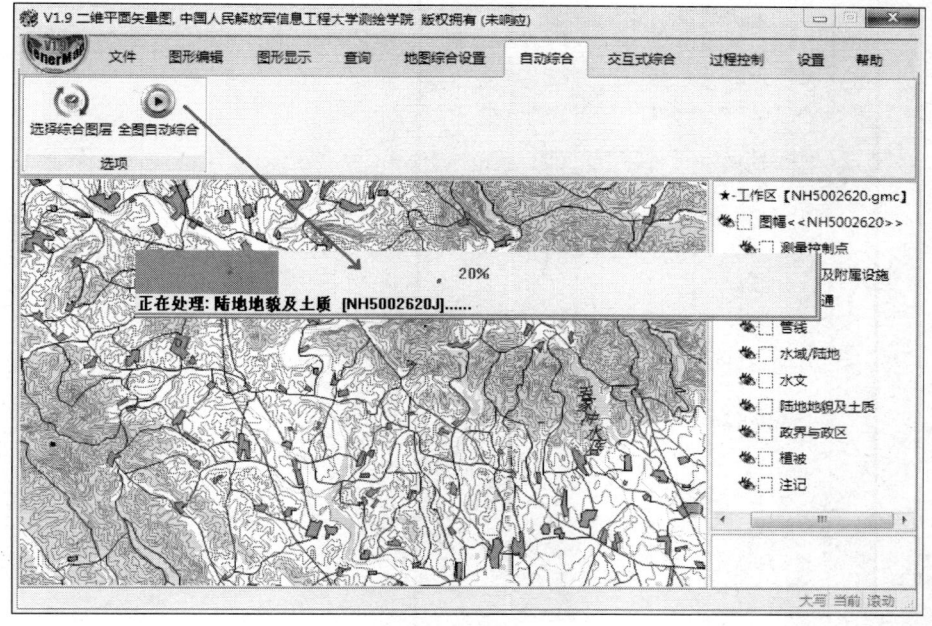

图 7.18 全自动综合

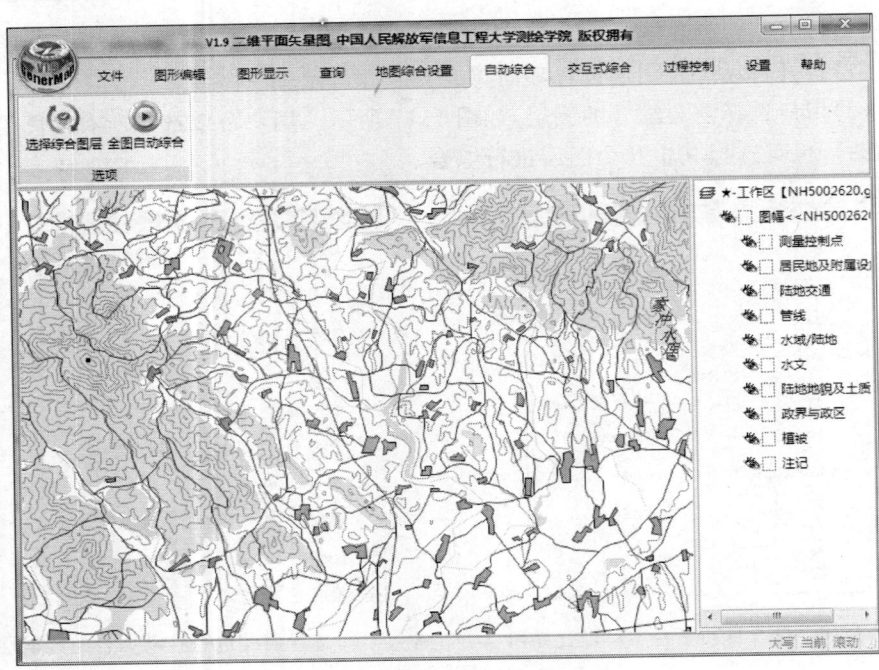

图 7.19　自动综合的结果

(4) 注记的自动综合，如图 7.20、图 7.21、图 7.22 所示。

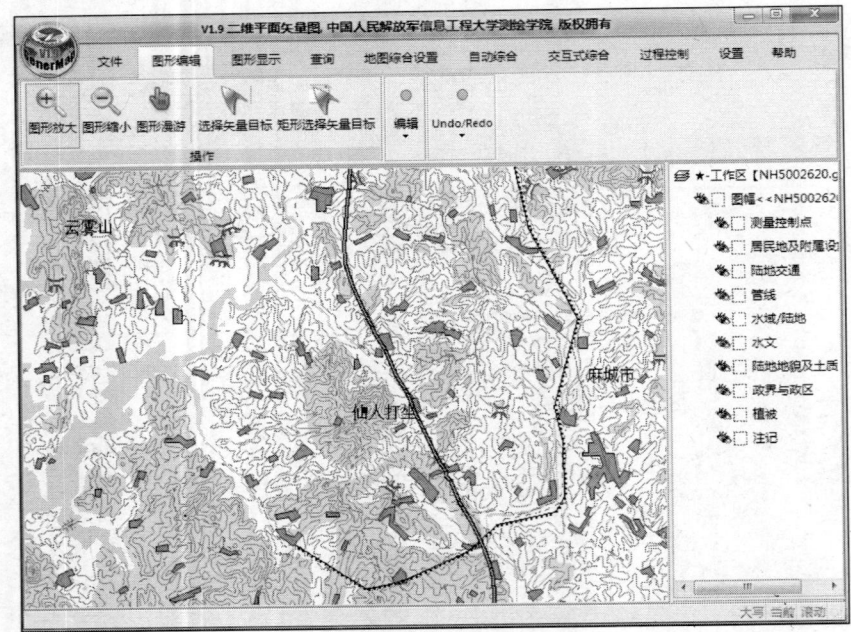

图 7.20　某比例尺下的注记信息显示

第 7 章 制图综合系统 GenerMap

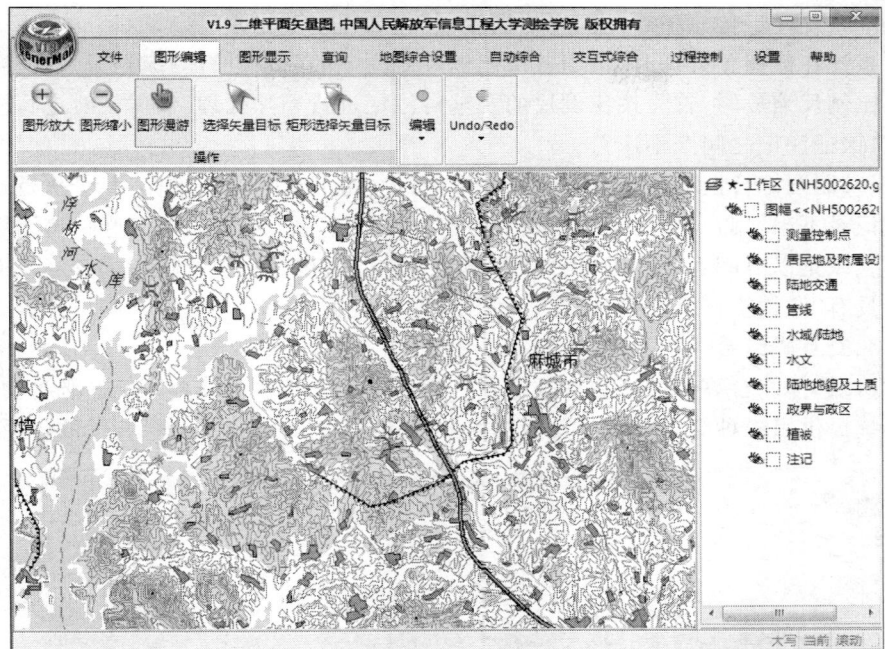

图 7.21 比例尺缩小,注记信息减少

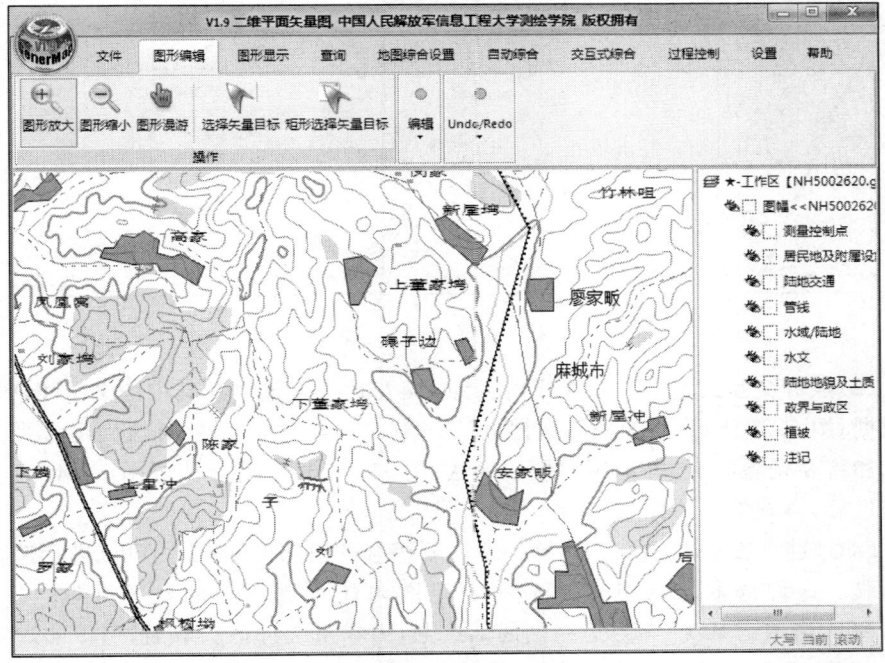

图 7.22 比例尺放大,注记信息详细

本系统注记信息随着比例尺的缩放,其详细程度随之改变。

系统在数据预处理时,按照各个比例尺对注记的要求进行等级划分。这样,在系统比例尺缩放时,首先按比例尺的要求对注记进行删除处理,然后实时进行注记配置,保证注记之间互不压盖。

(5)制图综合链的执行过程分析。形成综合链后,执行综合链。整个执行过程将被记录下来,用户可以方便地分析制图综合链的整个执行过程。同时,制图综合链的组织是以时间为轴线的,因此,制图综合链同时也是系统的执行记录。从而为系统具有"撤销操作"(或者称为"返回")功能提供了可能。

3. 交互式综合

(1)选择综合算子进行交互式综合。交互式综合是自动综合系统的必备功能。本系统提供了各种综合算子的交互综合功能。图7.23为选择综合算子的界面。

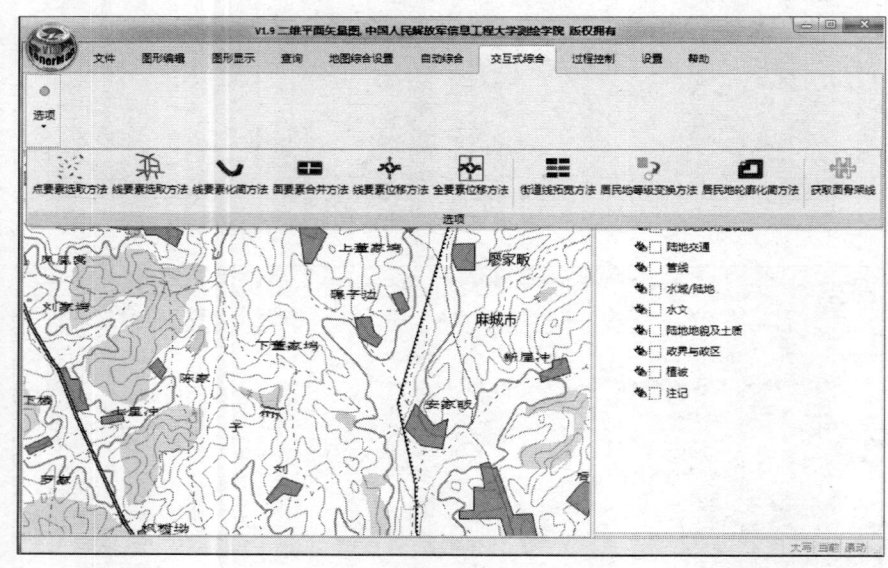

图7.23 选择综合算子的界面

(2)点群交互式选取。图7.24为点群交互式选取过程。其中图7.24(a)为原始数据;图7.24(b)为被选中的数据;图7.24(c)为经过交互后,算法确定将要保留的点和将要删除的点,等待用户最后确认;图7.24(d)为用户认可图7.24(c)的综合结果后,得到的最终结果。

(3)道路网交互式选取。选择一块需要综合的道路网区域,则可以进行道路网的选取。这种选取方法可以适应一定范围内任意比例尺的数据抽取。例如,图7.25为选取的某1∶1万道路网局部数据,由本系统进行选取后,可以实现对小于1∶1万任意比例尺地图的派生,图7.26至图7.30为从图7.25中派生的一些任意比例尺数据。

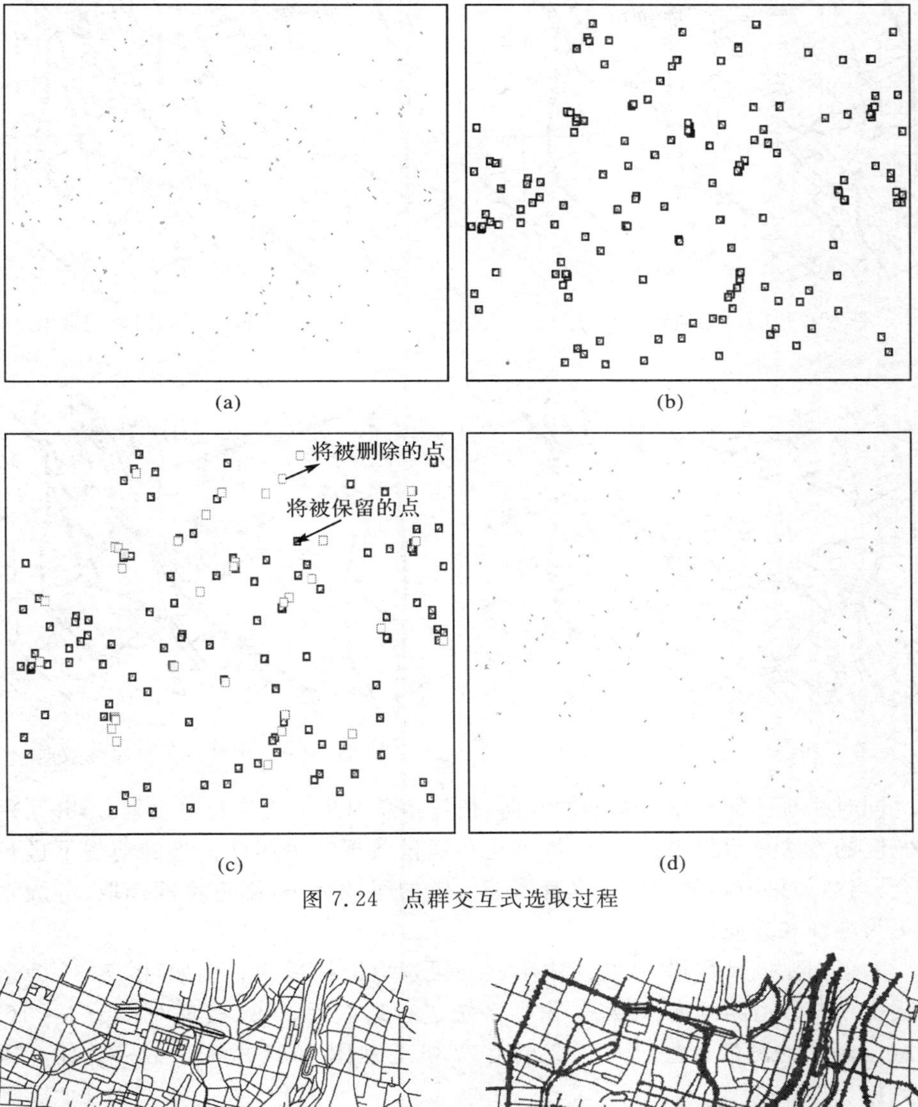

(a) (b)

(c) (d)

图 7.24 点群交互式选取过程

将被删除的点
将被保留的点

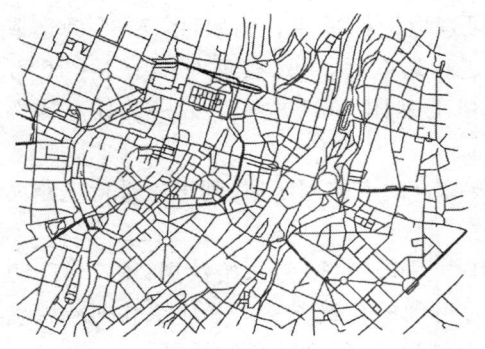

图 7.25 某 1∶1 万道路网数据

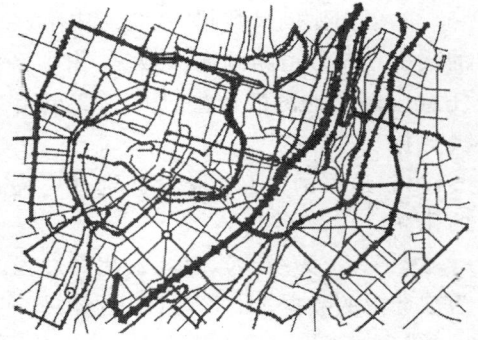

图 7.26 1∶1.5 万道路网数据

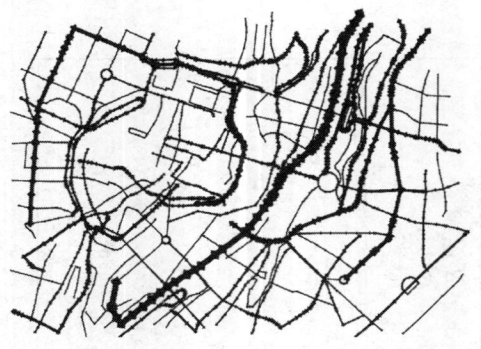

图 7.27 1∶2 万道路网数据

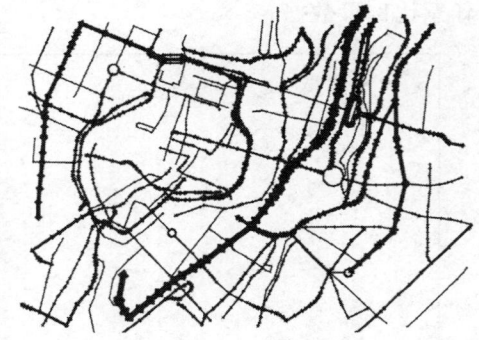

图 7.28 1∶2.5 万道路网数据

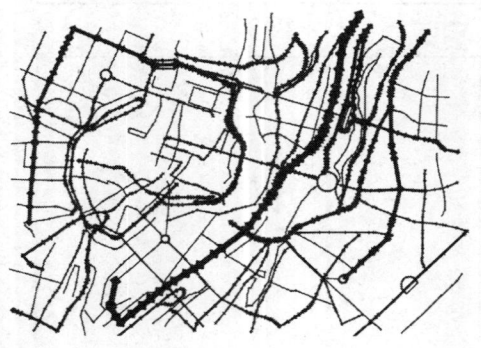

图 7.29 1∶3.2 万道路网数据

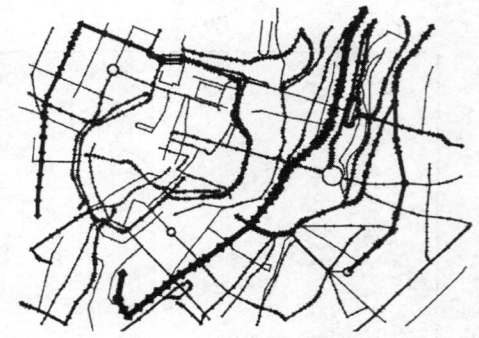

图 7.30 1∶4.5 万道路网数据

同时系统还能根据道路网的几何、拓扑信息对道路网进行等级划分,并采用不同宽度的方法显示出来。另外,本书是在假设数据缺少属性信息的前提下进行的综合,当然如果道路网数据中本身携带完整的属性数据,则道路网选取、等级划分将更为准确和方便。

除了大比例尺数据,系统对中小比例尺选取同样适用。例如,图 7.31 为选取的某 1∶10 万道路网局部数据,由本系统进行选取后,可以实现对小于 1∶10 万任意比例尺地图的派生,图 7.32 至图 7.36 为从图 7.31 中派生的一些任意比例尺数据。

(4) 道路网交互式化简。选择一块需要综合的道路网区域,则可以进行道路网的化简。

图 7.37 为线要素交互式化简过程。其中图 7.37(a)为原始数据;图 7.37(b)为被选中的数据;图 7.37(c)为经过交互后得到的化简结果,并等待用户最后确认;图 7.37(d)为用户认可图 7.37(c)的综合结果后,得到的最终结果。

第 7 章 制图综合系统 GenerMap

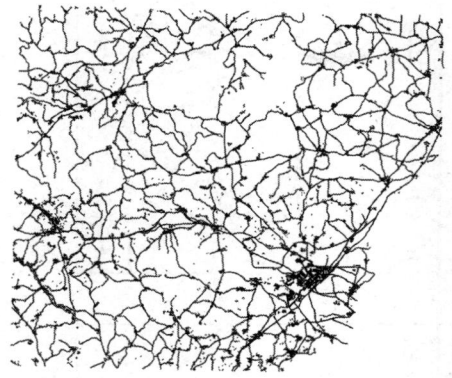

图 7.31 某 1∶10 万道路网原始数据

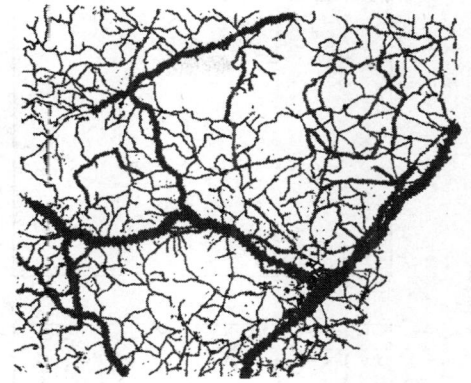

图 7.32 1∶12 万道路网数据

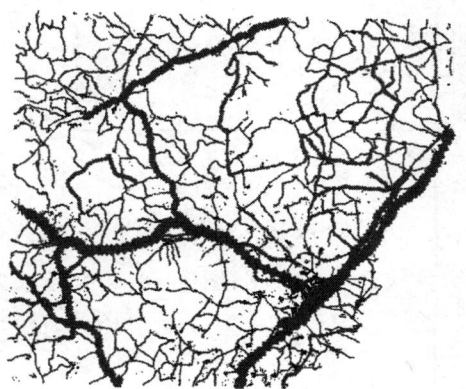

图 7.33 1∶15 万道路网数据

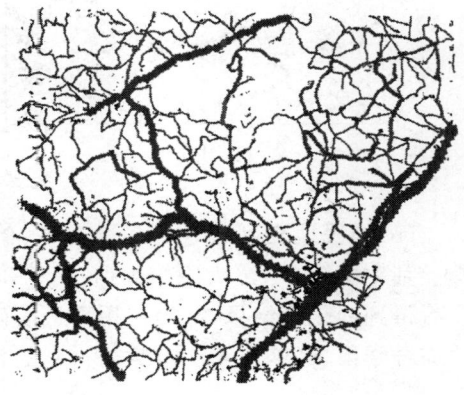

图 7.34 1∶19 万道路网数据

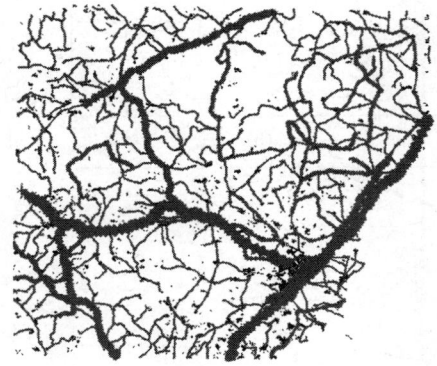

图 7.35 1∶25 万道路网数据

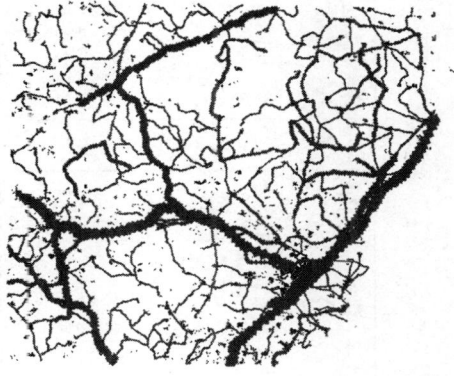

图 7.36 1∶40 万道路网数据

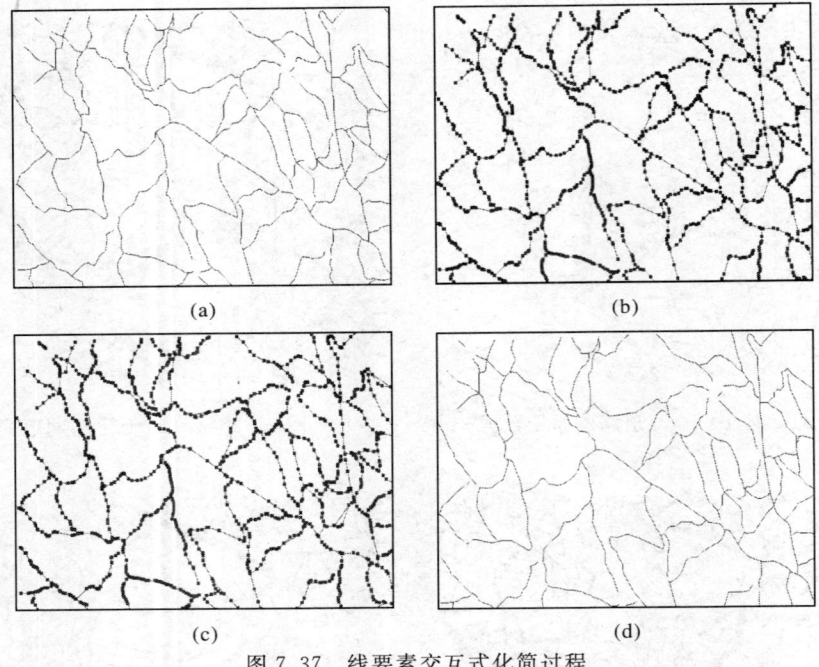

图 7.37 线要素交互式化简过程

(5)居民地交互式合并。图 7.38 给出了面要素(居民地街区)交互式合并过程。其中图 7.38(a)为原始数据;图 7.38(b)为被选中的数据;图 7.38(c)为经过交互后得到的化简结果,并等待用户最后确认,图 7.38(d)为用户不认可图 7.38(c)的综合结果,经修改算法参数后得到的新结果。

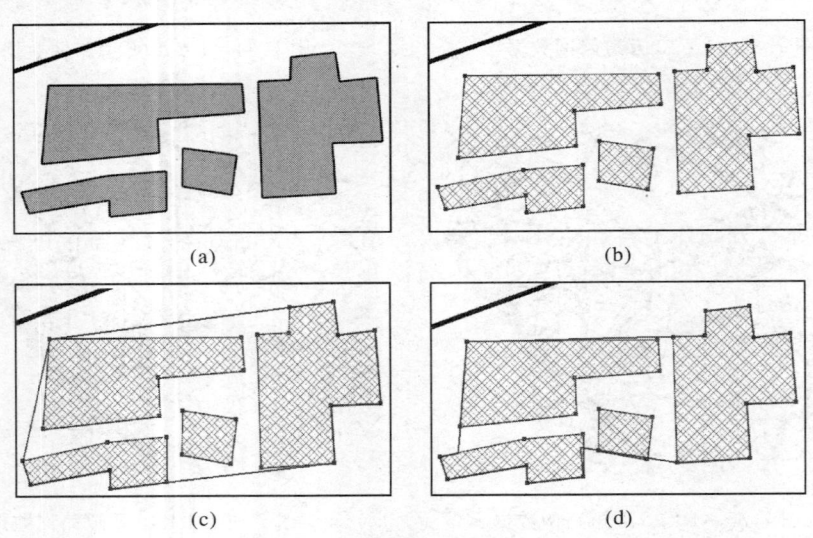

图 7.38 面要素交互式合并过程

(6) 居民地街道拓宽。图 7.39 为居民地街道交互式拓宽过程。其中图 7.39(a) 为居民地目标，在需要拓宽的街道处绘一根街道拓宽走向线；图 7.39(b) 为拓宽后的结果。

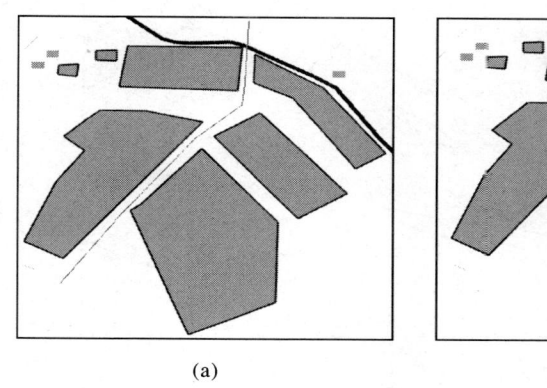
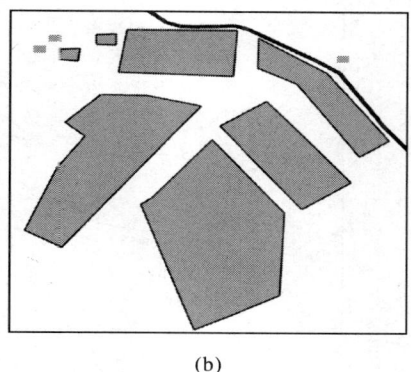

(a)   (b)

图 7.39   居民地街道交互式拓宽过程

(7) 居民地轮廓整形。图 7.40 为居民地轮廓化简过程。其中图 7.40(a) 为原始数据；图 7.40(b) 为被选中的数据；图 7.40(c) 为经过交互后得到的轮廓化简结果，并等待用户最后确认；图 7.40(d) 为用户认可图 7.40(c) 的综合结果，确认后得到的最终结果。

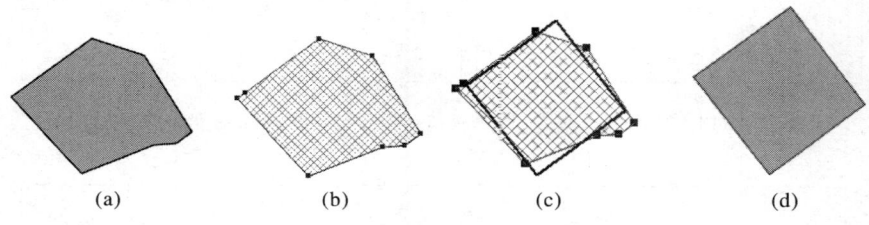

(a)   (b)   (c)   (d)

图 7.40   居民地轮廓整形方法

(8) 基于知识库的自动综合操作监控。图 7.41 为自动综合的监控过程示例。在图 7.41 中，用户将要删除一个选中的面状居民地目标，而此时自动综合监控器依据知识库中的知识，判断出该目标不能被删除，从而直接中断了用户的本次操作。

(9) 面状河流等级变换（双线河变单线河）。图 7.42 为某比例尺数据，因比例尺缩小后，需要把面状河流转换为线状河流；图 7.43 为被选中的河流要素；图 7.44 为对该面状河流提取骨架线的结果，并等待用户最后确认；图 7.45 为用户认可图 7.44 的综合结果，确认后得到的最终结果。

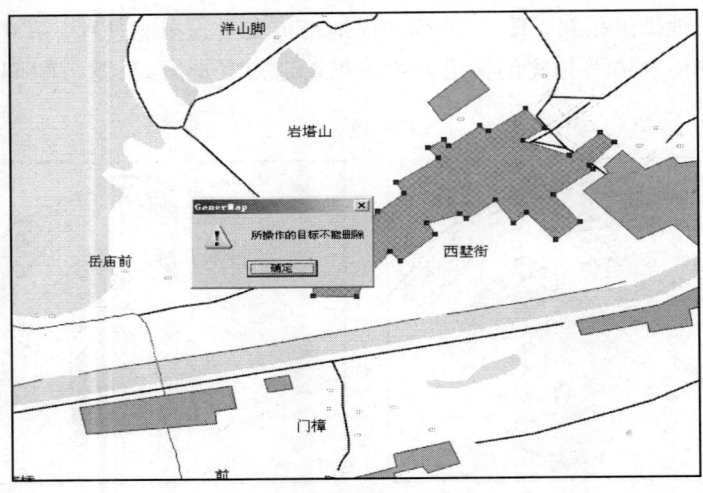

图 7.41　自动综合监控器示例

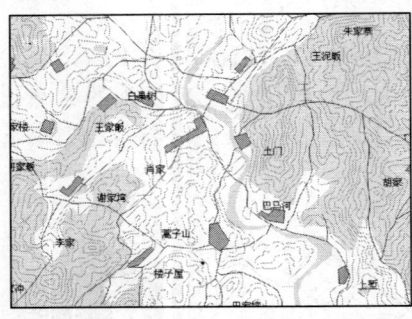

图 7.42　某比例尺数据

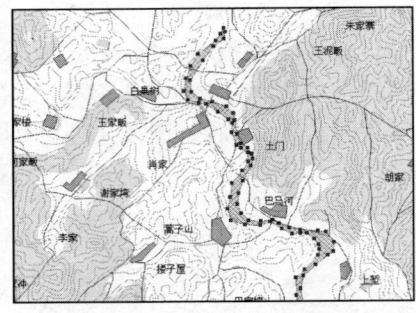

图 7.43　选择需要变单线河的河流

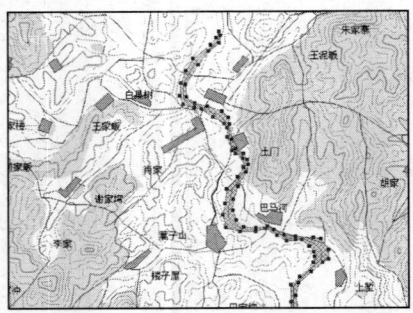

图 7.44　对河流提取的骨架线

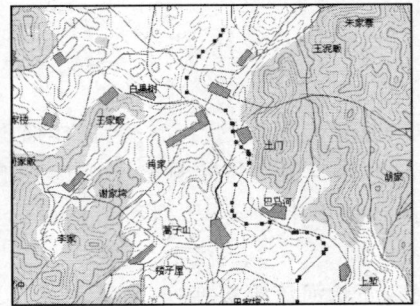

图 7.45　用骨架线代替原有河流，实现等级变换

第 7 章 制图综合系统 GenerMap

4. 自动综合过程控制

（1）操作过程可视化表达。进入【过程控制】主菜单，单击【显示过程控制器】按钮，弹出【自动综合链】对话框，如图 7.46 所示。其中显示了所有的操作过程。

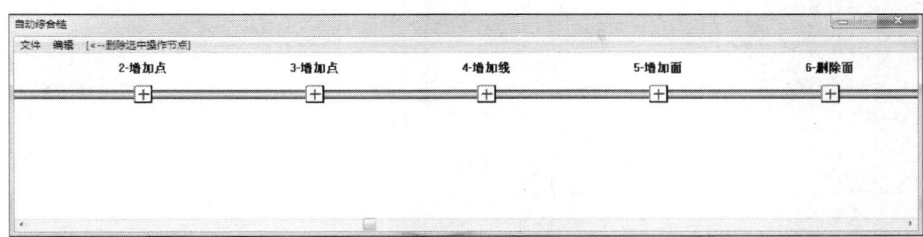

图 7.46　自动制图综合链对话框

（2）操作过程查询。进入【过程控制】主菜单，单击【显示过程控制器】按钮，弹出【自动综合链】对话框。单击某一个节点，则显示了该节点的操作过程信息，同时在地图上也动态显示出来。其中，图 7.47 中为增加一个面状目标的操作过程查询，图 7.48 为一个面状居民地制图综合（合并）的操作过程查询。

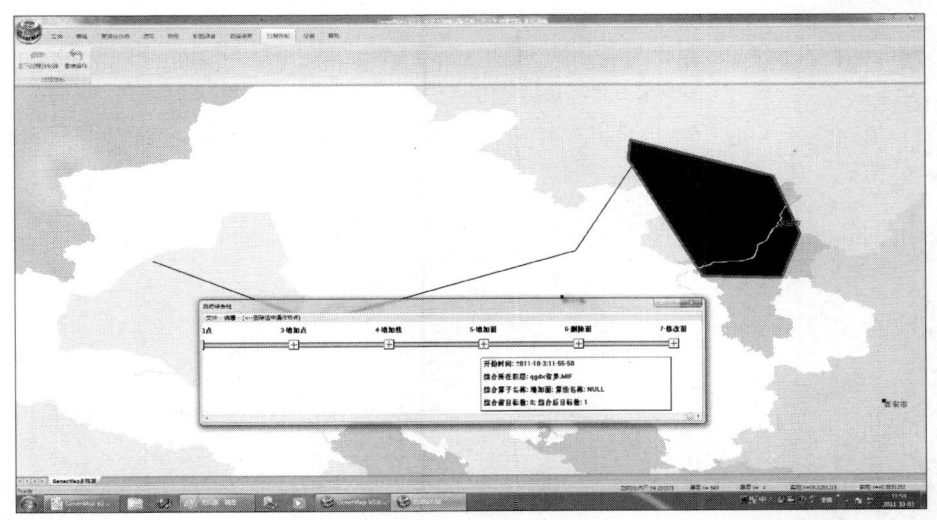

图 7.47　基于自动制图综合链的操作过程查询结果可视化表达（增加面）

（3）撤销当前操作。进入【过程控制】主菜单，单击【撤销操作】按钮，则最后一步操作被撤销（可以连续进行该操作）。

（4）撤销任意单步操作。进入【过程控制】主菜单，单击【显示过程控制器】按钮，弹出【自动综合链】对话框。单击某一个节点，单击对话框菜单中的【←删除选中操作节点】子菜单，则被选中的节点操作被撤销。图 7.49 就是对图 7.48 中显示的居民地合并操作步骤的撤销示例。

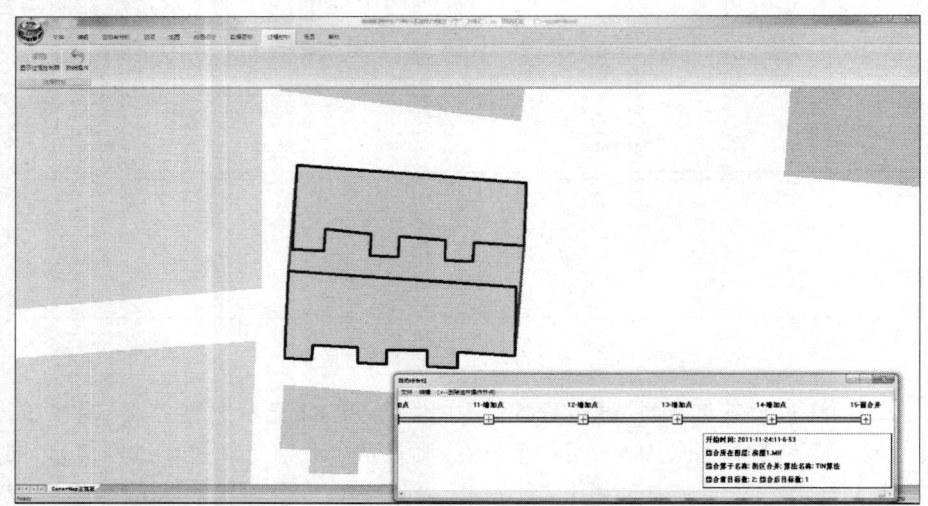

图 7.48 基于自动制图综合链的操作过程查询结果可视化表达(面综合)

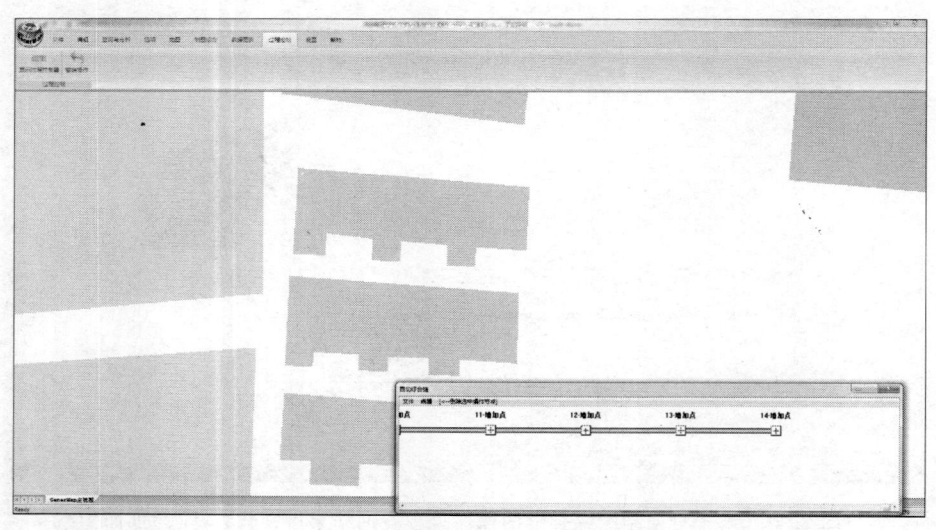

图 7.49 基于自动制图综合链的操作过程撤销过程

(5)清除所有过程信息。进入【过程控制】主菜单,单击【显示过程控制器】按钮,弹出【自动综合链】对话框。单击对话框菜单【编辑】中的子菜单【清除所有操作记录】,则完成清除所有过程信息,如图 7.50 所示。

注:该功能只清除所有的操作记录,操作内容不会改变。

第 7 章 制图综合系统 GenerMap

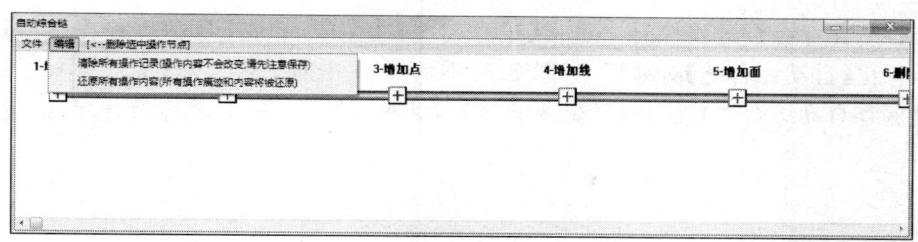

图 7.50　清除自动制图综合链所有操作过程

（6）还原所有综合操作。进入【过程控制】主菜单，单击【显示过程控制器】按钮，弹出【自动综合链】对话框。单击对话框菜单【编辑】中的子菜单【还原所有操作内容】，则完成还原所有过程的功能。

（7）打开综合过程信息。进入【过程控制】主菜单，单击【显示过程控制器】按钮，弹出【自动综合链】对话框。单击对话框菜单【文件】中的子菜单【打开自动综合链】，如图 7.51 所示。弹出【列表】对话框，可从列表中选择已经保存的综合链，单击【确定】按钮，如图 7.52 所示。

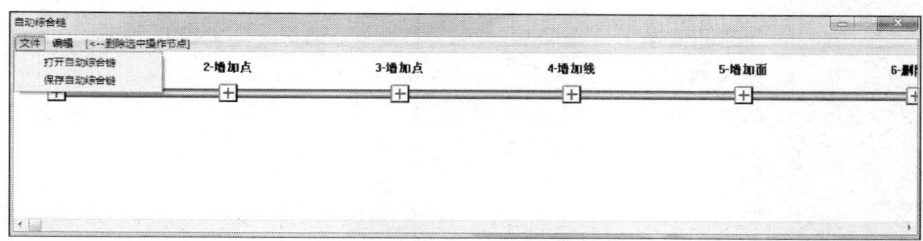

图 7.51　打开数据库中先前存储的自动制图综合链

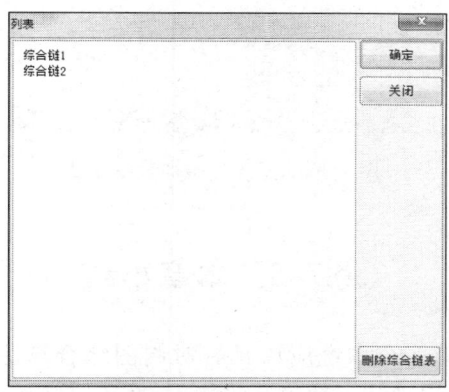

图 7.52　打开数据库中已存储的自动制图综合链

（8）保存综合过程信息。进入【过程控制】主菜单，单击【显示过程控制器】按钮，弹出【自动综合链】对话框，如图7.53所示。单击对话框菜单【文件】中的子菜单【保存自动综合链】，弹出【请输入表名】对话框，输入相应的名称后，过程信息被保存。

图7.53　保存当前自动制图综合链

5. 系统支持的数据格式

GenerMap系统支持的格式包括系统内部交换格式、ArcGIS shape格式、MapInfo tab与mif格式、AutoCAD dxf格式、Microstation dgn格式、ArcInfo e00格式等常用数据格式，能够方便地实现数据的相互转换。图7.54为系统打开数据界面。

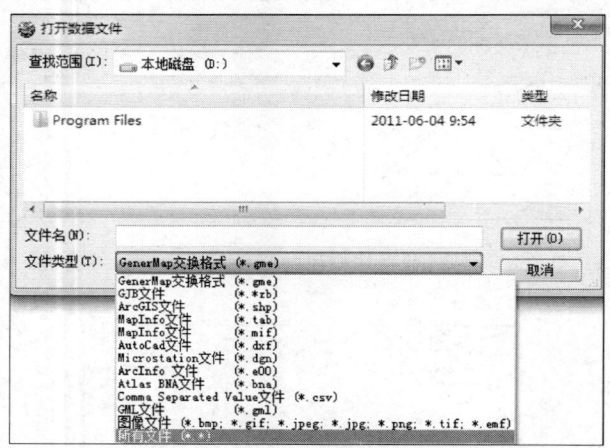

图7.54　系统支持的数据格式

§7.3　本章小结

本章强调一个自动综合系统应该具有对制图综合算法进行评价与管理的能力、对空间数据智能化识别和自动编绘的能力、循环控制与逐步求精的能力和对综合结果进行质量评估的能力。在此基础上，提出了设计自动制图综合系统的五条原则，即系统的高实用性、高准确率、操作的简单性与智能性、集成性和可扩展性，并详细分析了制定这些原则的依据。

通过详细的实例,介绍了本书研究的制图综合系统 GenerMap 的基本功能、技术基础和运行环境。在本系统中,提出了以知识库为基础,Agent 技术为桥梁,实时监控技术为保障,质量评估系统为评价工具,逐步求精过程控制体系为主框架,时间作为贯穿作业过程主轴线等的系统实现方法和技术,这些是整个系统设计和实现的技术保障。

最后,以实验样图的方式分别介绍了该系统的主要功能。包括自动综合前各种需求设置、算法参数设置、系统自动综合、系统交互式综合、制图综合链的执行过程与返回、基于知识库的用户操作自动监控等功能。

参考文献

[1] 艾廷华,郭仁忠.2000.支持地图综合的面状目标约束 Delaunay 三角网剖分[J].武汉测绘科技大学学报,2(1):35-41.

[2] 艾廷华,刘耀林.2002.保持空间分布特征的点群化简方法[J].测绘学报,31(2):175-180.

[3] 艾廷华.2000.城市地图数据库综合的支撑数据模型与方法的研究[D].武汉:武汉测绘科技大学.

[4] 保查罗夫 M K.1957.制图作业数理统计法[M].北京:测绘出版社.

[5] 陈锐.1999.知识经济知识管理[J].图书情报工作(3):18-21.

[6] 陈卫,方廷健,陈锋,等.2003.基于 MAS 的群体决策支持系统结构研究[J].模式识别与人工智能(2):236-240.

[7] 陈卫东.2002.多 Agent 综合推理理论与方法论的研究[D].浙江:浙江大学.

[8] 邓红艳,武芳,钱海忠,等.2003.基于遗传算法的点群目标选取模型[J].中国图象图形学报(8):970-974.

[9] 邓红艳.2006.基于保质设计的自动制图综合研究[D].郑州:信息工程大学.

[10] 邸凯昌.2000.空间数据发掘与知识发现[M].武汉:武汉大学出版社.

[11] 高洪深.2000.决策支持系统(DSS):理论、方法、案例[M].2 版.北京:清华大学出版社.

[12] 高坚.2003.基于并行多种群自适应蚁群算法的聚类分析[J].计算机工程与应用(25):78-80.

[13] 郭强.1999.论 KM 与 CKO 制度的构建[J].情报资料工作(6):36-38.

[14] 郭庆胜,任晓燕.2003.智能化地理信息处理[M].武汉:武汉大学出版社.

[15] 郭仁忠,艾廷华.2000.制图综合中建筑物多边形的合并与化简[J].武汉测绘科技大学学报,25(1):25-30.

[16] 侯璇.2004.基于弹性力学的制图综合位移模型[D].郑州:信息工程大学.

[17] 黄晓斌.2002.基于 GeoAgent 的空间信息服务与应用集成研究[D].北京:北京大学.

[18] 姜哲,金奕江,张敏,等.2004.人工智能:一种现代化方法[M].2 版.北京:人民邮电出版社.

[19] 雷伟刚.2005.空间线要素综合算法的不确定性讨论[J].测绘工程,14(1):33-36.

[20] 李国巨,黄永忠,邓晓湘,等.2001.局域网中利用 Mobile Agent 技术实现信息的检索[J].计算机应用研究(9):59-62.

[21] 刘春,丛爱岩.1999.基于"知识规则"的 GIS 水系要素制图综合推理[J].测绘通报(9):21-24.

[22] 刘学军,龚健雅.2001.约束数据域的 Delaunay 三角剖分与修改算法[J].测绘学报,30(1):82-88.

[23] 罗英伟.1999.基于 Agent 的分布式地理信息系统研究[D].北京:北京大学.

[24] 聂亚杰,刘大昕,马惠玲.2001.Agent 的体系结构[J].计算机应用研究(9):52-55.

[25] 钱海忠,刘颖,张琳琳,等.2005e.基于圆特征的地图要素自动综合算法研究[J].海洋测绘,25(1):14-18.

[26] 钱海忠,王家耀.2004b.空间信息系统中的 Agent 技术[J].测绘科学,29(1):12-16.
[27] 钱海忠,武芳,陈波,等.2006c.一种基于蚂蚁增强算法的快速栅格聚类方法:The 6th World Congress on Intelligent Control and Automation,大连[C].大连:(出版者不详).
[28] 钱海忠,武芳,陈波,等.2007b.采用斜拉式弯曲划分的曲线化简方法[J].测绘学报,36(4):443-449.
[29] 钱海忠,武芳,邓红艳.2005b.基于 CIRCLE 特征变换的点群选取算法[J].测绘科学,30(3):83-86.
[30] 钱海忠,武芳,葛磊,等.2007a.基于降维技术的建筑物综合几何质量评估[J].中国图象图形学报,12(5):927-936.
[31] 钱海忠,武芳,郭健,等.2006d.基于制图综合知识的空间数据检查[J].测绘学报,35(2):184-190.
[32] 钱海忠,武芳,谭笑,等.2005a.基于 ABTM 的城市建筑物合并算法[J].中国图象图形学报,10(10):1224-1234.
[33] 钱海忠,武芳,王家耀.2005d.一种基于综合链技术的智能工作流模型[J].南京理工大学学报:自然科学版,29(5A):167-172.
[34] 钱海忠,武芳,王家耀.2006a.自动制图综合链理论与技术模型[J].测绘学报(4):400-407.
[35] 钱海忠,武芳,谢鹏,等.2006b.基于 CIRCLE 特征变换的点群选取改进算法[J].测绘科学,31(5):69-71.
[36] 钱海忠,武芳,张琳琳,等.2005c.基于极化变换的点群综合几何质量评估[J].测绘学报,34(4):361-370.
[37] 钱海忠,武芳,朱鲲鹏,等.2007c.一种基于降维技术的街区综合方法[J].测绘学报,36(1):102-108.
[38] 钱海忠,武芳.2001.基于 Delaunay 三角关系的面状要素合并方法[J].测绘科学技术学报,18(3):207-209.
[39] 钱海忠,武芳.2004a.地图自动综合中的监控 Agent 模型构造[J].测绘科学技术学报,21(3):211-215.
[40] 钱海忠,张钊,翟银凤,等.2010.特征识别、Stroke 与极化变换相结合的道路网选取方法[J].测绘科学技术学报,27(5):371-375.
[41] 钱海忠.2006.自动制图综合及其过程控制的智能化研究[D].郑州:信息工程大学.
[42] 钱海忠.2009.自动综合算法库的构建[J].测绘科学,34(6):70-73.
[43] 邱均平,段宇峰.2000.论知识管理与竞争情报[J].图书情报工作(4):11-14.
[44] 宋彩云.2005.基于模拟退火的 ALV 越野路径规划研究[D].长沙:国防科学技术大学.
[45] 孙玉冰.2001.基于知识的软件 Agent 系统研究与实现[D].北京:北京大学.
[46] 特普费尔 F.1963.开方根及其在地貌综合中的应用[J].测绘译丛.北京:测绘出版社.
[47] 特普费尔 F.1982.制图综合[M].江安宁,译.北京:测绘出版社.
[48] 王家耀.1985a.模糊综合评价方法在制图综合中的应用[J].解放军测绘学院学报(2):45-52.
[49] 王家耀.1985b.图论方法在道路网选取中的应用[J].解放军测绘学院学报(1):79-86.

[50] 王家耀.1989.试论地图信息传输的可控性[J].军事测绘:专辑(26):12-14.
[51] 王家耀.1999.关于数字地图制图综合中的人机协同问题[J].解放军测绘学院学报(2):121-125.
[52] 王家耀.2001.空间信息系统原理[M].北京:科学出版社.
[53] 王家耀.2005.地图学与地理信息工程研究[M].北京:科学出版社.
[54] 王家耀.2008.空间数据自动综合研究进展及趋势分析[J].测绘科学技术学报(25):7-11.
[55] 王家耀,陈毓芬.2000.理论地图学[M].北京:解放军出版社.
[56] 王家耀,范亦爱,韩同春,等.1992.普通地图制图综合原理[M].北京:测绘出版社.
[57] 王家耀,钱海忠.2006.制图综合知识及其应用[J].武汉大学学报:信息科学版,31(5):382-386.
[58] 王家耀,田震.1999.海图水深综合的人工神经元网络方法[J].测绘学报(4):55-59.
[59] 王家耀,武芳,吴战家.1992.制图综合专家系统工具研究[J].解放军测绘学院学报(4):66-72.
[60] 王家耀,武芳.1998.数字地图自动制图综合原理与方法[M].北京:解放军出版社.
[61] 王桥,毋河海.1998.地图信息的分形描述与自动综合研究[M].武汉:武汉测绘科技大学出版社.
[62] 文彬.2003.基于智能 Agent 的自主机器人研究[D].浙江:浙江大学.
[63] 毋河海.1997.凸壳原理在点群目标综合中的应用[J].测绘工程,6(1):1-6.
[64] 毋河海.2000a.地图信息自动综合基本问题研究[J].武汉测绘科技大学学报,25(5):377-383.
[65] 毋河海.2000b.GIS 环境下城市平面图形的自动综合问题[J].武汉测绘科技大学学报,25(3):196-202.
[66] 毋河海.2004.地图综合基础理论与技术方法研究[M].北京:测绘出版社.
[67] 武芳.2003.空间数据的多尺度表达与自动综合[M].北京:解放军出版社.
[68] 武芳,钱海忠.2008.面向地图综合的空间信息智能处理[M].北京:科学出版社.
[69] 武晓波,王世新,肖春生.1999.Delaunay 三角网的生成算法研究[J].测绘学报(1):29-35.
[70] 谢宝康.1998.利用 Voronoi 图和 Delaunay 三角结构实施自动综合[J].地图(3):19-24.
[71] 徐从富.2000.基于多 Agent 的信息融合技术研究[D].浙江:浙江大学.
[72] 徐锐.2000.知识型企业的知识管理特征[J].图书情报工作(1):46-48.
[73] 许涛,贺仁睦,王鹏,等.2004.基于统计理论的电力系统暂态稳定估计[J].中国电机工程学报(5):13-16.
[74] 杨春成.2004.空间数据挖掘中聚类分析算法的研究[D].郑州:信息工程大学.
[75] 应申,李霖.2003.制图综合的知识表示[J].测绘信息与工程,28(6):26-28.
[76] 张小朋,钱海忠,岳辉丽,等.2010.基于模拟退火的空间聚类算法[J].测绘科学技术学报,27(4):306-309.
[77] 钟凌燕.2003.基于 Agent 联邦的开放式工作流管理系统的研究[D].浙江:浙江大学.
[78] 朱鲲鹏,武芳.2007.Li-Openshaw 算法的改进与评价[J].测绘学报,36(4):450-456.
[79] 朱庆,陈松林,黄铎.2004.关于空间数据质量标准的若干问题[J].武汉大学学报:信息科学版,29(10):863-866.
[80] 朱晓峰,许发见.2000.知识管理和竞争手段[J].情报理论与实践(4):263-265.

[81]　祝国瑞,郭礼珍,尹贡白,等. 2001. 地图设计与编绘[M]. 武汉:武汉大学出版社.
[82]　祝国瑞. 1990. 普通地图制图中的数学方法[M]. 北京:测绘出版社.
[83]　BARRAULT M, REGNAULD N, DUCHENE C, et al. 2001. Integrating multi-agent, object-oriented and algorithmic techniques for improved automated map generalization: in Proceedings 20th International Cartographic Conference, Beijing, China[C] Beijing: [s. n.]:2110-2116.
[84]　BRASSEL K E, WEIBEL R. A review and framework of automated map generalization [J]. International Journal of Geographical Information Systems, 1988, 2(3):229-244.
[85]　BURGHARDT D, STEINIGER S. 2005. Usage of principal component analysis in the process of automated generalisation: Proceedings of 22th International Cartographic Conference. Coruna, Spain, September, 2005[C] Spain: [s. n.].
[86]　CECCONI A. 2003. Integration of cartographic generalization and multi-scale databases for enhanced web mapping[D]. Zurich: University Zurich.
[87]　CHAUDHRY O, MACKANESS W. 2005. Rule and urban road network generalization deriving 1:250000 from OS mastermap: Proceedings of 22th International Cartographic Conference, Spain, September, 2005 [C]. Spain: [s. n.].
[88]　DUCHÊNE C, GAFFURI J. 2008. Combining three multi-agent based generalisation models: AGENT, CartACom and GAEL: Proceedings of 13th International Symposium on Spatial Data Handling (SDH'08), Montpellier, France, 23-25 June, 2008 [C]. France: [s. n.].
[89]　EDWARDES A, BURGHARDT D, NEUN M. 2007. Experiments in building an open generalisation system[M]//RUAS A, MACKANESS W, SARJAKOSKI T. Generalisation of Cartographic Information: Cartographic Modelling and Application. [S. l.]: Elsevier.
[90]　GALANDA M. 2003. Automated polygon generalization in a multi agent system[D]. Zurich: Zurich University.
[91]　HARDY P, HAYLES M, REVELL P. 2003. Clarity: a new environment for generalization using agents, Java, XML, and topology[EB/OL]. 2003. http://www.geo.unizh.ch/ICA/docs/paris2003/papers03.html.
[92]　HARRIE L. 1999. The constraint method for solving spatial conflicts in cartographic generalization[J]Cartography and Geographic Information Science, 26(1):55-69.
[93]　JAARA K, DUCHÊNE C, RUAS A. 2011. Toward the generalisation of cartographic mashups: taking into account the dependency between the thematic data and the reference data throughout the process of automatic generalization: Proceedings of 14th Workshop of the ICA Commission on Generalisation and Multiple Representation, Paris, June 30 and July 1, 2011. [C]. France: [s. n.].
[94]　KARSZNIA I. 2011. Methodical Principles of Automation in the Generalization of Selected General Geographic Database Elements: Proceedings of 25th International Cartographic Conference[C]. France: [s. n.].
[95]　LAMY S, RUAS A, DEMAZEAU Y, et al. 1999. The application of agents in automated

map generalization: Proceedings of 19th International Cartographic Conference. Ottawa, Canada. August, 1999[C]. Canada: [s. n.].

[96] MONNOT J L, BRIAT M O. 2011. An optimization framework for contextual processing in generalization: Proceedings of 25th International Cartographic Conference, Paris, France, July, 2011 [C]. France: [s. n.].

[97] Mustière S, Zucker J D, Saitta L. 1999. Cartographic Generalization as a Combination of Representing and Abstracting Knowledge [J]. International Journal of Geographic Information System: ACM-GIS 1999: 162-164.

[98] NEUN M. 2007. Data enrichment for adaptive map generalization using web services [D]. Zurich: Zurich University.

[99] PETERS S. 2011. Interactive scale-dependent multidimensional point data selection using enhanced polarization transformation: Proceedings of 25th International Cartographic Conference, Paris, France, July, 2011[C]. France: [s. n.].

[100] POORTEN P M, JONES C B. 1999. Customisable line generalisation using delaunay triangulation: Proceedings of 19th International Cartographic Conference, Ottawa, Canada, August, 1999[C]. Canada: [s. n.].

[101] PUNT E, WATKINS D, BRIAT M O, et al. 2011. Methods for evaluating the results of automated generalization: Proceedings of 25th International Cartographic Conference, Paris, France, July, 2011 [C]. France: [s. n.].

[102] QIAN Haizhong, MENG Liqiu, WU Fang, et al. 2006a. The generalization of point clusters and its quality assessment based on a polarization approach[J]. Mapping and Image Science(4): 55-63.

[103] QIAN Haizhong, MENG Liqiu, WU Fang, et al. 2006c. The generalization of point clusters and its quality assessment based on a polarization approach[J]. Mapping and Image Science(4): 55-63.

[104] QIAN Haizhong, MENG Liqiu, ZHANG Meng. 2007b. Network simplification based on the algorithm of polarization transformation: Proceedings of 23th International Cartographic Conference, Moscow, Russia, August, 2007[C]. Russia: [s. n.].

[105] QIAN Haizhong, MENG Liqiu. 2007a. "Polarization Transformation" as an algorithm for automatic generalization and quality assessment: GEOINFORMATICS, Nanjing, 2007. [C]南京: GEOINFORMATICS.

[106] QIAN Haizhong, WU Fang, CHEN Bo, et al. 2006b. Automated generalization-chain and intelligent workflow control model[J]. Dynamics of Continuous Discrete and Impulsive Systems-series B-applications & Algorithms(13): 940-944.

[107] QIAN Haizhong, WU Fang, DENG Hongyan. 2003b. New Methods to map generalization based on "Delaunay Triangle Net" and "The Survival of the Fittest" theory: Proceedings of 21th International Cartographic Conference, South Africa, August, 2003[C]. South Africa: [s. n.].

[108]　QIAN Haizhong, WU Fang, HOU Xuan. 2003a. Map generalization methods based on "Circle" and "The Survival of The Fittest" theory: Proceedings of 21th International Cartographic Conference, South Africa, August, 2003[C]. South Africa: [s. n.].

[109]　QIAN Haizhong, YU Ying, MENG Liqiu, et al. 2008. How the quality of cartographic generalization is assured—the approach with an automatic cartographic generalization chain: ISPRS 2008, Beijing [C]. Beijing: ISPRS Congress.

[110]　QIAN Haizhong, ZHU Qiang, XU Junkui, et al. 2011. Design and development of intelligent automatic generalization process control system: Geoinformatics 2011, Shanghai, China, July, 2011[C]. Shanghai: [s. n.].

[111]　REGNAULD N. 2005. Spatial structures to support automatic generalisation: Proceedings of 22th International Cartographic Conference, Coruna, Spain, September, 2005[C] Spain: [s. n.].

[112]　RENARD J, GAFFURI J, DUCHÊNE C, et al. 2011. Automated generalisation results using the agent-based platform cartagen: Proceedings of 25th International Cartographic Conference, Paris, France, July, 2011 [C]. France: [s. n.].

[113]　RENARD J, GAFFURI J, DUCHÊNE C. 2010. Capitalisation problem in research-example of a new platform for generalisation: CartAGen: 13th ICA Workshop on Generalisation and Multiple Representation, Zurich, September 12-13, 2010 [C]. Zurich, Switzerland: [s. n.].

[114]　RUAS A. 1999. Mod`ele de g'en'eralization de donn'ees g'eographiques `a base de contraints et d'autonomie[D]. Universit'e de Marne-la-Vall'ee.

[115]　TAILLANDIER P, GAFFURI J. 2011. Using Human-machine dialogue to refine generalisation evaluation function: Proceedings of 25th International Cartographic Conference, Paris, France, July, 2011 [C]. France: [s. n.].

[116]　TOUYA G, DUCHÊNE C. 2011. CollaGen: collaboration between automatic cartographic generalization processes: Proceedings of 25th International Cartographic Conference, Paris, France, July, 2011[C]. France: [s. n.].

[117]　VEREGIN W. 1998. Data quality measurement and assessment: MCGIA Core Curriculum in GIScience[EB/OL]. 1998. http://www.ncgia.ucsb.edu/education/curriculalgiscc/units/u100/u100_f.html.

[118]　WATSON P, SMITH V. 2004. Interoperability of agent-based generalization with open, geospatial clients: Generalization Workshop, Paris, June, 2004 [C]. France: Generalization Workshop.

[119]　WEIBEL R. 1996. A Typology of constraints of line simplification: in Proceedings 7th International Symposium on Spatial Data Handling (= Advances in GIS Research II) [C]. Delft, The Netherlands: Taylor & Francis, 9A. 1-9A. 14.

[120]　YI Lu, DU Jinghai, ZHAI Jingsheng. 2001. A model of point cluster generalization with spatial distribution features recognized and measured: Proceedings of 20th International Cartographic Conference, Beijing, August, 2001 [C]. Beijing: [s. n.].